普通高等学校地理科学专业"十三五"规划教材

灾害地理学

（第2版）

主　编　赵　捷　朱　丽
副主编　左轶璆　武　焱

黄河水利出版社
·郑州·

内 容 提 要

本书以灾害地理学为研究对像，系统地探讨了灾害地理学的学科体系、研究内容和特征；灾害的概念、内涵、分类与性质，灾害系统及其形成机制；主要灾害及防治措施；灾害区域分异等内容。全书的突出特点是务实、求新。

本书既可作为高等师范院校地理专业本科生的必修教材，也可作为中学地理教师、地理教研人员自学、培训的教材或参考用书。

图书在版编目(CIP)数据

灾害地理学/赵捷，朱丽主编．—2 版.—郑州：黄河水利出版社，2018.7 （2022.12 修订重印）
ISBN 978-7-5509-2080-4

Ⅰ.①灾… Ⅱ.①赵… ②朱… Ⅲ.①灾害学-地理学-高等学校-教材 Ⅳ.①X4

中国版本图书馆 CIP 数据核字(2018)第 171824 号

组稿编辑：王志宽 电话：0371-66024331 E-mail：wangzhikuan83@126.com

出 版 社：黄河水利出版社
地址：河南省郑州市顺河路黄委会综合楼 14 层 邮政编码：450003
发行单位：黄河水利出版社
发行部电话：0371-66026940、66020550、66028024、66022620(传真)
E-mail：hhslcbs@126.com
承印单位：河南承创印务有限公司
开本：787 mm×1 092 mm 1/16
印张：11.25
字数：260 千字
版次：2013 年 11 月第 1 版 印次：2022 年 12 月第 3 次印刷
2018 年 7 月第 2 版

定价：25.00 元

前　言

灾害一直以来伴随着人类社会，它不仅损毁人类赖以生存的资源与环境，破坏人类的生产活动，甚至危害人类的健康及生命。随着人口的不断增加，生产规模的不断扩大，财富的不断集中，城市及城市群的发展，加上人类自身对生态环境有意或无意的破坏，各种灾害日趋严重，表现为灾种增多、灾频增加、危害加大、损失加大。因此，科学地认识灾害的发生、发展规律，增强普通大众的防灾、减灾意识和知识，减少灾害对人类社会的危害，已成为国际社会减灾、救灾行动的一个公识和中心内容。

本书的主要内容有：灾害地理学的学科体系、研究内容与特征；灾害的概念、内涵、分类与性质，灾害系统及其形成机制；主要灾害及防治措施；世界灾害区域分异、中国灾害区域分异等。本书可供地理、地震、地质、环境、资源、农业、水利、经济等领域的师生、科研人员、管理人员与工程技术人员阅读，也可作为相关专业的本科生教材使用。

本书由包头师范学院四位教师编写而成，编写组由两位副教授和两位讲师组成，编写组成员均是资源与环境学院从事多年教学与科研的工作人员，具体分工如下：赵捷编写第一章，第二章，第三章第一、二节，第九章，第十二章；左轶璆编写第三章第三、四节，第六章，第七章第三、四节；武焱编写第四章，第五章第一、二节，第七章第一、二节，第十章；朱丽编写第五章第三～七节，第八章，第十一章。最后由赵捷、朱丽负责统稿。

本书得以出版是编写组成员的通力合作以及众多参考文献作者的知识贡献等的结果，在此一并表示衷心的感谢！

由于编者水平有限，以及时间仓促，书中难免存在不足之处，望广大读者批评指正。

编　者

2018 年 6 月

目 录

第一章 绪 论

第一节 灾害地理学的研究对象与学科体系

一、灾害地理学的产生背景

在科学技术日益发展、人类利用自然资源的能力不断提高的同时,全球性的自然灾害与人为灾害频繁发生。18 世纪的工业革命,使人类利用资源的范围从地表延拓到地下,机械化生产引起社会化的大分工,生产力得到空前发展,现代城市出现,人类干预自然的能力也达到了一定程度。一方面人类社会得以空前发展;另一方面产生了许多严重的人为灾害,如环境污染、臭氧层破坏、全球变暖、酸雨、生物多样性减少、现代战争、核泄漏、传染病、大型工程建设引发地震滑坡和泥石流等。灾害形成机制越来越复杂,除自然灾害外,人为灾害、自然 - 人为复合灾害大量增加,迫切需要对灾害进行综合研究。

随着人类活动范围的不断扩大,灾害的范围也随之扩大,灾害损失越来越严重。这里以洪水灾害损失加以说明,洪水灾害是世界范围内最严重的自然灾害,据国际红十字与红新月会对 1990 ~ 2001 年世界灾害的统计,除死亡人口外(干旱与饥荒居第一位),在发生次数、受灾人口、直接经济损失等方面,洪水灾害在所有自然灾害中均占第一位。全世界发生的大规模洪水灾害共有 1 111 次,占所发生的自然灾害总次数的 33. 8%;洪水灾害死亡人口 106 089 人,占所有死于自然灾害总人数的 14. 2%;受灾人口达 15. 56 亿人,占所有自然灾害受灾人口的 64. 9%;直接经济损失达 3 021. 74 亿美元,占自然灾害总直接经济损失的 40. 9%。

我国是世界上洪水灾害频繁且严重的国家。据不完全统计,从公元前 206 年到 1949 年的 2 155 年间,我国发生过较大水灾 1 092 次,大约每两年就发生一次。迄今,我国仍有 1/10 的国土面积、5 亿人口、5 亿亩个人耕地、100 多座大中型城市和全国 70% 的工农业总产值受到洪水灾害的威胁(国家科学技术委员会全国重大自然灾害综合研究组,1994)。因此,在我国有“制国先制水”之说。20 世纪 50 ~ 80 年代,全国年均水灾损失约为 200 亿元,重大水灾年份可达 400 亿元(1990 年价格);1991 年水灾损失接近 800 亿元;1994 年突破 1 000 亿元;1996 年突破 2 000 亿元;1998 年达到 2 484 亿元。全国平均洪水灾害单位面积损失值,20 世纪 50 年代为 2 190 元/hm^2,60 年代为 3 255 元/hm^2,70 年代为 5 880 元/hm^2,80 年代为 12 120 元/hm^2(国家防汛抗旱总指挥部办公室等,1997)。两者均呈现了急速上升的局面,水灾损失占的比重高居 1% ~ 4%,为美国、日本等发达国家的 10 ~ 20 倍。灾害的严重性、成因的复杂性、减灾的实践性都需要灾害地理学的指导。

1987 年联合国第 42 届大会通过了“国际减轻自然灾害十年(International Decade of

Hazard Reduction)”的决议，把1990～2000年的十年作为研究、治理自然灾害的活动期，其目的是提醒和教育人们重视环境保护，预防灾害，尽力避免一切灾害的发生。灾害地理学正是在这种形势下诞生的，20世纪最后十年的“国际减轻自然灾害十年”活动大大促进了灾害地理学研究的发展。

二、灾害地理学的研究对象与任务

（一）灾害地理学的定义

（1）上海辞书出版社1983年出版的《地理学词典》一书的解释。灾害地理学，属应用地理学分科。它研究自然灾害（暴雨、洪水、台风、海啸、泥石流、地震、火山爆发等）的形成、分布、对人类生活和生产活动的影响，特别是人类对它的认识，以及采取的行为对策和进行预报等。

（2）《灾害学》创刊号“灾害学初探”一文对灾害地理学所作的说明。灾害地理学，是研究自然灾害的形成机制和地理分布对人类生活与生产的影响，并通过对灾害形成因素的变化过程和条件的分析，掌握灾害宏观动态和微观动态，探索预测、预报和预防的途径。灾害学与地震学、水文学、气象学、地理学关系密切。它运用这些学科所揭示的规律性探明灾害成因与灾害后果之间的关系，为防灾、救灾提供科学依据。

（3）陕西师范大学出版社1990年出版的《灾害地理学》的解释。灾害地理学，是运用地理学的理论、观点和方法，来综合研究自然灾害的新兴学科，它主要研究地表自然灾害的地理规律，即它是关于自然灾害区域分布规律的新兴学科。

我们认为：灾害地理学是研究地理环境中各类灾害的发生、发展和分布规律，以及其对地理环境影响和防治对策的地理学的分支学科。

（二）灾害地理学的研究对象

灾害地理学的研究对象，是全球地表灾害的结构，包括灾害生态系统与区域自然灾害结构两个方面。前者由部门灾害地理学研究，后者由区域灾害地理学研究。

灾害生态系统，是生命系统（包括人类）、环境系统和灾害系统在特定空间的组合。生命系统和环境系统在特定空间的组合为生态系统，灾害系统即灾害链。灾害系统破坏环境系统，环境系统又影响生命系统，生命系统还可导致灾害发生，反之亦然。三者相互影响和制约，成为一个有机整体，三者关系图如图1-1所示。

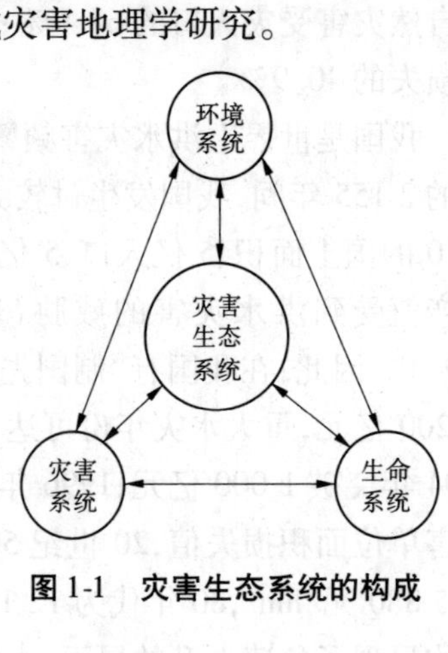

图1-1 灾害生态系统的构成

（三）灾害地理学的任务

（1）认识各灾害要素的特征及形成机制、发展规律。

（2）分析区域灾害的特征、灾害链及治理措施。

（3）研究灾害地理区域的划分。

（4）进行灾害分析评价及灾害防治的区域规划研究。

(5)分析化灾为利的区域地理途径。

三、灾害地理学与相关学科的关系

根据本学科的研究对象和内容,灾害地理学同许多相邻学科有着密不可分、相互补充的关系。

(一)与地理学科的关系

灾害地理学是地理学的一部分,属于自然地理学的一个分支,但与人文地理学和经济地理学关系密切,两者都是这门学科形成和发展的前提。一方面,灾害地理学要研究全球地表的自然灾害,因此它是一门自然地理科学;另一方面,由于灾害包含自然和人为两个方面的因素,人类对灾害的研究水平、决策、措施等都会影响灾害的强度、形成、发生、影响、治理的过程,与人类自身活动关系极大,因此灾害地理学还具有人文地理科学的性质,是自然地理学科和人文地理学科的交叉学科。

根据地理学的传统分类体系,我们对灾害地理学进行学科划分,见图 1-2。

- 灾害地理学
  - 综合灾害地理学(灾害地理学理论)
  - 部门灾害地理学
    - 地质灾害地理学
    - 地貌灾害地理学
    - 空间灾害地理学
    - 气象灾害地理学
    - 水文灾害地理学
    - 土壤灾害地理学
    - 生物灾害地理学
    - 人为灾害地理学
  - 区域灾害地理学
    - 中国灾害地理学
    - 世界灾害地理学
    - 城市灾害地理学

图 1-2　灾害地理学学科体系

(二)与灾害学科的关系

灾害地理学是介于地理学和灾害学之间的边缘学科。以灾害系统(整体)为研究对象的学科群构成了综合灾害学,包括灾害经济学、灾害社会学、灾害地理学、灾害工程学等。申曙光的灾害学学科体系中,灾害地理学是属于要素灾害学、理论灾害学及灾害对策学三大类中的理论灾害学,和它平行的学科还有灾害运动学、灾害经济学、灾害生态学、灾害社会学、灾害生态经济学等。

(三)与其他学科的关系

灾害涉及的内容极其广泛,要涉及许多其他学科的知识,如环境学、社会学、经济学、防灾工程学、减灾工程学、城市灾害学、管理学、农业灾害学等,其中也体现了灾害地理学应用学科的特性。

可以用一个关系图表示灾害地理学发展的学科基础,如图 1-3 所示。

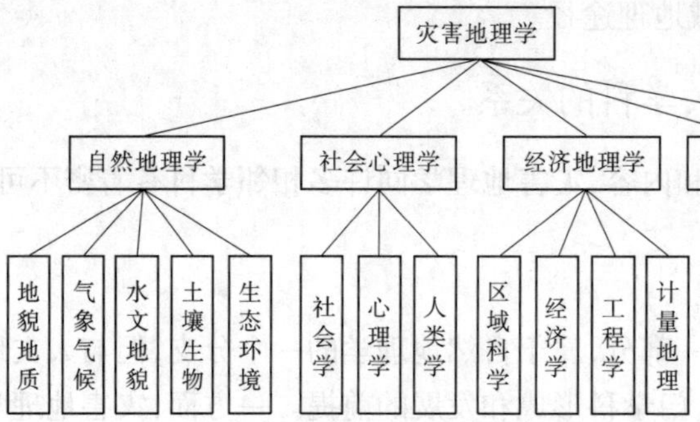

图 1-3　灾害地理学基础关系图

第二节　灾害地理学的研究内容与特征

一、灾害地理学的研究内容

(一)灾害地理学的主要研究内容

灾害地理学的研究内容非常广泛,主要有以下几个方面:

(1)系统阐述各灾害要素的结构、特点、分布规律、危害、预报水平及预防措施等。

①自然灾害学的研究内容。自然灾害学是全面系统地研究自然灾害的形成、发展、分布、危害监测与防治的科学(刘会平等,2007)。自然灾害的基础研究包括自然科学与社会科学两个方面。在自然科学方面涉及的学科较多,内容较复杂,大体上可以归纳为以下几个方面:自然灾害的性质与特点,自然灾害的诱发因素与形成机制,自然灾害的危害与损失分析,自然灾害的未来发展趋势的预测,自然灾害的防治措施等。

②人为灾害学的研究内容。人为灾害是由人类的各种活动所引发的事故灾害。一方面指纯人为灾害,如火灾及爆炸、交通事故、企业工伤事故、城市生命线系统事故、卫生类灾害、环境公害等;另一方面指人为型自然灾害,如水库地震、大量抽取地下水引发的地面沉降或地陷、森林人为火灾等。人为灾害学主要借鉴安全科学技术、可靠性工程、失误控制论、灾害社会人文学及灾害哲学、人的可靠性科学等,并重新构建了学科框架,作为一门探索性学科建设,其研究内容有(金磊,1998):关于“天、地、生、人”大系统及环境灾害的复杂程度研究,关于人为失误风险及灾害“场”的集合理论,关于人为灾害学的基本理论及评估模型,关于失误控制与人为灾害管理的对策,关于人为灾害学的新范式——灾害社会工程、灾害经济工程、灾害救援医学工程、灾害心理学、灾害伦理学、灾害哲学、灾害法学等,关于人为减灾工程案例——规划、设计、监理、决策、评估、保险等,关于人为减灾的非工程案例——减灾安全文化教育、减灾政策与决策、咨询专家系统建设、灾害风险评估等,关于 20 世纪国内外人为灾害案例对比及规律性分析,关于中国 21 世纪可持续发展中的人为灾害制约机制的可靠性战略规划等。

③环境灾害学的研究内容。环境灾害学是在环境问题越来越严重、危害越来越大的背景下提出的,是环境科学与灾害学相互渗透交叉的边缘学科,它具有自己特定的研究对象——环境灾害。环境灾害是环境恶化导致的灾变。环境灾害从广义上理解是:自然环

境中蕴藏的对其自身有威胁作用的某些因素发生变化，累计超过一定临界度，致使自然环境的功能结构部分或全部遭到破坏，进而危及人类生存环境，导致人类生命财产损失的现象，包括自然变化引起的环境灾害和人为因素诱发环境变化引起的环境灾害。环境灾害从狭义上理解是：人类在开发、利用与改造自然，与自然环境相互作用的过程中，超越了自然环境承载能力和自然环境所具有的自我调节能力，违背了自然环境的发展规律，导致自然环境的系统结构域功能遭到毁灭性破坏，以至于部分或全部失去其服务于人类的功能，导致环境污染、环境和生态破坏，甚至对人类生命财产构成严重威胁，并因此反作用于人类，造成人类生命财产严重损失的自然社会现象（张丽萍，2008）。环境灾害学的研究对象一般取其狭义的定义。建立“环境灾害学”的目的在于将灾难性的环境问题上升到灾害高度去认识与研究，以引起人类的高度重视。其研究的理论框架包括如下内容（曾维伟等，2000）：环境灾害的基本概念及其分类体系，环境灾害系统及其指标体系，环境灾害的成灾机制，环境灾害的基本特征与基本原理，环境灾害的形成与演变规律，环境灾害预测，环境灾害评估，环境灾害风险分析与管理，环境灾害预防与应急预案等。

（2）区域灾害的结构分析，重点是对我国自然灾害的分析。区域效应制约了致灾原因，也影响了社会经济条件，灾害的区域性十分明显。我国灾害地理结构表现为三大灾害带与十个灾害区域。

（3）减灾系统工程与措施研究。防灾减灾工程学研究工程手段建设以减轻灾害损失与不利影响为目的，是一门应用了包括力学、地质学、地震学、工程结构学、工程材料学、社会学、经济学等学科理论或技术的综合性工程防灾科学，涉及防灾、抗灾与治灾等环节，主要研究减灾工程的规划设计、施工、运行与维护等内容。

（二）灾害地理学主要分支学科的研究内容

下面对灾害地理学主要分支学科的研究内容作一简单介绍：

（1）灾害社会学的研究内容。所谓灾害社会学，是运用社会学理论与方法，研究灾害发生、后果及减灾的整个过程中所发生的社会现象与社会行为的一门应用社会学（王子平，1998）。其研究内容主要有灾害的社会学本质、引发灾害的社会原因、灾害本体的社会属性、灾害的社会后果与影响、灾害条件下人的心理与行为、抗御灾害的社会学对策、灾害引发的诸种社会问题等。这些内容实际上反映了对研究对象的时间和空间的要求。时间上包括了灾害发生之前、发生之时、发生之后；空间上包括了受灾、救灾及恢复建设的方方面面。

（2）灾害管理学的研究内容。灾害管理是这样一种技术与行为，它通过法律的、行政的、宣传教育的、经济制约的或其他有关的手段，控制、约束与引导人们对灾害的反应与有关减灾的行为；协调有关减灾的各个区域、部门与环节；影响与改善人们的减灾观念；规划与调整减灾事业的发展目标与相应的背景条件；设计、组织、决策与指挥有关减灾的重要活动，或通过诸如此类的其他方式达到有利于系统提高减灾效益的目的，灾害管理学研究实现此定义的最佳技术途径。灾害管理的主要任务是：减灾的物质管理、减灾的物流运行状态管理、减灾重要决策及其执行过程管理、减灾经济与效益管理、减灾机构和部门的管理、减灾的行为管理及灾害信息、资料与减灾科技成果管理（刘波等，1998）。

（3）灾害经济学的研究内容。灾害经济学研究的基本出发点和归宿是如何减少灾害给社会经济效益带来的破坏与损害,如何在灾害导致的损害已经造成之后,努力去谋取有所补偿,即不是去取得“正”的经济效益,而是去减少“负”的经济效益的产生(于光远,1990)。

灾害经济学是以人类社会的灾害经济关系及其运行为研究对象的一门特殊的、新型的学科(郑功成,1998)。灾害经济学的基本理论框架可以划分为基础理论研究、方法理论研究和灾种经济学理论研究三个层次。基础理论研究主要包括灾害经济学的基本原理或规律和灾害经济关系。灾害经济关系主要是灾害与整个经济的发展和工业经济、农业经济、企业经济乃至家庭经济的内在关系;其技术与方法理论是一个灾害经济中的具体实践问题,提供具体的解决灾害经济问题的方法与途径,直接指导灾害经济实践,如灾害统计学、灾害防御经济学、经济补偿学、损失评估学、灾害保障学等。灾害经济学是以某一种或某一类灾害的经济问题为研究对象,如自然灾害经济学、防洪经济学、地质灾害经济学、公害经济学、生态灾害经济学、农业灾害经济学、安全经济学、火灾经济学、交通事故经济学、职业病经济学等。

二、灾害地理学的特征

(一)综合性

任何灾害的形成是由行灾的客体因素(自然变异或人为作用)和受灾的主体因素(人类社会以及支持人类社会的资源环境)相互作用、对立统一的结果,研究灾害既要研究“变异”,又要研究“为害”,进入减灾的科学范畴时,还涉及工程技术。因此,研究灾害地理学需要自然科学、社会科学以及工程技术科学的跨学科综合研究。

(二)区域性

不同自然灾害的分布都有自己的分布区域,同一类灾害不同区域造成的损失不同,自然灾害的区域性主要表现为:

(1)不同区域有主导的自然灾害类型。

(2)成因上相关的一些灾害多在地域上形成一定的组合。

(3)同一灾害类型在不同地区的发生频率、季节、强度也有很大的差异。

(4)由于各地区人口和社会经济状况不同,对自然灾害的承受与防御能力存在很大的差异,即使是同一强度的致灾过程,受灾各地所造成的损失也大不相同。

(三)应用性

灾害地理学不仅要认识各种灾害的规律,更重要的是通过研究具体指导减灾、防灾工作,为减灾、防灾提供科学依据,因此具有实用性,是具体指导实践活动的科学。

(四)群众性

人人在灾害面前都是平等的,每一个人都应该具备灾害意识,为减灾、防灾做出贡献。减灾、防灾是全人类共同的义务。

第二章　灾害概论

第一节　灾害的概念

“灾害”一词，最早出现在中国古籍中是《左传·成公十六年》：“是以神降之福，时无灾害。”宋代梅尧臣《送张推官洞赴晏相公辟》中也有：“往者边事繁，秦民被灾害。”汉语中的“灾”字，中国古书也写作“烖”，《说文》有“烖，天火曰烖。从火。或从宀、火”的解释。“灾害”原指自然发生的火灾，后泛指各种自然的或人为的祸害。

从中国古代甲骨文中可以看出，“灾”字的字形，像火焚屋的形状，说明人类早期，家中失火，视为大灾。小篆写作“災”，从川，表水；从火。由此看出，我国古人已经认识到：水、火两者为灾祸之源。就现代社会而言，灾害的涵盖很广，包括一切对人类社会的物质和文化存在，以及自然生态环境，尤其是人们的生命和健康，可能造成危害的现象和事件，都可以称为灾害。如地震、火山爆发、风灾、火灾、水灾、旱灾、雹灾、雪灾、泥石流、海啸以及疫病、空难、海难、特种物质泄漏、恐怖袭击、社会动乱等，都属于大的灾害概念范畴。

灾害这个概念，不表示严重程度，只表示现象或事件发生的过程和性质。但我们在表述时，有一般灾害和严重灾害之分；也有区域灾害和全球灾害之分。对于“灾害”一词的定义，目前学术界并不一致。马宗晋先生在其《灾害学导论》中认为灾害是：“由于自然变异、人为因素或自然变异与人为因素相结合的原因所引发的对人类生命、财产和人类生存发展环境造成破坏损失的现象或过程。”也有观点认为：凡是能够对人类和人类赖以生存的客观环境造成破坏性影响的各类现象、事件，通称为灾害。

我们在此也可以认为：凡危害人类生命财产和生存条件的各类事件通称为灾害。总之，灾害的发生需要两个因素构成：一是自然界客观存在的变异；二是有受害对象发生的损失。两者是因果关系，缺一则不构成灾害。所以，中国汉语的“灾害”二字也可以这样解释：灾为自然或客观的变异，古人往往称为天灾；害则是指有被害对象，也即人类自己。灾害可以归结为天灾人祸，即自然灾害与人为灾害。灾害的发生存在许多不确定的、模糊的方面。任何灾害的形成都存在致灾因子、脆弱性和适应性、危险的干扰条件及人类的应对和调整能力等方面的因素。脆弱性是灾害形成的根源，致灾因子是灾害形成的必要条件，在同一致灾强度下，灾情随脆弱性的增强而扩大。

一、自然灾害

自然灾害是给人类生存带来危害或损坏人类生活环境的自然现象，包括洪涝、干旱、台风、冰雹、雪、沙尘暴等气象灾害，火山、地震、山体崩塌、滑坡、泥石流等地质灾害，风暴潮、海啸等海洋灾害，森林草原火灾和重大生物灾害等灾害。

自然灾害是人与自然矛盾的一种表现形式。自然界发生的不正常现象，作为自然灾害给人类造成灾难；而对自然界本身而言，这些不正常现象也是其发生和发展进程中注定要发生的，有其本身的因果关系。

二、人为灾害

人类、人群或个人的各种错误、失误、蓄意制造或恶意破坏造成的，如交通肇事、环境污染、生态破坏、水土流失以及由操作失误导致的各种事故、灾变等，均属人为灾害。

人为灾害的致灾原因与致灾过程、危害程度五花八门，极难预料。多数人为灾害是由人群本身的无序活动引起的，没有明确的规律，被视为不确定性的随机现象。其中，如杀人、放火、放毒、战争等造成的灾害，由国家法制与军事部门处理，一般不列入普通意义中的人为灾害之中。其中的重特大突发公共事件是指突然发生，造成或者可能造成重大人员伤亡、财产损失、生态环境破坏和严重社会危害、危及公共安全的紧急事件。

突发性公共事件主要分为自然灾害、事故灾害、公共卫生事件、社会安全事件等四类。按照其性质、严重程度、可控性和影响范围等因素分成四级。特别重大的是Ⅰ级，重大的是Ⅱ级，较大的是Ⅲ级，一般的是Ⅳ级，依次用红色、橙色、黄色和蓝色表示。

三、技术灾害

技术灾害是指由于技术因素而引发的各类灾害事故，一般是指由技术设计缺陷或技术操作失误所造成的重大事故或事件。如：核电站泄漏（如1986年的切尔诺贝利事件）、印度重大化学品泄漏事件、大的油田井喷（如2010年的美国墨西哥湾重大油井泄露事故）、海上油轮失事、重大铁路事故（如我国山东2008年火车相撞事故）、大面积电网崩溃（如2003年美国加州大停电、2005年莫斯科大停电）、水下潜艇相撞、航天发射事故、空中飞机失事、大的矿难、日本水俣病灾害、美国硅谷的芯片生产导致硅谷地下水严重污染灾害、历史上著名的“泰坦尼克号”沉船事件等，还有2011年发生于中国的温州动车脱轨事故，都属于典型的技术灾害。

随着人类生产活动范围和技术开发领域规模的不断增大以及对技术应用的普及，技术灾害的发生频率也在不断增加，且灾害本身的危害和影响规模也在不断增大。技术灾害具有广泛的社会性，往往加剧社会冲突，加剧人民与政府之间的矛盾，对社会稳定产生巨大的冲击力。其后果是对公众产生严重的、长久的心理健康问题。

四、环境灾害

环境由自然环境和人工环境共同构成，自然因素和人为因素均可能导致生态环境发生不良影响，当这种不良影响超过限度时，就会产生灾害。导致环境灾害产生的既有人为因素，也有自然本身的原因，还可能是因为人为和自然双重因素所致的。环境因素通常有以下三种情况：①人类活动作用超过了自然环境的承载能力；②因为自然运动变化致使自然环境系统结构与功能遭到毁灭性破坏，部分或全部失去其服务于人的功能；③会给人类生命财产构成严重破坏的自然及社会现象。

自然灾害和破坏环境之间有着复杂的相互关系。自然环境的异常变化常造成各种各样的自然灾害。如太阳磁暴会影响地球表层环境，破坏通信；海洋洋流变化，会带来区域性灾害天气。人为环境灾害主要发生在人们日常生产活动中,常表现为人们过度地向环境排放污染物所造成的环境污染事故,如突发性的大气污染事故、水污染事故、农药污染事故、放射性污染及其他有毒化学物污染事故等;或者人们过度开采自然资源,导致突发性自然环境破坏,如山体滑坡、泥石流、局部地震、地面下沉、沙尘暴、外来生物入侵、转基因物品的推广等;或者人和自然双重作用下形成环境污染与破坏,如森林火灾、洪水、核事故、危害化学品泄露、矿山事故等。

五、其他重要的灾害概念

(一)灾害链

许多灾害,特别是等级高、强度大的自然灾害发生以后,常常诱发一系列的次生灾害,称为灾害链。灾害链的形成使自然灾害的灾情成倍加重,灾害的发生更具不确定性,灾害的预防也更加困难。灾害链中最早发生的、起主导作用的灾害称为原生灾害,由原生灾害所诱导出来的灾害则称为次生灾害。一般大地震之后都有可能引起火灾、水灾、不良泄漏等次生灾害。例如:我国2008年汶川大地震所导致的堰塞湖现象,以及此前几个月发生的冰雪冻灾导致的大面积停电、交通中断等,还有大旱之后往往可能出现的蝗虫灾害;黄河断流引起的一系列区域性的生态变化等,都属于较为典型的次生灾害。

在自然灾害发生之后,破坏了人类生存环境的和谐条件,由此还可以导致发生一系列其他的间接灾害,这些灾害泛称为衍生灾害。例如,大旱之后,地表与浅部淡水极度匮乏,迫使人们饮用深层含氟量较高的地下水,从而导致了氟病的发生;再如,林业虫害发生后,由于使用大量药剂灭虫,从而导致许多昆虫和鸟类动物的死亡等,这些都可以称为衍生灾害。

(二)脆弱性

脆弱性是指人类、人类活动及其场地的一种性质或状态,可以看成是安全的另一方面,脆弱性增加,安全性降低;脆弱性增加越强,抵御灾害和从灾害影响中恢复的能力就越差。在此,脆弱性主要强调人类社会经济系统在受到灾害影响时的抗御、应对和恢复的能力。当强调承灾体易于受到侵害的性质时,脆弱性指承灾体对破坏和伤害的敏感性,是衡量损失和受损程度的标准;当强调人类自身抵御灾害的社会经济属性时,脆弱性指人类易于或敏感于自然灾害破坏与伤害的状态,用来指示人或人群对灾害的预见、对付、抵御并从灾害影响中恢复的能力。

(三)灾害管理

防灾减灾从灾害学的角度来讲,就是灾害管理,也有人将其归纳为灾害管理学。实际就是利用灾害科学的理论成果,对可能和已经发生的灾害进行系统的观测、判断、分析,并研究如何通过行政、经济、法律、教育和科学技术等手段,加强和改善有关灾前防御、预警,灾时应对、减损及灾后救援、恢复的措施与对策。相对于灾害学而言,灾害管理学特别强调防灾减灾规划、基础设施建设、减灾措施及应急对策的研究,是一门应用性强的软科学。

灾害管理学还通过灾害管理的途径加强对环境安全质量施加影响,调整社会经济可持续发展与防灾减灾的关系,通过全面规划、引导、规范,合理利用自然资源和自然环境,达到安全、消灾、减灾,促进经济社会健康发展。

灾害管理学界定的灾害管理系统有如下子系统:①监测管理子系统;②预报管理子系

统;③灾害管理机构子系统;④政府指令子系统等;⑤现代减灾风险管理高级阶段子系统、危机管理等。

现代灾害管理可以分为宏观和微观两个方面。前者是从灾害成因和灾害防范的角度,宏观地、系统地考虑如何规范和引导人们对自然资源的开发和利用,以及社会发展模式,以求最大限度地避免灾害的发生;同时研究如何加强灾前的监测、预警、预报等。后者则是从微观的角度,考虑对已经发生的灾害如何正确处置,以求减轻灾后损失。

第二节　灾害的分类与性质

一、灾害分类

灾害根据其发生的时间序列及相关关系,可分为原生灾害、次生灾害和衍生灾害:①原生灾害是致灾因子直接造成某类承灾体的破坏与伤亡,如地震、洪水,这些起主导作用的灾害即为原生灾害或直接灾害;②次生灾害或间接灾害是由原生灾害所诱导出来的灾害,如地震导致房屋倒塌,由此引起间接发生的火灾,再由火灾造成的危害;③衍生灾害是致灾因素破坏了社会的基本生命线,如水、电、煤、食品等的供应,造成了人群和组织的伤亡和瓦解,都会直接或者间接造成社会生产、经济活动的停顿,由此造成巨大的经济损失。次生灾害和衍生灾害的危害有时比原生灾害还大。因此,防止次生灾害和衍生灾害的发生与蔓延也是减灾的重要内容之一。

灾害根据其发生的紧迫程度,可分为:①突发性灾害,如地震、火山爆发、泥石流、海啸、台风、洪水等;②渐变性灾害,如地面沉降、土地沙漠化、干旱、海岸线变化等,在较长时间中才能逐渐显现的;③环境灾害,如臭氧层变化、水体污染、水土流失、酸雨等。

灾害根据其主导作用及主要表现形式,可分为:①自然灾害,主要包括水旱灾害、气象灾害、地震灾害、海洋灾害、生物灾害和森林草原火灾等类型,其中大多数是频繁发生的,如洪水、地震、台风、虫害等,少数如星球碰撞、海水侵陆、新种类的传染病等,可能现今人类还没有经历过或人类祖先曾经经历过但无记载,或者将来可能发生。②环境灾害,按环境要素可分为水环境灾害、大气环境灾害、固体废弃物灾害、噪声灾害、土壤污染灾害五种类型。臭氧层变化、水体污染、水土流失、酸雨等是最常见的由人类活动导致的环境灾害。环境灾害中除少数重大事故性的灾害外,更重要的是环境污染所造成的危害。环境灾害受制于自然过程和社会活动过程,如同沙漠化、水土流失一样,人类活动诱导并加剧了灾害的发生,它属于人为自然灾害。③社会灾害,如战争、犯罪、社会动乱等政治类的社会灾害,人口爆炸、能源危机、环境污染、交通事故、火灾、科技落后等经济类的社会灾害。

二、灾害的性质

(一)时空的广布性与区域性

灾害在时间和空间上越来越普遍。空间上的普遍化,形成了灾害发生有逐渐扩大的趋势,并且分布极端不均匀;时间上的普遍化,形成了无年无灾的现象。灾害并不是孤立的发生,它们常常在某一时间段或某一地区相对集中出现,形成灾害群发现象。

1. 广布性

灾害的分布几乎遍及地球的每一个角落,和人类生存的脚步如影随形。灾害的这一特点,称为广布性。灾害的广布性具有两重含义:①在地球表面人类生存的自然环境中,自然灾害存在于任何一个区域之中,世界上没有一个有人类生存的地域中没有遭受过自然灾害的袭击。从绝对意义上说,完全远离自然灾害的“世外桃源”是不存在的。②大多数类型的自然灾害在地理环境中都具有较广泛的分布范围。虽然一个地区不可能受到所有类型的自然灾害的袭击,但总会有几种类型的灾害经常光顾该地。这样,几十种自然灾害依据各自形成的自然条件,相互配置地覆盖了整个人类的生存环境。

2. 区域性

全球性自然灾害带的分布是全球海陆分布、构造分布等因素共同决定的。区域性自然灾害带主要分布在陆地上,空间尺度较全球性灾害带要小。无论是海洋、陆地,还是大气圈、水圈、岩石圈,自然灾害分布在所有人类居住的自然环境中。同时,各种自然灾害并不是均匀地分布在全球范围,而是不同类型的自然灾害具有不同的空间分布规律。自然灾害的这个特点称为区域性。

自然环境不但具有时间上的差异,即自然环境的变化性,还具有空间上的差异,就是空间分异性。自然环境各要素的变化在不同区域中具有不同的特点,因而形成空间差异显著的不同自然环境类型。自然环境的差异,决定了自然灾害形成及其特点的差异。

在不同区域、不同类型的自然环境中,自然灾害形成的特点也不相同,这就是自然灾害的地域差异性。如频繁遭受热带风暴袭击的中、低纬度沿海地区,很少受到低温冷害的威胁;而频频被暴风雪、寒潮等灾害光顾的高纬度地区,却很少受台风、风暴潮的打击。20世纪全球降水变化的地区差异非常明显:降水减少的区域主要集中在0°~30°N与10°~30°S的范围内,即主要在非洲中部、南美西部,另外在非洲北部、欧洲中东部和南部等地也有零星分布;降水增加的地区主要集中在30°N以北和20°S以南的中高纬地区,主要是欧亚大陆、北美洲、南美东部、大洋洲等地。20世纪旱灾最严重的地区是非洲中部,也是降水减少幅度最大的地区,说明旱灾具有与区域自然环境良好的关联性,地域差异显著。

自然灾害的区域性特点,说明自然灾害在空间分布上是有规律的,这就为人类能动地规避自然灾害提供了可能性。自然灾害分布的空间差异性,以及全球自然灾害带和自然灾害区的划分,就是自然灾害区域性的具体表现。

(二)突发性、群发性和关联性

1. 突发性

许多灾害是在短时间内发生的,具有突发性的特点。灾害爆发迅速,涉及面广,危害性极强,如地震、暴雨、热带风暴、北上台风、森林火灾、风暴潮、滑坡、泥石流等。但也有一些灾害是逐渐显露其严重性的,如旱灾、病虫害、地面沉降等。

2. 群发性

灾害爆发后,往往会出现一种或多种类型灾害在相同区域、同一时间内集中发生的现象,也会出现一种或多种灾害在相同区域、较长一段时间内连续发生的现象,灾害的这个特点,称为群发性。例如,对于某个区域来说,地震某一段范围内进入频发时期,这段时间内地震灾害就具有群发性的特点;干旱、蝗虫、土地荒漠化也往往在同一时期内结伴来临;

一次台风袭击,可以同时导致风暴潮、暴雨、洪涝、飓风等多种灾害的发生,这些都是灾害群发性的具体表现。

据研究发现,有些重大灾害往往在几十年或一二百年内连续发生,间隔数百年或千年之后,又出现一段重灾连发的时段。一般来说,这样一二百年内连续发生的时期称为灾害群发期。根据我国近百年详细的历史记载,科学家们发现,在灾害群发期内还有一二十年的灾害相对集中发生时段,称为灾害群发幕。同样,在群发幕内还有更短的灾害群发时段,如二三年内的灾害群发,称为灾害群发节,几个月内的灾害群发称为灾害群发丛。一般把灾害在时间过程中表现的各种尺度的群发性,总称为灾害的时间有序性(或韵律性、周期性),如能充分认识其中的规律,对灾害的预报是很重要的。

3. 关联性

灾害的影响还可以表现在不同区域之间,如亚洲中部的沙尘暴,涉及范围一直可以达到我国长江中下游地区,甚至可以达到日本;发生在南太平洋海域的厄尔尼诺现象,受其影响所形成的灾害性天气现象,可出现在北半球中纬度地区。灾害的这种跨地区影响并导致系列灾害出现的特点,称为灾害的关联性。

灾害的群发性和关联性共同缔造了灾害链的形成。

(三)损失巨大性

自然灾害所造成的损失随着社会经济的发展而增大,承受和抵御自然灾害的能力也随着社会经济的发展而增大。在1967~1997年的31年中,全世界有300万人死于自然灾害,数千万人的生活受到严重影响。世界上发生最频繁的灾害是风暴和洪水,这两者造成的经济损失占85%。1997年和1998年的两年中,自然灾害造成的全球经济损失达1 200亿美元。

环境灾害造成的危害不同于一般的自然灾害,一般自然灾害的危害表现出突发性、直接性,而环境灾害的危害具有缓慢性、潜在性、直接性和长期性的特点。所以,环境灾害的危害性甚至超过一般自然灾害,称为可持续发展的阻碍因素之一。

人类为防御、抵御各种灾害做了很多努力,投入了大量的人力和物力,但由于灾害涉及宇宙、天体、地球、大气、海洋、生物和地下深部等方面的异常运动与变化,以及其相互作用,发生的周期不定、持续时间短、规模大、威力强、危害重,是人类现在还难以预先了解和掌握其规律的浩劫。

(四)不可避免性、可减轻性

认识到自然灾害的不可避免性和可减轻性是人类对灾害在观念上的重要突破。一方面,可以树立正确的灾害观,即由自然环境变化的客观性和自然环境对人类生存的不可或缺性,认识灾害形成和存在的必然性;另一方面,人类既不可能完全征服自然,达到远离自然灾害的境地,也不应该在灾害危害面前毫无作为,应该谋求与自然和谐相处中,通过科学技术达到减轻自然灾害的目的。

人类通过千百年的实践与研究,对各种灾害的形成规律已有所了解,而且通过技术进步,人类越来越掌握了趋利避害、化害为利的手段,在灾害中谋求与救助的手段也越来越先进,从而有效地减轻了灾害带来的损失。

随着科技的发展,人们预测并控制自然灾害的能力逐年提高。但由于灾害损失呈现递增趋势,所以对灾害的预防和控制任务仍然任重道远。

第三节　我国灾害学发展简史

早在古代社会，人类社会就有了对灾害的切身感受。中国从有文字记录开始，就已经有了对早期灾害的简单记录和描述。大约从2 000年前开始，中国历代的正史中都有专门的关于灾害发生、危害情况的记载，形成了一个连续且内容丰富的资料库。当代国内外灾害学研究者对此都给予了高度重视和评价。

进入近现代社会，中国由于特殊的国情，在科学技术方面几乎没有什么作为。因此，虽然饱受各种灾害之苦，却不可能有灾害学问的产生。

20世纪中叶以后，随着新中国的建立和社会的稳定，我国气象、水文、地质、农学、生物、航空、海洋等现代科技学科的相继建立和发展，使我国对一些灾害的监测、预报和防治工作也逐渐走上科学化、规范化、全面化的道路。

1983年，我国学者倡议建立综合研究自然灾害的自然灾害学，并对灾害学研究做了初步分析。次年，又有国内学者对"灾害学"一词进行了阐释："灾害学是研究大自然对人类危害并设法使之减轻的学科。涉及领域有自然科学，也有社会科学。"

1986年是灾害学在我国全面兴起的一年，当年1月，中国国土经济学研究会发出了首届"灾害经济学"学术讨论会征文通知，拉开了灾害学科建设的序幕。至同年8月，全国第一家专门研究和报道灾害问题的学术刊物《灾害学》杂志在西安创办，年底出版了创刊号。1986年9月6~8日在哈尔滨召开了中国灾害防御协会筹备会。1986年11月11~16日在北京召开了第二届天地生相互关系学术讨论会，会议特别对灾害学的综合研究问题进行了广泛的讨论，"自然灾害群发期及其可能成因"为这次会议的一个重要议题。农史学界对灾害学科建设大力支持，为配合第二届天地生学术讨论会并推动灾害学的发展，《农业考古》杂志专门组稿研究灾害问题。1986年第1期《农业考古》发表了高建国先生《灾害学概说》一文，就灾害学的研究内容、性质、灾害学的历史渊源、灾害学的分支学科、灾害学综合研究等问题进行了论述，初步勾画出了灾害学的学科框架。我国现代灾害学研究由此开始。

灾害学的创立，使灾害研究以前所未有的规模和速度发展起来，使许多从事不同行业的研究人员集中到这个领域，共同构筑灾害学学科体系。他们不但研究单个灾种，也把灾害作为一个整体加以考察，研究灾害的性质和特征。

20世纪80年代后期，灾害学各分支学科也不同程度地得到了发展，其中灾害物理学、灾害医学、灾害防治学、灾害历史学、灾害地理学、灾害经济学等分支学科的研究不断取得新的进展。此后，气象灾害、生物灾害、地质灾害、地貌灾害及环境灾害的研究相继全面展开，特别是气象灾害的研究十分活跃。

在20世纪90年代联合国提出"国际减轻自然灾害十年"以后，我国的灾害学研究进入了活跃阶段，而且呈快速发展趋势。根据中国学术期刊数据库的检索信息可以看出，中国大陆及港台地区出版的5 000多种科技期刊中，1989~1995年期间在题名中出现"灾害"的文章有1 885篇，而1996~1998仅三年就有1 012篇。可见灾害研究方面的文献是逐年增多的，而近几年由于灾害的加剧和学术界对灾害研究的重视，相关文献又呈大幅上升的趋势。

第三章　地震灾害

第一节　地震及地震灾害的分类

一、地质灾害

地质灾害是以地质动力活动或地质环境异常变化为主要成因的自然灾害。在地球内动力、外动力或人为地质动力作用下,地球发生异常能量释放、物质运动、岩土体变形位移以及环境异常变化等,危害人类生命财产、生活与经济活动或破坏人类赖以生存与发展的资源、环境的现象或过程都属于地质灾害,如崩塌、滑坡、泥石流、地裂缝、地面沉降、地面塌陷、岩爆、坑道突水、突泥、突瓦斯、煤层自燃、黄土湿陷、岩土膨胀、砂土液化、土地冻融、水土流失、土地沙漠化及沼泽化、土壤盐碱化,以及地震、火山、地热害等。

2003 年 11 月 19 日国务院颁发的《地质灾害防治条例》(中华人民共和国国务院令第 394 号)规定,地质灾害,通常是指由于地质作用引起的,在自然或者人为因素的作用下形成的,对人类生命财产、环境造成破坏和损失的地质作用(现象)。地质灾害可划分为 30 多种类型。由降雨、融雪、地震等因素诱发的称为自然地质灾害,由工程开挖、堆载、爆破、弃土等引发的称为人为地质灾害。

二、地震的内涵

地震(earthquake)是接近地球表面岩层中弹性波传播所引起的震动。地震在古代又称为地动。它是地球上经常发生的一种自然灾害。地震又称地动、地震动,是地壳快速释放能量过程中造成的震动,期间会产生地震波的一种自然现象。全球每年发生地震约 550 万次,其中能感觉到的有 5 万多次,能造成破坏性的 5 级以上的地震约 1 000 次,而 7 级以上有可能造成巨大灾害的地震约几十次。唐山大地震破坏程度见图 3-1。大地震动是地震最直观、最普遍的表现。地震常常造成严重人员伤亡,能引起火灾、水灾、有毒气体泄漏、细菌及放射性物质扩散等。在海底或滨海地区发生的强烈地震,能引起巨大的波浪,称为海啸。在大陆地区发生的强烈地震,会引发滑坡、崩塌、地裂缝等次生灾害。

三、地震的分类

(一)基础知识

地球内部岩层破裂引起震动的地方,称为震源。地面正对着震源的那一点称为震中。震中附近震动最强烈、破坏最严重的地区称为极震区。震源到地面的垂直距离称为震源深度。地面上任何一点到震中的直线距离称为震中距。把地面破坏程度相似的各点连接起来的曲线称为等震线,见图 3-2。

图 3-1　唐山大地震

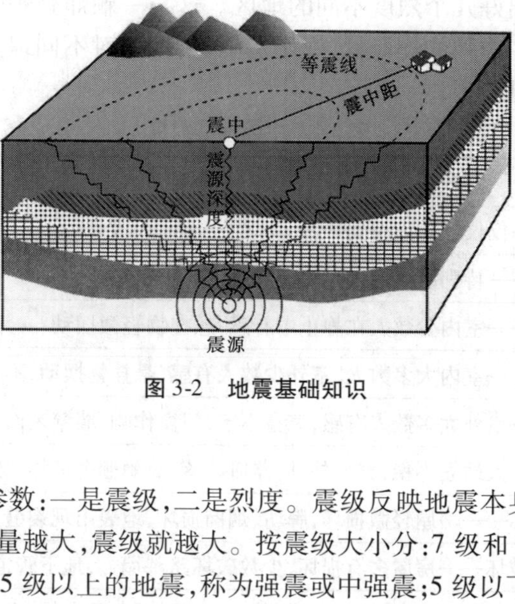

图 3-2　地震基础知识

（二）地震分类

地震有两个主要参数：一是震级，二是烈度。震级反映地震本身的大小，只跟地震释放的能量多少有关，能量越大，震级就越大。按震级大小分：7 级和 7 级以上的地震，称为大震；7 级以下、5 级和 5 级以上的地震，称为强震或中强震；5 级以下、3 级和 3 级以上的，称为小震；3 级以下、1 级或 1 级以上的，称为弱震和微震；小于 1 级的，称为超微震。

1. 地震震级

地震震级是根据地震时释放能量的大小而定的。一次地震释放的能量越多，地震级别越大。人类有记录的震级最大的地震是 1960 年 5 月 21 日智利发生的 9.5 级地震，所释放的能量相当于一颗 1 800 万 t 炸药量的氢弹，或相当于 100 万 kW 的发电厂 40 年的发电量。汶川地震所释放的能量相当于 90 万 t 炸药量的氢弹，或 100 万 kW 的发电厂 2 年的发电量。

国际上一般采用美国地震学家查尔斯·弗朗西斯·芮希特和宾诺·古腾堡（Beno Gutenberg）于 1935 年共同提出的震级划分法，即通常所说的里氏规模。里氏规模是地震波最大振幅以 10 为底的对数，并选择距震中 100 km 的距离为标准。里氏规模每增强一级，释放的能量约增加32倍；相隔二级的震级，其能量相差1 000（约为32×32）倍。

小于里氏2.5级的地震，人一般不易察觉，称为小震或微震；里氏2.5～5级的地震，震中附近的人会有不同程度的感觉，称为有感地震，全世界每年大约发生十几万次；大于里氏5级的地震，会造成建筑物不同程度的损坏，称为破坏性地震。里氏4.5级以上的地震可以在全球范围内监测到。

2. 地震烈度

同样大小的地震，造成的破坏不一定相同；同一次地震，在不同的地方造成的破坏也不同。为衡量地震破坏程度，科学家又“制作”了另一把“尺子”——地震烈度。在中国地震烈度表上，对人的感觉、一般房屋震害程度和其他现象作了描述，可以作为确定烈度的基本依据。影响烈度的因素有震级、震源深度、距震源的远近、地面状况和地层构造等。

一般情况下仅就烈度和震源、震级间的关系来说，震级越大，震源越浅，烈度也越大。一般震中区的破坏最重，烈度最高，这个烈度称为震中烈度。从震中向四周扩展，地震烈度逐渐减小。所以，一次地震只有一个震级，但它所造成的破坏在不同的地区是不同的，即一次地震可以划分出好几个烈度不同的地区。这与一颗炸弹爆炸后，近处与远处破坏程度不同的道理一样。炸弹的炸药量，好比是震级；炸弹对不同地点的破坏程度，好比是烈度。中国地震烈度见表3-1。

表3-1　中国地震烈度

烈度	破坏程度
1度	无感——仅仪器能记录到
2度	微有感——特别敏感的人在完全静止中有感
3度	少有感——室内少数人在静止中有感，悬挂物轻微摆动
4度	多有感——室内大多数人、室外少数人有感，悬挂物摆动，不稳器皿作响
5度	惊醒——室外大多数人有感，家畜不宁，门窗作响，墙壁表面出现裂纹
6度	惊慌——人站立不稳，家畜外逃，器皿翻落，简陋棚舍损坏，陡坎滑坡
7度	房屋损坏——房屋轻微损坏，牌坊、烟囱损坏，地表出现裂缝及喷沙冒水
8度	建筑物破坏——房屋多有损坏，少数破坏路基塌方，地下管道破裂
9度	建筑物普遍破坏——房屋大多数破坏，少数倾倒，牌坊、烟囱等崩塌，铁轨弯曲
10度	建筑物普遍摧毁——房屋倾倒，道路毁坏，山石大量崩塌，水面大浪扑岸
11度	毁灭——房屋大量倒塌，路基堤岸大段崩毁，地表产生很大变化
12度	山川易景——建筑物普遍毁坏，地形剧烈变化，动植物遭毁灭

3. 地震传播

在地球内部传播的地震波称为体波，分为纵波和横波。地震时，纵波较快传播到地面。所以，人们的第一感觉就是房子在上下晃动，然后才是左右晃动。沿地面传播的地震波称为面波，分为勒夫波和瑞利波。

纵波（P波），从震源向地表传播，交替地挤压和拉张波穿过的岩石，在波传播的方向上向前和向后运动。所以,在地表上,人们会感到所有的东西连同自己"跳"了一下。

横波(S 波),岩石的振动方向与波的传播方向相互垂直,在随横波传播到地表时,人们会感觉左右晃动。

勒夫波(L 波),在地平面上做蛇形运动,质点在水平面内垂直于波前进方向作水平振动。与横波不同的是,勒夫波只在水平面上左右摆动。

瑞利波(R 波),沿着地面水平传播,沿波的传播方向作一垂直平面,质点在该平面内向前、向上、向后和向下运动,描绘出一个椭圆。

4. 地震类型

地球内部由表及里可分为地壳、地幔、地核三个圈层。据统计,约有 92% 的地震发生在地壳中,其余的发生在地幔上部。由于引起地壳震动的原因不同,可以把地震分为构造地震、火山地震、塌陷地震、诱发地震和人工地震。

1) 构造地震

由于地下深处岩石破裂、错动把长期积累起来的能量急剧释放出来,以地震波的形式向四面八方传播出去,到地面引起的房摇地动称为构造地震。这类地震发生的次数最多,破坏力也最大,占全世界地震的 90% 以上。构造地震的震源深度通常多在 60 km 以内。

2) 火山地震

由于火山作用,如岩浆活动、气体爆炸等引起的地震称为火山地震。岩浆及其挥发分向上运移时冲破附近围岩而发生的地震。只有在火山活动区才可能发生火山地震,这类火山地震的强度一般不大,震源较浅,影响范围小,为数不多,只占全世界地震的 7% 左右。

3) 塌陷地震

由于地下岩洞或矿井顶部塌陷而引起的地震称为塌陷地震。这类地震的规模比较小,次数也很少,即使有也往往发生在溶洞密布的石灰岩地区或大规模的地下开采矿区。易溶岩石被地下水溶蚀后形成地下空洞,经过不断扩大,上覆岩石突然陷落所引起的地震称为陷落地震。陷落地震的震源极浅,影响范围很小,只占地震总数的 3%,主要发生于石灰岩及其他易溶岩石分布地区。

4) 诱发地震

由于水库蓄水、油田注水等活动而引发的地震称为诱发地震。这类地震仅仅在某些特定的水库库区或油田地区发生。由某种人为因素的激发作用而引起的地震称为诱发地震。诱发地震常见的原因是水库地震和人工爆破地震。

5) 人工地震

地下核爆炸、炸药爆破等人为引起的地面震动称为人工地震。人工地震是由人为活动引起的,如工业爆破、地下核爆炸造成的震动,在深井中进行高压注水以及大水库蓄水后增加了地壳的压力,有时也会诱发地震。人工爆炸时产生的短暂巨大压力脉冲可能使原有的断层发生滑动而引起诱发地震。

按震源深度不同,地震又可以分为浅源地震(0 ~ 70 km)、中源地震(70 ~ 300 km)和深源地震(300 ~ 700 km),如表 3-2 所示。破坏性地震一般是浅源地震。对于同样大小的地震,由于震源深度不一样,对地面造成的破坏程度也不一样。震源越浅,破坏越大,但波及范围也越小,反之亦然。

表 3-2 按震源深度划分类型

地震类型	深度(km)	数量	能量	破坏性地震数量	危害
浅源	0 ~ 70	72.5%	85%	多	大
中源	70 ~ 300	23.5%	12%	少	小
深源	300 ~ 700	4%	3%	无	小

第二节 地震灾害的成因及特征

一、地震成因

地震是地球内部缓慢积累的能量突然释放引起的地球表层的震动。当地球内部在运动中积累的能量对地壳产生的巨大压力超过岩层所能承受的限度时,岩层便会突然发生断裂或错位,使积累的能量急剧地释放出来,并以地震波的形式向四面八方传播,就形成了地震。一次强烈地震过后往往伴随着一系列较小的余震。

地震成因是地震学科中的一个重大课题。目前,有如大陆漂移学说、海底扩张学说等,现在比较流行的是大家普遍认同的板块构造学说。1965 年加拿大著名地球物理学家威尔逊首先提出了"板块"概念,1968 年法国人把全球岩石圈划分成六大板块,即欧亚、太平洋、美洲、印度洋、非洲板块和南极洲板块。板块与板块的交界处,是地壳活动比较活跃的地带,也是火山、地震较为集中的地带。板块学说是大陆漂移、海底扩张等学说的综合与延伸,它虽不能解决地壳运动的所有问题,却成为地震成因的理论研究基础。

(一)地震成因研究的发展历史

在古代,世界很多地震区人民对地震都有宗教性的解释。中国常以"天人感应"将地震与社会的变动相联系,日本则认为地震是由地下一个状似鲶鱼的神灵所控制。对古代地震的许多引喻可在《圣经》和当时其他宗教著述中见到。

然而,早在希腊科学发展的早期,其实践者已开始考虑用地震的物理原因取代民间传说和神话提示的神学原因。公元前 526 年逝世的安乃克西门内斯(Anaximenes)认为地球的岩石是震动的原因:当岩体在地球内部落下时,它们将碰撞其他岩石,产生震动。一些自然现象,诸如杰里科城墙的倒塌和红海的开裂,曾被那些不迷信超自然事件的人解释为地震的结果。泽卡利亚(Zechariah)的书中甚至有一段对地震成因的卓越描述:"橄榄山将从中间劈开,一半向东,另一半向西,那里将出现一个大谷;山的一半将向北移动,另一半向南移动。"这一段文字叙及的岩石滑动和地震之间的物理联系直至 20 世纪末才被人们理解,这表明古希腊人已经对地震成因的物理学理解迈出了第一步。第一个关于地震物理原因的全面解释是由希腊学者亚里士多德(Aristotle)(公元前 384 至公元前 322 年)提出的。他不是从宗教或占星术中寻找地震成因的解释,而认为地下火将烧毁地下洞穴的支护,洞顶坍塌将导致像地震一样的震动。

18世纪,受伊萨克·牛顿爵士有关波和力学著述的强烈影响,自然科学的新时代开始了。在牛顿力学影响下的科学家和工程师开始发表研究报告,把地震和穿过地球岩石的波联系起来。这些研究报告很重视山崩、地面运动、海平面变化等地震地质效应和建筑物毁坏。里斯本地震是现代"地震学之父"之一的英国工程师米歇尔(Michell)(1724～1793年)灵感的主要源泉。他试图用牛顿的力学原理讨论地震动,相信"地震是地表以下几英里岩体移动引起的波动"。1899年,印度地质调查所发表了一份描述1897年6月12日印度东北部阿萨姆地震的报告,调查所所长奥尔德姆(Oldham)在报告中非常仔细地描述了地面晃动,做出了地面晃动速度的推断,并应用仪器记录了地面上升的数据。奥尔德姆掌握的证据支持了岩石的大规模翘曲和断裂产生地震的假说。

理解地震成因的转折点来自对1906年4月18日震撼美国加利福尼亚的旧金山地震的研究。地震调查委员会的报告指出,强烈的地面摇动是由圣安德烈斯大断层突然错动产生的,该断裂从墨西哥边界一直延伸到旧金山以北达400多km,断裂西侧的岩块向北错动了好几米。

除上述断裂产生地震的学说外,其他比较重要的地震成因假说还有岩浆冲击成因说和相变成因说。岩浆冲击成因说在火山地区受到重视,因为那些地区的岩浆活动相当普遍。火山地震就是岩浆冲击的结果。火山地震一般不大,涉及区域也不广。中国除台湾地区外,大陆上绝大部分地震都与火山无关。相变成因说认为当地下的温度和压力达到一定临界值时,岩石所含矿物的结晶状态可能发生突然的变化,从而使岩石体积也发生变化,这样就可以产生地震。自从板块大地构造学说提出后,地震的相变成因说已失去重要的依据。

(二)地震成因的现代研究

现代关于地震成因的解释基于大陆漂移说、板块构造说和弹性回跳说。

1.大陆漂移说

大陆之间相互移动的猜测可追溯到20世纪以前,早期的世界地图已清楚地表明非洲和南美洲相对海岸线的"锯齿状拟合"。远在1801年,洪堡(Humboldt)及其同时代的科学家们已经提出,大西洋两岸的海岸线和岩石都很相似。1912年德国气象学家魏格纳(Wegener)对大陆漂移做出了系统论述,魏格纳假定一个超级泛大陆于3亿年前破裂,其碎块漂移出去形成现今的七大洲,同时提出了大陆的外形、古气候学、古生物学、地质学、古地极迁移等大量证据。

大陆漂移说能够解释许多地质学问题,但在约10年时间内没有受到地质学界的重视。受当时地球内部构造和动力学知识的局限,大陆漂移及其动力学机制得不到物理学上的支持,在几十年间遭到许多地质学家的强烈反对,始终是辩论的焦点。魏格纳最后因寻找证据而去世,他的尸体在第二年才被发现。

20世纪60年代,随着抛弃洋底稳定不动的海底扩张学说提出,人们对大陆漂移的兴趣又复萌了。大陆漂移的支持者们认真地提出了地球内部软弱带支撑着刚性较大的地质"筏"的概念。接近熔融状态的软流圈比岩石圈软,刚性岩石圈浮在这层黏性物质上,以百万年的时间尺度缓慢地移动。这一解释不再像50年前那样因受到批评而沉默,在此基础上发展了板块构造原理。

2. 板块构造说

这一学说认为地球的岩石圈分裂成为若干巨大的板块,岩石圈板块在塑性软流圈之上发生大规模水平运动;板块与板块之间或相互分离,或相互汇聚,或相互平移,引起了地震、火山和构造运动。板块构造说囊括了大陆漂移、海底扩张、转换断层、大陆碰撞等概念,为解释全球地质作用提供了颇有成效的框架。

1960～1962年期间,美国科学家赫斯(Hess)、迪茨(Dietz)在大陆漂移说和地幔对流说的基础上创立了海底扩张说。1965年,加拿大学者威尔逊(Wilson)建立了转换断层概念,并首先指出,连绵不绝的活动带将地球表层划分为若干刚性板块。1968年,科学家赛克斯(Sykes)等进一步阐述了地震与板块活动之间的联系,并将这一新兴理论称作"新全球构造"。目前,常用的术语"板块构造",是法国科学家勒皮雄(LePichon)、美国科学家麦肯齐(McKenzin)和摩根(Morgan)在1969年提出的。70年代以来,板块学说逐步渗透到地球科学的许多领域。

板块是由地震带所分割的岩石圈单元,因横向尺度比厚度大得多而得名。狭长而连续的地震带勾画出了板块的轮廓,是板块划分的首要标志。全球岩石圈可划分为六大板块:欧亚板块、非洲板块、美洲板块、印度板块(或称印度洋板块、澳大利亚板块)、南极洲板块和太平洋板块。太平洋板块是唯一基本上由洋底岩石圈构成的大板块。

板块构造说以极其简洁的形式(最基本的就是板块的生长、漂移、俯冲和碰撞),深刻地解释了地震和火山分布,地磁和地热现象,岩浆与造山作用;它阐明了全球性大洋中脊和裂谷系、环太平洋和地中海构造带的形成,也阐明了大陆漂移、洋壳起源、洋壳年青性、洋盆的生成和演化等重大问题。地球科学第一次对全球地质作用有了一个比较完善的总的理解。板块构造研究所阐明的地质构造背景和岩石圈活动规律,对于寻找金属矿、石油等矿产资源,以及预测地震、火山等地质灾害,有一定的指导意义。

板块构造说还存在一些有待解决的难题。除驱动机制这一最大难题外,现有的板块构造模式不能有效地解释板块内部的地震、火山和构造活动,包括水平变形、隆起和陷落。目前,板块构造说仍在不断修正和发展中。

3. 弹性回跳说

弹性回跳说认为地震的发生源自地壳中岩石的断裂错动。岩石本身具有弹性,在断裂发生时已经发生弹性变形的岩石,在外力消失后便向相反的方向整体回跳,恢复到未变形前的状态。这种弹跳可以产生惊人的速度和力量,把长期积蓄的能量于霎那间释放出来,造成地震。

现今广为接受的地震断裂机制是对1906年圣安德烈斯地震令人信服的研究而确立的。1906年以前对跨圣安德烈斯断裂的区域作了两组三角测量。美国工程师里德(Reid)注意到,50年期间断裂两边相对移动了3.2 m,西侧向北北东方向运动。当这些测量数据与地震后测量的数据比较时,发现地震前后,平行于圣安德烈斯断裂都发生了明显的水平剪切变形。自里德的工作之后,地震学界普遍认为,天然地震是地球上部地质体断裂发生突然错动而产生的。这一错动滑移沿断面扩展,破裂传播的速度小于周围岩石中的地震剪切波波速,岩石中存储的弹性应变能使断裂两侧岩石回跳到大致应变为零的位置。这样,至少在大多数情况下,变形的区域越长、越宽,释放的能量就越多,构造地震的震级也将越大。

弹性回跳是构造地震发生的直接原因,岩石的弹性应变越大,地震破裂就越强,好似钟表的发条卷得越紧,存储的能量就越大。断裂破裂时储存的能量迅速释放,部分转换为弹性回跳热,部分以弹性波传播,这些波就构成地震。岩石的竖向应变也很常见。在这种情况下,弹性回跳沿倾斜断面发生,引起地面竖向错动并形成断层崖。大地震造成的断层崖可达好几米高,有时沿断裂走向延伸几十或几百千米。

断层主滑动面附近的裂缝发育过程也可解释地震的前震和余震。前震是断裂物质中应变积累和发生微细破裂的结果,因物理条件不成熟,主断裂尚未发生。前震中的有限滑动稍微改变了力的格局,终于导致更大的破裂造成主震。随主断裂岩块的错动及局部生热,沿断裂的物理条件于主震以前发生变化,随后发生了小断裂造成余震。此后,该区的应变能逐渐降低,像发条松动的钟表,在若干时间后停止运动。

弹性回跳能够较好地解释浅源地震的成因,但对于中、深源地震则不好解释。因为在地下相当深的地方,岩石已具有塑性,不可能发生弹性回跳的现象。

4. 其他地震成因假说

有关地震成因的其他假说有:如气爆,岩浆渗入岩层引发地层中可燃气体爆炸,产生地震;核爆炸说,地壳下面核原料达到临界值发生天然核爆炸。

二、地震成因新说

(一)地震核变成因论

地震核变成因论:地震是地幔中核变的及时效应在地壳上的表象。

地幔的长期沉淀、析出、分层,在地球深处形成较纯净的核裂变(如铀等)物质圈,同时由于地幔的长期析出或内部物质的生成析出或地幔对地表的液态、气态物质(如海水、石油、空气等)的吸入、热解,在地幔的上层(地幔、地壳之间)聚集了较为纯净的核聚变物质(如氢等)。地幔的对流造成核裂变物质相遇,以超过临界体积,发生核裂变(如果此时附近存有核聚变物质)进而引发核聚变,产生瞬间极速膨胀,反弹地壳产生纵波,纵波拉伸地壳产生横波(尚未证实)。

此说是由江发世于2012年10月23日发表在百度文库《地震的成因(续)》一文提出的。江氏认为:在地下存在地质空间,高压气液体进入地质空间形成高压藏,在高压作用下,高压藏的围岩发生弹起和撞击作用形成地震。

中国地质学院专家提出:石油是地球母亲的血液,对地球内部板块与板块之间起到了缓冲、黏附和减压的作用。过度开采过石油的地层像泄了气的皮球一样会萎缩、塌陷,板块与板块间的平衡性被破坏所产生相应的条件反射,结果必然会导致频繁地出现地震、地陷等自然灾害。

(二)震电说

据科学推算,地核的温度可达到6 000 K,与地壳的温度差是5 000多K。这种情况下,熔岩原子中的最外层电子受热会脱离"能级"的束缚,变成自由电子。这些自由电子将趋向低温部形成负电层,则地壳下面必然要形成"温差电场"。在电场的感应中,地壳层中某些矿层会存在局部电场,这种感应电场早在1830年就被人发现过,当时的英国科学家福克斯(P. Fox)等就在地下黄铜矿上检测到了这种自然电场。这些电场在积累到一定程度时,其电场力会与重力形成合力而导致“重力异常”,其电离作用会在地表空气中产生“电离光”,受这种电场影响,大气电场会失去平衡,从而导致怪风、怪雨、怪雪等异常气候。当这些局部电场的相对电势(电压)积累达到一定值时(或者有水渗入电场间,破坏了介质的电阻率),电场会将其中的绝缘层击穿,产生剧烈的地下雷暴。这种地下雷暴瞬间释放的能量可与核爆的能量相当,具有很大的破坏性,不仅可以破坏地层结构,造成岩层破裂,而且会形成纵波和横波在地层中向四周传播,造成地表建筑物毁坏,甚至会造成山崩。这就是破坏性地震的真实成因,大量的临震现象对此提供了以下证据。

1.“地声”和“地震光”的验证

有科研部门证实,在雷雨云上方,常会看到与地震光相同的“电离光”,科学界称为“红色精灵”或“高空雷闪”,它们与临震区产生的“地震光”是相同的。在大气层中发生的雷电从直观上分为三种:第一种是只有雷声,看不见闪电,即“沉雷”;第二种是只见到闪电,听不到雷声,即“干闪电”;第三种是声与光现象先后并发,即“雷闪”。因此,临震区发出的“地声”和“地震光”都是地下雷电的最直观的验证。

2.“地磁异常”的验证

麦克斯韦的电磁理论表述了电与磁之间的联系,运动的电场产生磁场,运动的磁场产生电场,这已由磁电机提供最可靠的证明。临震区地表出现“磁场异常”,如指南针乱转、磁铁失力等,还有地下金属物放出火花等,都表明地下有庞大的电场运动,这是对地下雷电的另一个有力的验证。

3. 重力异常的验证

地震部门的先进仪器发现,在大地震发生前,地表面重力会出现异常。众所周知,电场对中性体普遍具有吸引力,地表存在重力异常,表明地下存在局部强静电场,其引力可直达地表以上,与重力成为合力,从而导致重力异常。这是对地下电场的验证,也是地下雷电的重要证据。

4.“气候异常”的验证

地震前伴随的气候异常总是让地震学科的研究人员百思不解,地层的机械运动如何能够影响大气呢?事实上,气候异常恰恰证明了地震是一种雷电现象。地下电场的变化必然影响大气电场的变化,大气中的电离子会出现不平衡态,导致水分子的“凝结核”增多,进一步造成大气压的变化,怪雨、怪雪、怪风等现象的产生也是对地下雷电的有力验证。

5.“水库地震”的验证

水库地震与水库蓄水的过程有着密切的联系,水库刚积水时,无震或发生小震,水满后发生大震,以后逐渐减弱甚至消失。比如:1962 年 3 月 19 日发生在中国新丰江的 6.4 级地震,1967 年修建在印度德干高原的戈伊纳水库地震。

将水人为地注入地下深处也会发生地震。注水地震的发生次数随着注水的增减而增减,注水停止后,地震现象也停止了。

这都是因为水在渗入地层深处后使地层的电阻率发生了变化,导致异性的电场间发生了放电现象。它是对地下雷电的又一个验证。

6. 电离层“电扰”的验证

近年来,多个国家的宇航部门经过大量的观测证实,大地震临震区对应的大气电离层会出现“电扰现象”,这种现象与电离层下面的“雷雨过境”具有相同的特征,这足以证明地震是大范围、大规模的地下雷爆。

7. 次声波传播情况的验证

较大的地震发生后,会产生绕地球周转的“次声波”,这种波的特征与核爆炸产生绕地球周转的次声波完全相同,这可以表明地震是一种剧烈爆炸现象,而绝不可能是岩层“错动”“断裂”现象。

透过现象看本质,关于地震成因的判断,必须建立在全部临震现象上,只要有一种现象与理论不符,这个理论都必须重新审视。我们研究科学,理论是主观的,是可以更改的;而现象是客观的,是不可更改的。理论必须服从于现象,而不能让现象牵强地服从理论。

“震电说”是根据大量临震现象综合而来的,理论与实际符合得很好。

三、我国地震灾害的成因

(一)自然原因:位于板块交界处

根据板块构造学说,地壳被一些构造活动带分割为彼此相对运动的板块,地球的六大板块为:太平洋板块、亚欧板块、非洲板块、美洲板块、印度洋板块和南极板块。在板块边缘,地壳活动频繁,全球大部分地震发生在大构造板块的边界上,一部分发生在板块内部的活动断裂上。

全球主要地震活动带有四个:环太平洋地震带、地中海－南亚地震带、海岭地震带和大陆断裂地震带。环太平洋地震带是地震活动最强烈的地带,全球约80%的地震都发生在这里。

我国位于世界两大地震带的交界处,受太平洋板块、印度板块和菲律宾板块的挤压,地震断裂带十分发育。我国地震活动具有频度高、强度大、震源浅、分布广的特点,是一个震灾严重的国家。

(二)人为原因:人口稠密、抗震能力较弱

我国的地震活动主要分布在6个区域的8个大地震带上,我国地震的多发地区有很多为人口、经济稠密地区,约有1/2城市处于地震多发区或强震波及区,地震容易造成严重的人员伤亡和经济损失。我国经济不够发达,广大农村和相当一部分城镇,建筑物质量不高,抗震性能差,抗御地震的能力低;人们的防震意识较为薄弱,防震知识普遍欠缺;地震预报预警仍处于探索阶段,不能做出及时准确预报。仅20世纪内,我国已有50多万人死于地震,约占同期全世界地震死亡人数的1/2。

四、地震活动的几个问题

(一)地震活动与太阳黑子活动

太阳黑子的活动具有11年和22年的周期,这与地震的活动周期是比较吻合的,同时也研究发现地震活动的高发期是发生在太阳黑子数少的年份。

（二）地震活动与地球自转

地震活动在地球自转速度最慢或自转速度急剧变化的部位。据统计，全球 8 级及其以上的地震发生在地极移动速度峰值前后，而谷值时很少发生。

（三）地震活动与厄尔尼诺

对全球及我国 6 级以上的地震活动特征与厄尔尼诺事件的关系研究表明，这两者有很好的关系。全球 6 级以上的地震发生次数、发生区域均与厄尔尼诺事件有关，在厄尔尼诺年及其前一年，发震次数较多，见表 3-3。

表 3-3 地震震级与厄尔尼诺的关系

地区	EL－1（前）	EL	EL＋1（后）
地中海、帕米尔	4.4	6.6	3.6
西太平洋	5.9	6.0	4.3
东太平洋	4.6	3.0	5.8

注：EL－1（前）为厄尔尼诺发生年前一年，EL 为厄尔尼诺发生年；EL＋1（后）为厄尔尼诺发生年后一年。

五、地震的特征

地震灾害与旱灾、水灾、风灾、泥石流、山崩、农作物病虫害等灾害相比，具有以下特点：

（1）突发性强。地震发生十分突然，一次地震持续时间往往只有几十秒钟，在如此短暂的时间内造成大量房屋倒塌、人员伤亡，这是其他自然灾害难以相比的。

（2）破坏性大。发生在人口稠密、经济发达地区的大地震，往往可能造成大量人员伤亡和巨大经济损失。

（3）社会影响深远。大地震由于突发性强、伤亡惨重、经济损失巨大，往往会产生一系列连锁反应，对一个地区甚至一个国家的社会生活和经济活动造成巨大冲击，因此往往会引起社会、政府乃至国际上的高度重视。同时，一次地震的破坏区虽然有限，有感范围却很大，波及面广，对人们心理上的影响也比较大，这些都可能造成较大的社会影响。

（4）防御难度大。与洪水、干旱、台风等气象灾害相比，地震的预测要困难得多。同时，建筑物抗震性能的提高，需要大量资金的投入，这也不是短时期能够做到的。要减轻地震灾害，需要各方面的协调和配合，需要全社会长期艰苦细致的工作。因此，对地震灾害的防御，比起其他一些灾害来说，可能更困难一些。

由于我国特殊的自然条件、社会条件、历史因素及地质构造特点，我国的地震灾害具有如下特征：

（1）震灾频次高。我国地处世界二大地震带的交会部位，有明显较高的地震活动性。我国仅大陆地区（不含台湾地区），20 世纪以来至 1993 年，7 级地震平均为 0.7 次/年，6 级地震平均为 4.4 次/年，5 级地震平均为 20 次/年。由于地震频度高，加之不少地区房屋建筑物抗震性能较差，地震的成灾率亦较高。据不完全统计，20 世纪以来至 1993 年，我国大陆（不含台湾地区）大于 5 级地震，成灾的有 720 多次，平均每年 7～8 次，其中 5 级地震的成灾率为 1/3。如 1995 年 6 月 30 日孟连 5.5 级地震，损坏民房 9 000 间，伤 5 人；9

月20日苍山5.2级地震,伤141人;10月24日武定6.5级地震,死46人,伤7 000人。再如,1996年丽江7级地震属严重地震灾害,伽师6.9级地震、包头西6.4级地震属较重地震灾害,天祝—古浪5.4级地震、宜宾5.4级地震属中等地震灾害。

(2)灾情重。我国大陆地震一般震源较浅,大都在地壳内10~25 km,破坏性强,更由于历史原因,中国居民用房的抗震能力普遍低下,所以近震4.5级以上、远震6级以上就会造成倒房,致人伤亡。例如:1974年4月22日江苏溧阳5.5级地震,倒房1万余间,死亡8人,214人受伤;1995年7月22日甘肃永登5.8级地震,死亡12人,伤60余人;更有甚者,1995年1月4日的广西大化地震,震级仅3.8级,但因震源深度小,只2.5 km,因而造成倒房1 100多间的损失。

如果强震发生在居民较稠密的地区、城市附近,或是类似于唐山地震那样的城市直下型地震,必将造成大量人员伤亡和重大经济损失。全世界造成死亡人数在20万人以上的地震共8次,中国占4次。1900~1980年的80年间,全球震灾死亡人数120万人,中国死亡61万人,占全球死亡人数的50%。

(3)严重的次生灾害。在一定的条件下,地震的直接灾害常引发火灾、水灾、滑坡、泥石流、海啸、瘟疫及恐震、盲目避震等物理性、心理性次生灾害,造成数倍于直接灾害的严重损失,此为灾害的续发性。例如:1786年6月1日四川康定南7.5级地震,大渡河沿岸山崩引起河流壅塞,断流10 d后突然溃决,水头高十丈的洪水汹涌而下,漂没民众十万余人,为地震—滑坡—水灾灾害链;1556年陕西华县8级地震,震后"疫大作,民工疫饿而死者十之四",共死亡83万人,为地震—瘟疫;1239年宁夏平罗8级大震,因隆冬时节取暖的炉火被震倒及人员死伤甚多无人救火,致使许多同时起火的着火点之火势迅速扩大蔓延,火灾焚毁衣物粮食和地震未倒的房屋,多处大火燃烧了五昼夜方尽,灾民无衣无食无住,造成一大批余生者冻饿而死。地震的次生火灾肆虐,大大加重了地震灾情;江苏溧阳在1974年曾有一次5.5级地震,倒房1万余间,死亡8人,在群众中造成一定的恐震心理。当5年后1979年7月9日再次发生6级地震时,恐震心理导致部分群众震时慌乱、盲目外逃,造成了许多不应有的伤亡,6 540名重伤员中有80%的伤者,41名死亡者中有90%的死者均为盲目外逃时被倒塌的前檐和墙体砸死或砸伤在门口。

(4)成灾面积广。一次较大地震,直接灾害时发生在震中周围几十千米或一二百千米范围内。1976年唐山地震震级7.8级,震源深度11 km,极震区烈度6度,造成严重破坏(大多数房屋遭破坏,甚至倒塌,造成人员伤亡)的4度区面积达1 800 km^2。唐山地震使百千米之外的天津达8度破坏,造成直接经济损失60亿元,使200 km外的北京为烈度6度,老旧建筑物遭到不同程度破坏;1966年邢台地震震级6.8级、7.2级,震源深度9 km,极震区烈度5度,4度区面积约1 600 km^2;1970年通海地震,震级7.7级,震源深度12 km,极震区烈度5度,4度区面积约700 km^2。在一般居民区,烈度达7度即可造成较明显的灾害,在房屋建筑物抗震性能较差的地区,烈度6度就可能造成一定程度的破坏。按1990年新的地震烈度区划图,烈度≥6度的区域占我国国土总面积的79%,烈度≥7度的区域占国土面积的41%。这是不容忽视的重要现实情况。

(5)突发性。地震的孕育是缓慢的,但地震发生却是突然的,在几秒至一二十秒的时间内足以使一座城市被彻底摧毁,成为一堆瓦砾。经验表明,地震的突发性是造成人员伤亡最重要的原因。

(6)周期性。地震活动的周期性决定了地震灾害也呈现一定的周期性。1966～1976年10年间连续发生了邢台、海城、唐山、龙陵等7级以上地震共14次,造成27万人死亡和数百亿元的经济损失。这大致相当于我国大陆的第四个地震活跃期。

(7)明显的地区差异。我国西部地区地震活动相对较强,东部地区相对较弱,但东部地区的人口密度大于西部,且东部地区多冲积平原,所以震灾东部重而西部轻。1906年新疆玛纳斯8级地震,死亡300人,伤1 000人。发生在东部地区的1966年邢台6.8级、7.2级地震,死亡8 000人,伤3 800人。更有江苏溧阳1974年4月22日发生的5.5级地震,倒房1万间,8人死亡。

(8)强烈的社会性。地震作为一种自然灾害,震动了大地,也震撼了人们的心,给人类社会带来了广泛而深刻的影响,引起了一系列社会问题。如唐山地震后,地震谣言、谣传此起彼伏,我国东部地区大范围内群众产生普遍的恐震心理,在长达半年多的时间里,很多人不敢进屋居住,最多时约有4亿人住进防震棚,打乱了正常生产、工作和生活的秩序,给国家经济生活造成重大影响。由于农村文化教育水平偏低,在一些交通闭塞地区,防震减灾意识几乎为零,因而个别地区封建迷信活动伺机兴风作浪,1976年8月27日四川省安县红光村的反动会道门制造地震谣言,蛊惑群众,造成61人集体投水,41人溺水死亡。

(9)灾害程度与社会和个人的防灾意识有关。众多震害事件表明,在地震知识较为普及、有较强防灾意识的情况下,可大幅度减少地震发生后造成的灾害损失;相反,则会明显加重灾情,并造成很多本不该发生的或完全可以避免的人身伤亡。1994年9月16日台湾海峡7.3级地震,粤闽沿海震感强烈,伤800多人,死亡4人。此次地震,粤闽沿海地震烈度为6度,本不该出现伤亡,伤亡者中的90%因缺乏地震知识,震时惊慌失措、争先恐后、拥抢奔逃致伤致死。如广东潮州饶平县有两个小学,因学生在奔逃中拥挤踩压,伤202人,死1人;同次地震,在福建漳州,中小学校都设有防震减灾课,因而临震不慌,同学们在老师的指挥下迅速避震于课桌下,无1人伤亡。

第三节 地震的分布及危害

地震是由地球的内部运动引发的,如地球板块运动、火山爆发等,这些碰撞点都是地震多发区。地震的分布具有一定的规律性。

一、地震分布

地震的分布可分为时间和地理两方面分布。

(一)时间分布

地震活动在时间上具有一定的周期性。表现为在一定时间段内地震活动频繁,强度大,称为地震活跃期;而另一时间段内地震活动相对来讲频率少,强度小,称为地震平静期。地震活动较为活跃的时期,称为地震活动期。地震活动微弱的时期,称为地震平静期。

地震活动期间隔为100～200年。在每个地震活动期内又可分出地震更为集中的时间段，称为地震活跃幕。在地震活跃幕之间是地震平静幕。各地震活跃幕的间隔为10～20年。地震活动的分期分幕现象具有全球普遍性。

全球地震活动的周期性：$P_w=10.8\pm1.1$（年）；中国：$P_c=10.8\pm0.9$（年）；云南：$P_y=11.1\pm1.2$（年）。

中国的地震活动分布是随时间迁移的：宋前地震主要分布在黄土高原；宋元时期地震除黄土高原外，向东扩展到华北地区；明代时期长江以南出现了地震（云南），但规模较北方小；清代的地震明显集中在南北带上，强度也较前一时期强；中华民国时期的地震基本与清代相似；新中国成立以来地震是以南北带和华北地区为主的。

（二）地理分布

地震的地理分布受一定的地质条件控制，具有一定的规律。板块之间的消亡边界，形成地震活动活跃的地震带。

一是环太平洋地震带，环绕地球中的太平洋板块，包括南、北美洲太平洋沿岸，阿留申群岛、堪察加半岛，千岛群岛、日本列岛，经台湾再到菲律宾转向东南直至新西兰，是地球上地震最活跃的地区，集中了全世界80%以上的地震，5大地震，4次在这里。这一带是在太平洋板块和美洲板块、亚欧板块、印度洋板块的边界，南极洲板块和美洲板块的消亡边界上。

二是地中海—南亚地震带，包括地中海、土耳其、伊朗及喜马拉雅弧和缅甸巽他弧。它由西向东跨越欧亚大陆，总长约15 000 km。此带的地震活动性仅次于环太平洋地震带，以浅震为主，有少量中、深源地震。地震释放的能量占全球地震释放总能量的15%～20%。

三是海岭地震带，其走向是沿着大西洋、印度洋、太平洋东侧和北冰洋的主要海底山脉（海岭）分布。此地震带的特点是宽度窄，地震发生的频度低，震源浅（不超过30 km），能量小，且常以震群形式出现。

四是大陆断裂地震带，由一些区域性大断裂所组成，常表现为地堑系。如东非裂谷、红海地堑、亚丁湾、死海、贝加尔湖、莱茵地堑以及中国华北、东北裂谷系，均属此类地震带。裂谷系的地震活动也相对较强，均为发生在地壳范围内的浅震。

（三）我国地震分布

我国地震发生的规律性：1949年以来在空间分布上从地震的释放能量来看，西部区几乎占据全国的一半（52.2%）；从人员死亡的情况来看，华北区最为严重（占90.5%），其次为南北带（占8.2%）；从经济损失来看，华北区占79.6%，南北带占16.0%，而西部区只占1.2%。

中国地处西太平洋地震带和地中海—南亚地震带之间，有些地区就是上述两地震带的组成部分，因而成为全球大陆区地震最强、分布最为集中的地区。强震的分区性和成带性是中国大陆地震在面上分布的基本特征。总的来说，中国西部的地震活动较东部强烈。西部地震主要分布在青藏高原的四周，天山南北、横断山脉和祁连山一带。其特点是发震频率高，复发周期短，震级也相对较大。中国东部地震活动主要集中在华北的一些断陷盆地内和大断裂带附近，强震密集成带。台湾地处西太平洋岛弧地震带中的两弧交结点，地震活动强度特别高,震级也大。在中国99%的地震都属壳内的浅源地震,只在中缅、中苏和中巴交界地区,以及台湾北部有些中源地震,在东北的吉林、黑龙江等省的东部有些深源地震。

中国地震主要分布在六个区域:台湾地区、西南地区、西北地区、华东地区、华北地区、东南沿海地区,八个大地震带及发生过大地震的地点见图3-3。我国地震的分布特点:地

(a)中国地震分布带

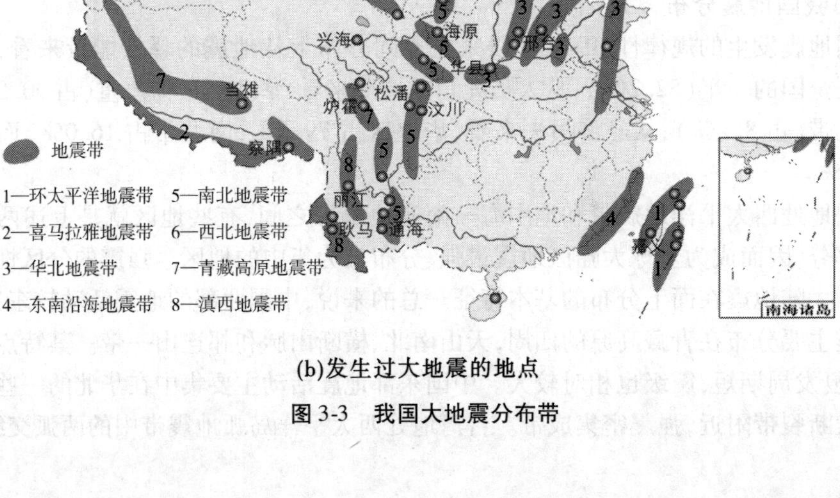

(b)发生过大地震的地点

图3-3　我国大地震分布带

震分布广;地震地区分布不均,西多东少;地震呈带状分布,地震带多与活动性断裂带的分布一致。中国历史上(1900~2004年)地震震中分布情况见图3-4。

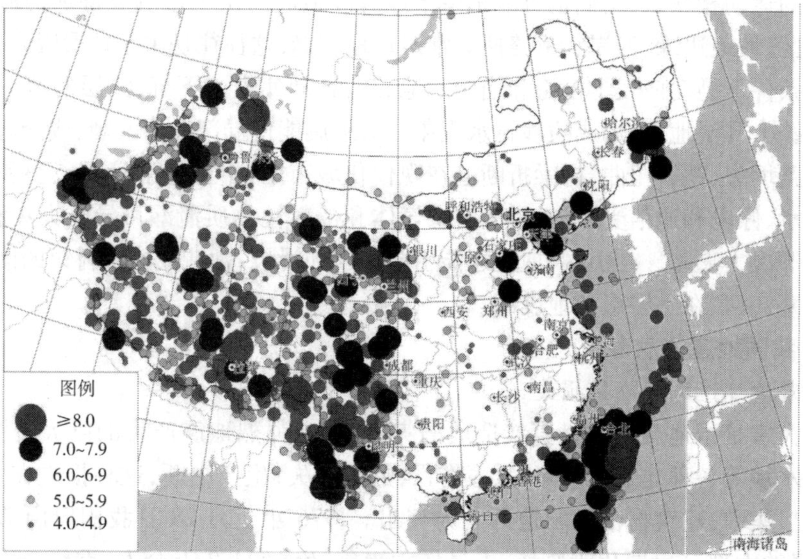

图3-4 我国地震震中分布情况

二、地震的危害

大地震所释放的能量比人类威力最大的爆炸要大好多倍。唐山大地震所释放的能量相当于125 000 kW双轮内冷发电机组连续运转8年的总电能,地震波约等于400个广岛原子弹。大地震的破坏力是相当惊人的,在山区造成崩塌,在城市引起火灾,在海上激起海啸,以致远在离震源数千千米外的地方都可能受到影响。地震在历史上一直是巨大的灾难。有记录的最严重的地震是:1556年在我国陕西省发生的关中地震,有83万人死亡;1737年在印度加尔各答发生的地震,有30万人死亡。

(一)释放能量

轻微地震时至少也要放出$10^3 \sim 10^8$ J的能量,足以把10 000 t的物体抬高1 m,而一个8.5级的大震,能量约为3.6×10^{17} J,比一颗氢弹爆炸释放的能量还大,相当于100万kW的发电站连续10年的发电量总和。

(二)现象

地震时,最基本的现象是地面的连续震动,主要特征是明显的晃动。

极震区的人在感到大的晃动之前,有时首先感到上下跳动。因为地震波从地内向地面传来,纵波首先到达。横波接着产生大振幅的水平方向的晃动,这是造成地震灾害的主要原因。1960年智利大地震时,最大的晃动持续了3 min。地震造成的灾害首先是破坏房屋和建筑物,如1976年中国河北唐山地震中,70%~80%的建筑物倒塌,人员伤亡惨重。

地震对自然界景观也有很大影响。最主要的后果是地面出现断层和地震裂缝。大地震的地表断层常绵延几十至几百千米，往往具有较明显的垂直错距和水平错距，能反映出震源处的构造变动特征（如浓尾大地震、旧金山大地震）。但并不是所有的地表断裂都直接与震源的运动相联系，它们也可能是由于地震波造成的次生影响。特别是地表沉积层较厚的地区，坡地边缘、河岸和道路两旁常出现地裂缝，这往往是由于地形因素，在一侧没有依托的条件下晃动使表土松垮和崩裂。地震的晃动使表土下沉，浅层的地下水受挤压会沿地裂缝上升至地表，形成喷沙冒水现象。大地震能使局部地形改观，或隆起，或沉降；使城乡道路坼裂、铁轨扭曲、桥梁折断。在现代化城市中，由于地下管道破裂和电缆被切断造成停水、停电和通信受阻。煤气、有毒气体和放射性物质泄漏可导致火灾和毒物、放射性污染等次生灾害。在山区，地震还能引起山崩和滑坡，常造成掩埋村镇的惨剧。崩塌的山石堵塞江河，在上游形成地震湖。

（三）我国地震的危害

1. 地震破坏造成的直接损失

直接灾害是指地震发生时直接造成的灾害损失，强烈地震产生的巨大震波，造成房屋、桥梁、水坝等各种建筑物崩塌，人畜伤亡，财产损失，生产中断，这种损失在大城市、大工矿等人口集中、建筑物密集的地区尤为突出。1976 年 7 月 28 日我国唐山 7.8 级大地震，极震区的大部分房屋化为废墟，人员伤亡惨重，死亡 24.2 万余人，重伤 16.4 万余人。直接经济损失达 100 多亿元。1900～1986 年间地震死亡人数占所有自然灾害死亡人数的 58%，其中中国的地震死亡人数最多，占 42%，这主要是因为以前中国的房屋抗震能力差，人口密集。统计表明，约 60% 的死亡是抗震能力差的砖石房屋倒塌所造成的。

大震时，还会引起地面破坏隆起或塌陷。如地面裂缝、塌陷，喷水冒沙、山崩、地裂、滑坡等自然物的破坏，造成严重的人员和财产损失。海啸、海底地震引起的巨大海浪冲上海岸，造成沿海地区的破坏。

此外，在有些大地震中，还有地光烧伤人畜的现象。地震的直接灾害发生后，会引发出次生灾害。有时，次生灾害所造成的伤亡和损失比直接灾害还大。例如：1932 年日本关东大地震，直接因地震倒塌的房屋仅 1 万幢，而地震时失火却烧毁了房屋 70 万幢。

2. 地震破坏造成的间接损失（次生灾害）

大地震如果发生在渺无人烟的地方是不会造成伤害的，如果发生在城市或农村的话，就会造成房倒屋塌，甚至建筑物与重要工程也会遭受破坏并危及人员的生命安全，给人们造成严重灾害。1976 年唐山大地震，在几十秒钟的时间内，将一座百万人口的工业城市变成了废墟，伤亡几十万人，直接经济损失 100 亿元以上，救灾花了 6 亿多元，重建用了 50 亿元，地震会诱发出多种次生灾害，主要有火灾、毒气污染、细菌污染、放射性污染、河水倾溢、水坝崩塌等引起的水灾、瘟疫等。不同环境条件下的地震灾害诱发出的次生灾害不同。例如山区，地震的破坏作用往往会诱发出山崩、泥石流等灾害；平原地区，震后容易受到水灾等影响；海边城市震后易受海啸袭击。季节和时令对灾害序列也有影响。例如，冬季地震，容易发生冻伤、火灾；夏季地震，容易发生传染病，造成间接损失。

3. 地震破坏造成的第三次灾害

地震破坏造成的第三次灾害有经济影响、社会影响（地震幸存者的慢性疾病及心理问题)，而且在这之后很长时间内，造成全国人民的恐震心理。

三、地震的好处

地震本是自然灾害，特别是强度高的大地震，会给人类造成重大灾难，但同时也会带来难得的好处。

许多奇山异水的形成得益于地震时由于地壳剧烈运动，地层断裂，在断裂带上升凸起处，便形成断块山；在断裂带下沉凹陷处，又形成凹陷湖、盆地等；我国巍峨挺拔、风光旖旎的黄山、华山、庐山、泰山等，都是断块山；青海湖、洞庭湖、鄱阳湖和云南的滇池等，都是断层凹陷湖。有些地震断裂带上还出现大大小小的山泉，犹如一株藤蔓上的串串瓜果，如著名的重庆南温泉和北温泉。

地震时地壳相对运动，会把埋在地球深处的矿物质推到地球表面上来，为人类找矿提供了便利。我国横断山区川、滇、藏3省(区)交界的金沙江、澜沧江、怒江地区由于地震较多，这里就形成一条南北长近1 000 km、面积达55万 km^2 的多金属成矿带。矿床规模很大，是世界级成矿规模地区。

如果地震出现在人类历史时期(人类的文明尚未创造)以前，则有好多好处，起码它是成矿的一种营力。例如，地震有助于石油的形成，因为有机质在温度100 ℃以下是不可能转变成石油的。勘探人员还通过人工地震来勘探石油。他们先通过爆破引起轻微的地震，同时用仪器记下地震波向地下传播和反射回来的时间以及震形等有关数据，经计算处理后就可以初步判断地下构造的深度和形状，据此确定打井采油的地点。我国的大油田，如大庆、胜利、辽河、塔里木油田等，都是通过这一方法发现的。

第四节　地震灾害的防治措施

一、地震仪器

早在1800多年前，我国东汉时期的科学家张衡经过长期的研究，发明了世界上的第一台自动测定地震方位的仪器——地动仪，为地震研究做出了重大贡献。地动仪外面有8个龙头，口衔铜丸；下面有8个蟾蜍，口向上张。哪个方向地震，哪个方向的龙口就吐出铜丸，落在蟾蜍口内，发出清脆的声音，看守人就可知道发生地震的方向，并推测出震源的距离。遗憾的是，地动仪实物和图样失传，只留下了文字记载，实物逐渐成千古之谜。

二、地震前兆

地震前兆是指地震发生前出现的异常现象，岩体在地应力作用下，在应力应变逐渐积累、加强的过程中，会引起震源及附近物质发生如地震活动、地表的明显变化以及地磁、地电、重力等地球物理异常，地下水位、水化学、动物的异常行为等。概括性称这些与地震孕育、发生有关联的异常变化现象为地震前兆(也称地震异常)，包括地震宏观异常和地震微观异常两大类。

（一）宏观异常

人的感官能直接觉察到的地震异常现象称为地震的宏观异常。地震宏观异常的表现形式多样且复杂，异常的种类多达几百种，异常的现象多达几千种，大体可分为地下水异常、生物异常、气象异常、地声异常、地光异常、地气异常、地动异常、地鼓异常、电磁异常、地震云等。

1. 地下水异常

地下水包括井水、泉水等。主要异常有发浑、冒泡、翻花、升温、变色、变味、突升、突降、泉源突然枯竭或涌出等。人们总结了震前井水变化的谚语："井水是个宝，前兆来得早。""无雨水质浑，天旱井水冒。""水位变化大，翻花冒气泡。""有的变颜色，有的变味道。"

2. 生物异常

许多动物的某些器官感觉特别灵敏，它能比人类提前知道一些灾害事件的发生，例如海洋中水母能预报风暴，老鼠能事先躲避矿井崩塌或有害气体的侵入等。伴随地震而产生的物理、化学变化（振动、电、磁、气象、水氡含量异常等），往往能使一些动物的某种感觉器官受到刺激而发生异常的反应。如一个地区的重力发生变异，某些动物可能能通过它的平衡器官感觉到；一种振动异常，某些动物的听觉器官也许能够察觉出来。地震前地下岩层早已在逐日缓慢活动，呈现出蠕动状态，而断层面之间又具有强大的摩擦力，于是有人认为在摩擦的断层面上会产生一种每秒钟仅几次至十多次、低于人的听觉所能感觉到的低频声波。人只能感觉得到每秒20次以上的声波，而动物则不然。那些感觉十分灵敏的动物，在感触到这种声波时，便会惊恐万分、狂躁不安，以致出现冬蛇出洞、鱼跃水面、猪牛跳圈、在浅海处见到深水鱼或陌生鱼群、鸡飞狗跳等异常现象。动物异常的种类很多，有大牲畜、家禽、穴居动物、冬眠动物、鱼类等。

地震前动物反应以及动物的异常表现：

牛、马、驴、骡：惊慌不安、不进厩、不进食、乱闹乱叫、打群架、挣断缰绳逃跑、蹬地、刨地、行走中突然惊跑。

猪：不进圈、不吃食、乱叫乱闹、拱圈、越圈外逃。

羊：不进圈、不吃食、乱叫乱闹、越圈逃跑、闹圈。

狗：狂吠不休、哭泣、嗅地扒地、咬人、乱跑乱闹、叼着狗崽搬家、警犬不听指令。

猫：惊慌不安、叼着猫崽搬家上树。

兔：不吃草、在窝内乱闹乱叫、惊逃出窝。

鸭、鹅：白天不下水、晚上不进架、不吃食、紧跟主人、惊叫、高飞。

鸡：不进架、撞架、在架内闹、上树。

鸽：不进巢、栖于屋外、突然惊起倾巢而飞。

鼠：白天成群出洞、像醉酒似的发呆、不怕人、惊恐乱窜、叼着小鼠搬家。

蛇：冬眠蛇出洞在雪地里冻僵、冻死、数量增加、集聚一团。

鱼：成群漂浮、狂游、跳出水面，缸养的鱼乱跳、头尾碰出血、跳出缸外、发出叫声、呆滞、死亡。

蟾蜍(癞蛤蟆):成群出洞。

古语动物反常的情形,也有几句顺口溜:

震前动物有预兆,密切监视最重要。

牛羊骡马不进厩,猪不吃食狗乱咬。

鸭不下水岸上闹,鸡飞上树高声叫。

冰天雪地蛇出洞,大鼠叼着小鼠跑。

兔子竖耳蹦又撞,鱼跃水面惶惶跳。

蜜蜂群迁闹轰轰,鸽子惊飞不回巢。

家家户户都观察,发现异常快报告。

除此之外,有些植物在震前也有异常反应,如不适季节的发芽、开花、结果或大面积枯萎与异常繁茂等。

3. 气象异常

人们常形容地震预报科技人员是"上管天,下管地,中间管空气",这的确有道理。地震之前,气象也常常出现反常,主要有震前闷热,人焦灼烦躁,久旱不雨或阴雨绵绵,黄雾四散,日光晦暗,怪风狂起,六月冰雹(飞雪)等。

例如射线云:浮云在天空会呈极长的射线状,射线中心指向的位置就是中心地震的位置,这样的射线云很容易被人们观察到。

地震云:地震云是非气象学中云体分类的一种预示地震的云体,在地震发生前云体的颜色为白色、灰色、橙色或者橘红色。地震云的特点:大风不易改变其形态,天空和云有明显的分界线,多出现波状。如果地震云的长度很长,则距离发生地震的时间就越近;如果地震云的颜色看上去很深,则所对应的地震的深度就很深;如果地震云持续的时间很长,则所对应的震中就越近;如果地震云的颜色为灰色,则说明地震很严重。

4. 地声异常

地声异常是指地震前来自地下的声音。其声有如炮响雷鸣,也有如重车行驶、大风鼓荡等。当地震发生时,有纵波从震源辐射,沿地面传播,使空气振动发声,由于纵波速度较大但势弱,人们只闻其声,而不觉地动,需横波到后才有动的感觉。所以,震中区往往有"每震之先,地内声响,似地气鼓荡,如鼎内沸水膨涨"的记载。如果在震中区,3 级地震往往可听到地声。地声是地下岩石的结构、构造及其所含的液体、气体运动变化的结果,有相当大部分地声是临震征兆。掌握地声知识就有可能对地震起到较好的预报预防效果。

5. 地光异常

地光异常指地震前来自地下的光亮,其颜色多种多样,可见到日常生活中罕见的混合色,如银蓝色、白紫色等,但以红色与白色为主;其形态也各异,有带状、球状、柱状、弥漫状等。一般地光出现的范围较大,多在震前几小时到几分钟内出现,持续几秒钟。中国海城、龙陵、唐山、松潘等地震时及地震前后都出现了丰富多彩的发光现象。地光多伴随地震、山崩、滑坡、塌陷或喷沙冒水、喷气等自然现象同时出现,常沿断裂带或一个区域作有规律的迁移,且与其他宏观、微观异常同步,其成因总是与地壳运动密切相关,且受地质条件及地表和大气状态控制,能对人或动、植物造成不同程度的危害。

目前,我们所掌握的地光异常报告,都在震前几秒钟至1 min左右,如海城地震,澜沧、耿马地震等都收集到了类似的报告。

6. 地气异常

地气异常是指地震前来自地下的雾气,又称地气雾或地雾。这种雾气,具有白、黑、黄等多种颜色,有时无色,常在震前几天至几分钟内出现,且伴随怪味,有时伴有声响或带有高温。

7. 地动异常

地动异常是指地震前地面出现的晃动。地震时地面剧烈震动,是众所周知的现象。但地震尚未发生之前,有时感到地面也晃动,这种晃动与地震时不同,摆动得十分缓慢,地震仪常记录不到,但很多人可以感觉得到。最为显著的地动异常出现于1975年2月4日海城7.3级地震之前,从1974年12月下旬到1975年1月末,在丹东、宽甸、凤城、沈阳、岫岩等地出现过17次地动。

8. 地鼓异常

地鼓异常指地震前地面上出现鼓包。1973年2月6日四川炉霍7.9级地震前约半年,甘孜县拖坝区一草坪上出现一地鼓,形状如倒扣的铁锅,高20 cm左右,四周断续出现裂缝,鼓起几天后消失,反复多次,直到发生地震。与地鼓类似的异常还有地裂缝、地陷等。

9. 电磁异常

电磁异常是指地震前家用电器如收音机、电视机、日光灯等出现的异常。最为常见的电磁异常是收音机失灵,在北方地区日光灯在震前自明也较为常见。1976年7月28日唐山7.8级地震前几天,唐山及其邻区很多收音机失灵,声音忽大忽小,时有时无,调频不准,有时连续出现噪声。同样是唐山地震前,市内有人见到关闭的荧光灯夜间先发红后亮起来,北京有人睡前关闭了日光灯,但灯仍亮着不熄。

电磁异常还包括一些电机设备工作不正常,如微波站异常、无线电厂受干扰、电子闹钟失灵等。

地震宏观异常在地震预报尤其是短临预报中具有重要的作用,1975年辽宁海城7.3级地震和1976年松潘、平武7.2级地震前,地震工作者和广大群众曾观察到大量的宏观异常现象,为这两次地震的成功预报提供了重要资料。不过也应当注意,上面所列举的多种宏观现象可能由多种原因造成,不一定都是地震的预兆。例如:井水和泉水的涨落可能和降雨的多少有关,也可能受附近抽水、排水和施工的影响,井水的变色变味可能因污染引起,动物的异常表现可能与天气变化、疾病、发情、外界刺激等有关,还要注意不要把电焊弧光、闪电等误认为地光,不要把雷声误认为地声,不要把燃放烟花爆竹和信号弹当成地下冒火球。

一旦发现异常的自然现象,不要轻易作出马上要发生地震的结论,更不要惊慌失措,而应当弄清异常现象出现的时间、地点和有关情况,保护好现场,向政府或地震部门报告,让地震部门的专业人员调查核实,弄清事情真相。

(二)微观异常

人的感官无法觉察,只有用专门的仪器才能测量到的地震异常称为地震的微观异常,主要包括以下几类:

地震活动异常:大小地震之间有一定的关系。大地震虽然不多,中小地震却不少,研究中小地震活动的特点,有可能帮助人们预测未来大地震的发生。

地形变异常:大地震发生前,震中附近地区的地壳可能发生微小的形变,某些断层两侧的岩层可能出现微小的位移,借助于精密的仪器,可以测出这种十分微弱的变化,分析这些资料,可以帮助人们预测未来大地震的发生。

地球物理变化:在地震孕育过程中,震源区及其周围岩石的物理性质可能出现一些变化,利用精密仪器测定不同地区重力、地电和地磁的变化,也可以帮助人们预测地震。

地下流体的变化:地下水(井水、泉水、地下岩层中所含的水)、石油和天然气、地下岩层中还可能产生和贮存一些其他气体,这些都是地下流体。用仪器测定地下流体的化学成分和某些物理量,研究它们的变化,可以帮助人们预测地震。

三、地震防治

(一)避震方法

如果你来不及逃到室外,如图3-5所示都可以是活命三角区,最好躲在支撑多空间小的卫生间。发生地震时一定要找到可以构成三角区的空间去躲避。

1. 学校避震

在操场或室外时,可原地不动蹲下,双手保护头部,注意避开高大建筑物或危险物。

如果在教室的学生当时没时间跑到空旷的地方,可躲在课桌的下面,双手抱头,不可乱动,不要回到教室去。震后应当有组织地撤离,千万不要跳楼、站在窗前及到阳台上。

2. 家庭避震

抓紧时间紧急避险。若感觉晃动很轻,说明震源比较远,只需躲在坚实的家具旁边就可以。大地震从开始到震动过程结束,时间不过十几秒到几十秒,抓紧时间进行避震最为关键,不要耽误时间。选择合适避震空间,室内较安全的避震空间有:承重墙墙根、墙角,有水管和暖气管道等处。屋内最不利避震的场所是:没有支撑物的床上,吊顶、吊灯下,周围无支撑的地板上,玻璃(包括镜子)和大窗户旁。做好自我保护。首先要镇静,选择好躲避处后应蹲下或坐下,脸朝下,额头枕在两臂上;或抓住桌腿等身边牢固的物体,以免震时摔倒或因身体失控移位而受伤;保护头颈部,低头,用手护住头部或后颈;保护眼睛,低头、闭眼,以防异物伤害;保护口、鼻,有可能时,可用湿毛巾捂住口、鼻,以防灰土、毒气。在地震时不可选择电梯逃生,也不可跳楼。

3. 户外避震

在户外要避开高大建筑物,要远离高压线及石化、化学、煤气等有毒的工厂或设施。

在街上走时,最好将身边的皮包或柔软的物品顶在头上,无物品时也可用手护在头上,尽可能作好自我防御的准备,要镇静,应该迅速离开电线杆和围墙,跑向比较开阔的地区躲避。震时是跑还是躲,中国多数专家认为:震时就近躲避,震后迅速撤离到安全地方,

图 3-5　地震活命三角区

是应急避震较好的办法。避震应选择室内结实、能掩护身体的物体下，开间小、有支撑的地方，室外开阔、安全的地方。身体应采取的姿势：伏而待定，蹲下或坐下，尽量蜷曲身体，降低身体重心；抓住桌腿等牢固的物体；保护头颈、眼睛，掩住口鼻；避开人流，不要乱挤、乱拥，不要随便点明火，因为空气中可能有易燃易爆气体。

（二）震后自救

地震时如被埋压在废墟下，周围又是一片漆黑，只有极小的空间，你一定不要惊慌，不可大呼大叫，要保存体力，要沉着，树立生存的信心，相信会有人来救你，要千方百计保护自己。

地震后，往往还有多次余震发生，处境可能继续恶化，为了免遭新的伤害，要尽量改善自己所处环境。此时，如果应急包在身旁，将会为你脱险起很大作用。

在这种极不利的环境下，首先要保护呼吸畅通，挪开头部、胸部的杂物，闻到煤气、毒气时，用湿衣服等物捂住口、鼻；避开身体上方不结实的倒塌物和其他容易引起掉落的物体；扩大和稳定生存空间，用砖块、木棍等支撑残垣断壁，以防止余震发生后，环境进一步恶化。

设法脱离险境。如果找不到脱离险境的通道,尽量保存体力,用石块敲击能发出声响的物体,向外发出呼救信号,不要哭喊、急躁和盲目行动,这样会大量消耗精力和体力,尽可能控制自己的情绪或闭目休息,等待救援人员到来。如果受伤,要想法包扎,避免流血过多。

维持生命。如果被埋在废墟下的时间比较长,救援人员未到,或者没有听到呼救信号,就要想办法维持自己的生命,防震包的水和食品一定要节约,尽量寻找食品和饮用水,必要时自己的尿液也能起到解渴作用。

如果你在三脚架区,可以利用旁边的东西来护住自己,以免余震再次把自己伤害,再把手和前胸伸出来,把脸前的碎石子清理干净,让自己可以呼吸,等人来救你。

(三)急救方法

大震后很有可能有余震,且余震位置未必是震源很近的位置,所以自救是地震后很重要的措施之一。

地震发生时,至关重要的是要有清醒的头脑,镇静自若的态度。只有镇静,才有可能运用平时学到的防震知识判断地震的大小和远近。近震常以上下颠簸开始,之后才左右摇摆。远震很少有上下颠簸感觉,而以左右摇摆为主,且声脆,震动小。一般小震和远震不必外逃。虽然人类还不能完全避免和控制地震,但是只要能掌握自救、互救技能,就能使灾害降到最低限度。总结有以下几点。

1. 保持镇静

在地震中,有人观察到,不少无辜者并不是因房屋倒塌而被砸伤或挤压伤致死的,而是由于精神崩溃失去生存的希望,乱喊、乱叫,在极度恐惧中扼杀了自己。这是因为,乱喊乱叫会加速新陈代谢,增加氧的消耗,使体力下降,耐受力降低;同时,大喊大叫必定会吸入大量烟尘,易造成窒息,增加不必要的伤亡。正确态度是在任何恶劣的环境,始终要保持镇静,分析所处环境,寻找出路,等待救援。

2. 施救方法

应根据震后环境和条件的实际情况,采用行之有效的施救方法,目的就是将被埋压人员,安全地从废墟中救出来。通过了解、搜寻,确定废墟中有人员埋压后,判断其埋压位置,向废墟中喊话或敲击等方法传递营救信号。营救过程中,要特别注意埋压人员的安全。一是使用的工具(如铁棒、锄头、棍棒等)不要伤及埋压人员;二是不要破坏了埋压人员所处空间周围的支撑条件,引起新的垮塌,使埋压人员再次遇险;三是应尽快与埋压人员的封闭空间沟通,使新鲜空气流入,挖扒中如尘土太大应喷水降尘,以免埋压者窒息;四是埋压时间较长,一时又难以救出,可设法向埋压者输送饮用水、食品和药品,以维持其生命。在进行营救行动之前,要有计划、有步骤,哪里该挖,哪里不该挖,哪里该用锄头,哪里该用棍棒,都要有所考虑。过去曾发生过救援人员盲目行动,踩塌被埋压者头上的房盖,砸死被埋人员,因此在营救过程中要有科学的分析和行动才能达到好的营救效果,盲目行动往往会给营救对象造成新的伤害。

3. 护理施救

先将被埋压人员的头部,从废墟中暴露出来,清除口鼻内的尘土,以保证其呼吸畅通,对于伤害严重、不能自行离开埋压处的人员,应该设法小心地清除其身上和周围的埋压物,再将被埋压人员抬出废墟,切忌强拉硬拖。对饥渴、受伤、窒息较严重,埋压时间又较长的人员,被救出后要用深色布料蒙上眼睛,避免强光刺激;对伤者,根据受伤轻重,采取包扎或送医疗点抢救治疗。

止血、固定砸伤和挤压伤。外出血应首先止血抬高患肢,同时呼救。对开放性骨折,不应作现场复位,以防止组织再度受伤,一般用清洁纱布覆盖创面,作简单固定后进行运转。不同部位骨折,按不同要求进行固定,并参照不同伤势、伤情进行分类、分级,送医院进一步处理。

妥善处理伤口。挤压伤时,应设法尽快解除重压,遇到大面积创伤者,要保持创面清洁,用干净纱布包扎创面,怀疑有破伤风和产气杆菌感染时,应立即与医院联系,及时诊断和治疗。对大面积创伤和严重创伤者,可口服糖盐水,预防休克发生。

同时要预防破伤风和气性坏疽,并且要尽早深埋尸体,注意饮食饮水卫生,防止大灾后的大疫。

4. 防止火灾

地震常引起许多次生灾害,火灾是常见的一种。在大火中应尽快脱离火灾现场,脱下燃烧的衣帽,或用湿衣服覆盖身上,或卧地打滚,也可用水直接浇泼灭火。切忌用双手扑打火苗,否则会引起双手烧伤。消毒纱布或清洁布料包扎后送医院进一步处理。

应对地震的措施如下:

(1)提高房屋等工程建筑的抗震能力。建筑工程的抗震设防,坚持预防为主的方针,符合抗震设防标准。房屋场地选择要恰当,地基要做牢做稳,结构布局要合理,屋顶要轻,墙体要有足够的强度和稳定性,确保施工的质量。

(2)防震减灾法制化。法制化建设是防震减灾的根本保证。当前,国家有关防震减灾的法律法规已经形成体系,制订了相应的地震应急预案。公民和法人都应该关注地震立法工作,学习法律知识,切实维护和行使法律规定的各项权利与义务。

(3)加强地震预报预警。国家和各级地震局应完善地震预报预警系统,加强对地震的监测,加强地震预报预警工作。

(4)加强"安全社区"建设,让防震减灾成为一种生活方式。安全社区建设体现了先进的应急管理理念,应通过整合社区资源,开展安全促进活动,大力推广安全知识,提高社区人员安全意识和应急能力。

深入开展防震减灾知识宣传教育,加强地震知识科普宣传,将地震常识、震前准备、震时防护、震后自救互救等知识宣传普及到个人,使群众的自我保护及防范意识不断增强,提高他们的防震减灾科普知识和自救互救能力。总结一套完整的防灾救灾程序,普及科学避震的方法。

【阅读材料】

汶川地震

2008年5月12日14时28分4秒，四川汶川、北川发生里氏8.0级地震，地震造成69 227人遇难，374 643人受伤，17 923人失踪。此次地震为新中国成立以来国内破坏性最强、波及范围最广、总伤亡人数最多的地震之一，被称为“汶川大地震”。为表达全国各族人民对四川汶川大地震遇难同胞的深切哀悼，国务院决定，每年5月19～21日为全国哀悼日。自2009年起，每年5月12日为全国防灾减灾日。

名称：“5·12”汶川地震

时间：2008年5月12日14时28分4秒

地理位置：震中心为四川省汶川县映秀镇，其次为北川，都江堰市西21 km，崇州市西北48 km，大邑县西北48 km，成都市西北75 km

震中经纬度：北纬30.986°，东经103.364°

震源深度：10 km

震级：里氏震级8.0级，矩震级7.9级

震中烈度：最大11度

伤亡人数：69 227人遇难，374 643人受伤，17 923人失踪

地震类型：构造地震

地震成因

印度洋板块向亚欧板块俯冲，造成青藏高原快速隆升。高原物质向东缓慢流动，在高原东缘沿龙门山构造带向东挤压，遇到四川盆地在三峡大坝作用之下的顽强阻挡，造成构造应力能量的长期积累，最终在龙门山北川——映秀地区突然释放。逆冲、右旋、挤压型断层地震。四川特大地震发生在地壳脆韧性转换带，震源深度为10～20 km，与地表近，持续时间较长，因此破坏性巨大，影响强烈。

震源深度

汶川的这次大地震是一次浅源地震（地震可按照震源深度分为浅源地震，地震发生在60 km以内的称为浅源地震，浅源地震大多分布于岛弧外缘，深海沟内侧和大陆弧状山脉的沿海部分。浅源地震，大多发生在地表以下30 km深度以上的范围内；而中深源地震，最深的可以达到650 km左右，并且形成一个倾斜的地震带——称为本尼奥夫带。把浅源地震和深源地震在“血缘”上联系在一起的，是板块构造学说这一被称为“地球科学革命”的全球构造理论），震源深度为10～20 km，因此破坏性巨大。

影响范围

包括震中50 km范围内的县城和200 km范围内的大中城市。陕西、甘肃、宁夏、天津、青海、北京、山西、山东、河北、河南、安徽、湖北、湖南、重庆、贵州、云南、内蒙古、广西、广东、海南、西藏、江苏、上海、浙江、辽宁、福建等全国多个省（自治区、直辖市）和香港、澳门特别行政区以及台湾地区有明显震感。中国除黑龙江、吉林、新疆外，均有不同程度的震感。其中，以川陕甘三省震情最为严重，甚至泰国首都曼谷，越南首都河内，菲律宾、日本等地均有震感。

地震烈度

汶川地震的震中烈度高达11度,汶川地震的10度区面积约为3 144 km^2,呈北东向狭长展布,东北端达四川省青川县,西南端达汶川。以四川省汶川县映秀镇和北川县县城两个中心呈长条状分布,面积约2 419 km^2。其中,映秀11度区沿汶川—都江堰—彭州方向分布,北川11度区沿安县—北川—平武方向分布。9度区的面积约7 738 km^2,同样呈北东向狭长展布,东北端达到甘肃省陇南市武都区和陕西省宁强县的交界地带,西南端达到汶川县。

9度以上地区破坏极其严重,其分布区域紧靠发震断层,沿断层走向成长条形状。其中,10度和9度区的边界受龙门山前山断裂错动的影响,在绵竹市和什邡市山区向盆地方向突出,在都江堰市区也略有突出。

汶川地震的8度区域面积约27 787 km^2,西南端至四川省宝兴县与芦山县,东北端达到陕西省略阳县和宁强县;7度区面积约84 449 km^2,西南端至四川省天全县,东北端达到甘肃省两当县和陕西省凤县,最东部为陕西省南郑县,最西为四川省小金县,最北为甘肃省天水市麦积区,最南为四川省雅安市(也是2013年地震之地)雨城区。

6度区的面积大约314 906 km^2,一直延续到重庆市西部和云南省昭通市北端,其西南端为四川省九龙县、冕宁县和喜得县,东北端为甘肃省镇原县与庆阳市,最东部为陕西省镇安县,最西为四川省道孚县,最北达到宁夏回族自治区固原县,最南为四川省雷波县。

在龙门山前盆地边缘的过渡带,汶川地震的烈度向东衰减很快,西侧则衰减相对较缓。同时,汶川地震烈度分布的南北也不对称:8度区和7度区范围向四周扩大,呈现为北东向的不规则椭圆形,且相同烈度的区域在北部比南部大,进入甘肃省和陕西省境内,显示出断层破裂向北东方向传播,最大余震发生在断层北部。

损失伤亡

据民政部报告,截至2008年9月25日12时,四川汶川地震已确认有69 227人遇难,374 643人受伤,17 923人失踪。

据卫生部报告,截至2008年9月22日12时,因地震受伤住院治疗累计96 544人(不包括灾区病员人数),已出院93 518人,仍有352人住院,其中四川转外省市伤员仍住院153人,共救治伤病员4 273 551人次。

据总参谋部报告,截至2008年9月25日,抢险救灾人员已累计解救和转移1 486 407人。

四川:震灾造成遇难62 161人,受伤347 401人。

甘肃:震灾造成遇难365人,受伤10 158人,紧急转移安置179.7万人。

陕西:震灾造成遇难113人,受伤1 920人。房屋倒塌6.32万间,危房24.6万间。

重庆:震灾造成遇难16人,受伤637人,受灾人口213.33万人。

贵州:震灾造成遇难1人,受伤15人,多处民房开裂倒塌,发生破坏性地震可能性极小。

云南:震灾造成遇难1人,受伤51人,楚雄、昭通等地部分房屋倒塌。

湖南:震灾造成遇难1人,长沙房屋震动明显。

湖北:震灾造成遇难1人,受伤14人。武汉震感明显,襄樊(现改名襄阳)、十堰等地受波及。

河南:震灾造成遇难2人,受伤8人。

经济损失

这次汶川8.0级地震造成的直接经济损失达8 452亿元。四川损失最严重,占总损失的91.3%,甘肃占总损失的5.8%,陕西占总损失的2.9%。国家统计局将损失指标分三类:第一类是人员伤亡问题;第二类是财产损失问题;第三类是对自然环境的破坏问题。在财产损失中,房屋的损失很大,民房和城市居民住房的损失占总损失的27.4%,包括学校、医院和其他非住宅用房的损失占总损失的20.4%。另外还有基础设施、道路、桥梁和其他城市基础设施的损失,占总损失的21.9%,这三类是损失比例比较大的,70%以上的损失是由这三方面造成的。

大堰塞湖

唐家山堰塞湖是汶川大地震后形成的最大堰塞湖,地震后山体滑坡,阻塞河道形成的唐家坝堰塞湖位于涧河上游距北川县城约6 km处,是北川灾区面积最大、危险最大的一个堰塞湖。库容为1.45亿m^3。坝体顺河长约803 m,横河最大宽约611 m,顶部面积约30万m^2,由石头和山坡风化土组成。石板沟堰塞湖汶川地震发生后,青川县青竹江石板沟一带形成蓄水1 200多万m^3水的堰塞湖,威胁着下游数万人安危,其中蓄水超过800万m^3的石板沟堰塞湖被水利专家定为高危湖。

汶川大地震是中国1949年以来破坏性最强、波及范围最大的一次地震,地震的强度、裂度都超过了1976年的唐山大地震。中国地震研究及地质灾害研究专家分析了汶川地震破坏性强于唐山地震的主要原因。

中国地质科学院地质力学所基础地质研究室专家冯梅做客国土资源部门户网时分析指出,汶川地震破坏性强于唐山地震。

第一,从震级上可以看出,汶川地震稍强。唐山地震国际上公认的是7.8级,汶川地震是8.0级。

第二,从地缘机制断层错动上来看,唐山地震是拉张性的,是上盘往下掉。汶川地震是上盘往上升,要比唐山地震影响大。

第三,唐山地震的断层错动时间是12.9 s,汶川地震是22.2 s,错动时间越长,人们感受到强震的时间越长,也就是说汶川地震建筑物的摆幅持续时间比唐山地震要长。

第四,从地震张量的指数上来看,唐山地震是7.2级,汶川地震是9.4级,差别很大。

第五,汶川地震波及的面积、造成的受灾面积比唐山地震大。冯梅说,这主要是由于断层错动的原因,汶川地震是挤压断裂,错动方向是北东方向,也就是说汶川的北东方向受影响比较大,但是它的西部情况就会好一些。汶川地震波及面积大,据称几乎整个东南亚和整个东亚地区及部分中亚地区都有震感。“主要是因为汶川地震错动时间特别长,比唐山地震还长,这就是为什么唐山地震虽然死亡人数多,但是实际上灾害造成的影响不如汶川地震大。”冯梅说,因为汶川灾情分布比较广。

第六,汶川地震诱发的地质灾害、次生灾害比唐山地震大得多。国土资源部高级咨询研究中心教授岑嘉法分析说,因为唐山地震主要发生在平原地区,汶川地震主要发生在山区,次生灾害、地质灾害的种类都不太一样,汶川地震引发的破坏性比较大的崩塌、滚石加上滑坡等,比唐山地震的次生地质灾害要严重得多。另外,因为四川水比较多,所以堰塞湖跟唐山地震相比也是不一样的。中国地质科学院地质力学所基础地质研究室专家安美建补充说,汶川地震的震级比唐山地震的震级稍微高一点,能量差三倍,地震波及能量越大,地震传得越远,在更远的距离内造成破坏。另外,汶川地震的位置也非常特殊。唐山地震发生在中国东部,因为东部地区延迟线比较薄,东部地震波衰减厉害,而四川的延迟线厚,所以地震波衰减慢。从这两个角度来说,汶川地震造成的影响要比唐山地震大。

第四章　洪水灾害

第一节　洪水、洪水灾害及类型

一、洪水的定义

《古代汉语大词典》中，认为洪水在古籍中专指夏禹所治的大水。《孟子·滕文公下》："昔者禹抑洪水而天下平"。后泛指能酿成灾害的大水。《书·尧典》："汤汤洪水方割，荡荡怀山襄陵，浩浩滔天"。唐朝时期，李朝威在《柳毅传》中对洪水的解释为：涓滴细流变成一股流水，然后变成洪水。元代李翀《日闻录》："馀杭武康山中，一时洪水泛涨，山石崩裂数十馀处"。

《中国方志大辞典》中，认为因暴雨、冰雪消融造成江河湖泊中水位猛涨的特大径流为洪水。我国大多数河流洪水由夏、秋季暴雨所形成，来势猛烈，峰高量大，常常因河道不能容纳而泛滥成灾。河流、湖泊水位超过河道两岸地面或接近湖滨地面时称为洪水位，水位超过洪水位的时期为洪水期。洪水是一个地区的重要自然现象，新修地方志对本地区历史上的洪水要做详细记录。

《麦克米伦百科全书》中，河水泛滥淹没河岸周围地区（河漫滩）或涨潮时海水漫过海岸地带。《军事大词典》中，认为洪水是因暴雨或急骤的融冰化雪、水库溃坝等引起江、河、湖等的水量迅猛增加及水位急剧上涨的现象。

洪水一词本义即"共水"。"共"意为"一起""一同"，"水"指"水流""河流"。"共水"意为"多条水流汇合在一起"。因古代文字书写不方便，能省则省，故"洪水"可省写作"共水"。口语因汉语喜好偶音步的倾向而加一水字说成"洪水"。

洪水（flood），是由暴雨、急骤融冰化雪、风暴潮等自然因素引起的江河湖海水量迅速增加或水位迅猛上涨的水流现象（见图4-1），会淹没堤岸滩涂，甚至漫堤泛滥成灾，以公认的某一有影响的水位为标准。描述洪水的要素包括洪峰流量（水位）、洪峰流量出现时间、洪水总量及洪水过程线。

当流域内发生暴雨或融雪产生径流时，都依其远近先后汇集于河道的出口断面处。当近处的径流到达时，河水流量开始增加，水位相应上涨，这时称洪水起涨。及至大部分高强度的地表径流汇集到出口断面时，河水流量增至最大值称为洪峰流量，其相应的最高水位称为洪峰水位。到暴雨停止以后的一定时间，流域地表径流及存蓄在地面、表土及河网中的水量均已流出出口断面时，河水流量及水位回落至原来状态。洪水从起涨至峰顶到回落的整个过程连接的曲线，称为洪水过程线，其流出的总水量称洪水总量。

图 4-1　洪水示意

二、洪水灾害

洪水孕育于由大气圈、岩石圈、水圈、生物圈共同组成的地球表层环境中，其发生属于自然变异。若它发生在荒无人烟的地方，没有承受灾害的客体，就不称为自然灾害；而当洪水发生在有人类活动的地方，对人民的生命和财产造成巨大损失，就形成了洪水灾害。因此，洪水灾害是指由降水、融雪（冰）、堤坝溃决等原因引起江、河、湖、库及沿海水量增加、水位上涨而泛滥以及山洪暴发等所造成的灾害。

地球上不同的大洲、不同国家，甚至在同一国家的不同地区，由于自然环境和社会经济发展水平的程度不同，洪水灾害的发生和影响也是不同的。在洪水强度相同的情况下，经济发展水平较高但防抗灾害能力较弱的地区，洪水灾害的危害程度就高；反之，在经济发展水平较低但防抗灾害能力较强的地区，洪水灾害的危害程度就低。同时，同样大小的洪水也会因河道的整治标准不同，两岸工业、农业设置的不同，人口密度和社会财产密集化程度的不同而造成不同的灾害程度。

洪水灾害是世界上最严重的自然灾害之一，洪水往往分布在人口密集、农业垦殖度高、江河湖泊集中、降雨充沛的地方，如北半球暖温带、亚热带。

洪水并非完全有害无益，尼罗河（Nile）每年发生洪水形成肥沃的河漫滩，是文明发源地之一。

三、洪水及洪水灾害的分类

（一）洪水的分类

洪水的形成往往受气候、下垫面等自然因素与人类活动因素的影响。因此，根据成因可以把洪水分为暴雨洪水、融雪洪水、雨雪混合洪水、冰凌洪水、溃坝洪水、山洪、风暴潮洪水等。

（1）暴雨洪水：是由较大强度的降雨形成的，简称雨洪。

（2）融雪洪水：在高纬度严寒地区，冬季积雪较厚，当春季气温大幅度升高时，是由积雪大量融化而形成的。

(3)雨雪混合洪水:高寒山区和纬度较高地区的积雪,因春夏季强烈降雨和雨催雪化而形成的混合型洪水。

(4)冰凌洪水:中高纬度地区内,由较低纬度地区流向较高纬度地区的河流(河段),在冬春季节因上下游封冻期的差异或解冻期差异,可能形成冰塞或冰坝而引起。

(5)溃坝洪水:是大坝或其他挡水建筑物发生瞬时溃决,水体突然涌出,造成下游地区的灾害。这种溃坝洪水虽然范围不太大,但破坏力很大。

(6)山洪:是山区溪沟中发生的暴涨暴落洪水。由于山区地面和河床坡降都较陡,降雨后产流、汇流都较快,形成急剧涨落的洪峰。所以,山洪具有突发性,水量集中,流速大,冲刷破坏力强。

(7)风暴潮洪水:多发生在热带气旋或温带气旋与高纬度冷暖空气交互影响的地区,是指受强烈大风扰动,引起海岸水面异常升高,海水漫溢上陆的现象。

在江河堤防防洪和抢险工作中,一般把达到或接近警戒水位(流量)、水库入库洪峰流量重现期达到2年一遇及其以上时作为洪水发生的标准。

水利部门通常将洪水分为:10年一遇的洪水为常遇洪水,10~50年一遇的洪水为大洪水,大于50年一遇的洪水为特大洪水;大江大河的干流及主要支流,小于20年一遇的洪水为常遇洪水,20~100年一遇的洪水为大洪水,大于100年一遇的洪水为特大洪水。一般以洪水的洪峰流量(大江大河以洪水总量)的重现期作为洪水等级划分标准,有常遇洪水、大洪水、特大洪水三个等级。

(二)洪水灾害的类型

根据洪水灾害的形成机制和成灾环境的区域特点分为以下不同类型:

(1)溃决型洪水灾害:是指大坝或其他挡水建筑物发生瞬时溃决,水体突然涌出,造成下游地区的灾害。这种溃坝洪水虽然范围不太大,但破坏力很大。此外,在山区河流上,在地震发生时,有时山体崩滑,阻塞河流,形成堰塞湖。一旦堰塞湖溃决,也形成类似的洪水。这种堰塞湖溃决形成的地震次生水灾的损失,往往比地震本身所造成的损失还要大。

(2)漫溢型洪水灾害:是最常见、威胁最大的洪水。它是由较大强度的降雨形成的灾害。我国受洪水威胁的地区有73.8万km^2,耕地面积5亿亩(1亩=1/15 hm^2),分布在长江、黄河、淮河、海河、珠江、松花江、辽河等七大江河下游和东南沿海地区。主要特点是:峰高量大,持续时间长,洪灾波及范围广。1954年长江、淮河洪水,1915年珠江洪水,1963年海河洪水,1932年、1957年松花江洪水,1957年黄河洪水均属上述类型洪水。

(3)内滞型洪水灾害:包括陆地河流的冰凌洪水、沿海地区河流的风暴潮洪水和海啸型洪水灾害。由于某些河段由低纬度向高纬度,在气温上升、河流开冻时,低纬度的上游河段先行开冻,而高纬度的下游河段仍封冻,上游河水和冰块堆积在下游河床而形成冰坝,容易造成冰凌洪水灾害。海啸型洪水主要由海底地壳运动造成地震、火山爆发、水下滑坡、塌陷等激发的海洋巨波阻挡了河流洪水的排泄而造成的洪水灾害现象。

(4)山洪型洪水灾害:具有突发性、水量集中、破坏力强等特点,但波及范围较小,常见的有泥石流灾害。

(5)城市洪水灾害:现代城市高楼林立、钢筋水泥如丛林封闭,道路、广场、生产和生活区等,改变了原来的自然景观,大大降低了雨水的下渗量,洼地的需水量也大大减少,所以容易产流形成城市洪水,尤其是一次强的降水过程往往会使现代城市洪流如注,积水成灾。例如,1996 年夏季,一场特大洪水袭击了柳州,水位创最高纪录——92.43 m,洪水几乎淹没了全城,四层楼以下全部淹没于水中,铁路运输及经济建设损失惨重;2007 年 7 月 18 日,山东省出现当年入汛以来的第一次强降水过程,导致山东省 9 市 25 个县遭暴雨袭击。

第二节 洪水灾害的发生要素及特征

一、洪水灾害的发生要素

洪水灾害在我国各个历史时期都是最主要的灾种,而且发生频率高,且有毁灭性,加之其威胁区主要是江河中下游平原区及自古以来人口密集、经济发达、交通便利的繁盛之区,因而水灾对社会造成的损失十分显著,尤其是洪水具有毁灭性,并较易引发瘟疫流行等次生危害,形成洪水灾害链。在沿海地区,洪水常与台风、风暴潮相伴。在江河上中游地区水土流失严重,近代以来下游河道和湖泊淤积严重,更加重了洪涝灾害的威胁。

然而,洪水这一频繁发生的自然灾害,是河流泛滥的结果,其形成受多重要素的制约,有自然要素、人为要素和两者混合要素的诱发等。因此,这里就从自然要素、社会要素和其他的诱发要素三方面来分析。

(一)自然要素

洪水是形成洪水灾害的直接原因。只有当洪水自然变异强度达到一定标准时,才可能出现灾害。主要影响因素从气象要素、海洋水文要素和下垫面要素三个方面来分析。

1. 气象要素

气象要素是影响径流的决定性因素之一,尤其是降水和蒸发直接影响河流的径流量和损失量。降水是径流形成的必要条件,但不是所有的降水都能形成洪水。降水量、降水强度和历时、降水区域是形成洪水灾害的决定性因素。如河南驻马店“75·8”特大洪水灾害事件,1975 年 8 月 5 ~7 日,河南省中南部漯河、驻马店、南阳、平顶山之间的淮河上游丘陵发生了一次历史上罕见的特大暴雨,暴雨中心 24 h 最大降雨量达 1 054.7 mm(方城县郭林),6 h 最大降雨量达 685.4 mm(泌阳老河),1 h 最大降雨量达 189.5 mm(泌阳老河),其中 1 ~6 h 暴雨创我国降雨最高历史纪录,也创 6 h 世界降水纪录。3 d 降水总量最高达 1 605 mm(泌阳林庄)。过程总降水量超过 1 000 mm 的面积约有 1 460 km^2,分布自薄山水库向西北经板桥水库、石漫滩水库至方城一带,致使板桥、石漫滩两座大型水库及一批中小型水库溃坝失事,使河南驻马店地区猝然间沟壑横溢,顿成泽国,数以万计的人失去了性命。据统计,这次洪灾使驻马店、许昌、周口、南阳的 30 个县(市)受灾,受灾人口达 1 015.5 万人,受到毁灭性的灾害有 86.5 万人,整个驻马店地区 96% 的面积受灾,许多地方一片汪洋,平均水深 3 ~7 m。

2. 海洋水文要素

对于外流河流来说，河流在下游的泄洪是否通畅往往是沿海地区形成洪水灾害的重要因素。波浪和潮汐往往会造成沿海地区平均海平面的升高和海水入侵甚至倒灌等，使洪水宣泄不畅，易形成洪水灾害，尤其是像风暴潮那样的大潮，会出现潮流的上溯倒灌与泛滥，发生大规模的洪涝灾害。

3. 下垫面要素

下垫面要素包括流域特征、地表特征等，这些要素直接影响径流的汇集，是气象要素转化为洪水的必要条件。流域特征首先进行地形分析，地形不仅影响降水，即在迎风坡形成地形雨，而且如高程、坡度、切割程度等还会影响地面水流的汇集，盆地型地形往往是引起洪水泛滥成灾的主要区域；其次，流域长度决定地面径流的汇流时间，流域面积的大小影响径流量的多少，限定了洪水来水量的大小以及洪涝灾害影响的范围，而不同的水系形式也影响到流量过程线。地表状况主要从植被、土壤及地表湖沼分布等方面来分析，植被的疏密直接影响着降水的截流和下渗，并且植被可增加地面的粗糙程度，使土壤持水性增大，减小流速，植被还通过挡水固土，减少水土流失，来减轻洪水危害。地表湖沼的分布，尤其是大型湖群或湖泊的存在对径流起到很好的调蓄作用，能削弱洪峰。

（二）社会要素

只有当洪水发生在有人类活动的地方才能成灾。受洪水威胁最大的地区往往是江河中下游地区，而中下游地区因其水源丰富、土地平坦又常常是经济发达地区。洪水灾害的威胁将制约社会经济发展和影响人民生命财产安全。因此，人类在与洪水的斗争中生存与发展，一方面为了更好地生存，要兴修水利，减轻洪水灾害；而另一方面人类在发展的过程中，以追逐经济利益而不顾生态保护的一些经济或社会活动，直接或间接地使得洪灾频次增多、损失加大。

（1）破坏植被，水土流失。水土流失除与土壤性质、山坡坡度、气候变化等自然因素有关外，不合理垦殖方式、对森林乱砍滥伐、破坏植被等是人为造成和加剧水土流失的重要方式。严重的水土流失区，必使河道淤塞严重，洪灾加剧。

（2）围湖造田，与水争地。湖区滨湖农民，争相围垦滩涂，造田种植、养殖。如鄱阳湖湖盆，新中国成立后被围控面积已超过 1 400 km^2，容积减小 80 亿 m^3，使鄱阳湖的调蓄洪水能力大为减弱。

（3）圩堤薄弱，标准偏低。新中国成立前国内各河中下游两岸圩堤大多堤身单薄，且存隐患，抗洪标准不高，一般 10 年一遇，重要圩堤也只能抗 30 年左右一遇的洪水。新中国成立后经多年培修加固，抗洪能力较前大为增加，但总的来说，防洪标准仍普遍偏低。

（4）河道设障，影响行洪。随着建设事业的发展，一些地方或部门缺乏全局观念，擅自在河道上兴修违章建筑物，缩小了行洪断面，导致洪水涌高。

（三）其他的诱发要素

诱发洪水形成的因素很多，有自然的也有人为的，但这些因素往往交织在一起导致洪水的爆发及洪水成灾。

暴雨是诱发洪水的主要因素之一，分布地区较广。其中，暴雨面积、总量、历时、过程及暴雨空间移动方向均影响洪水的形成，如 1998 年长江洪水，暴雨中心从鄱阳湖流域向长江下游移动，先抵达宜昌附近，后进入四川，最后又回到宜昌下游以下地区，使武汉等地的洪峰增加，超过 1954 年最大洪流，致使九江溃堤。

在沿海地区，地震海啸、滑坡海啸、火山海啸和风暴潮等往往形成海水入侵内陆的海啸洪水。在高山或高寒地区，冰雪消融会形成冰雪型洪水；也会引起高山阻塞湖泊引起湖水量暴涨，水压力促使坝体抬升或部分崩解，造成冰湖水迅猛下泄。在中高纬度地区，河流由低纬度流向高纬度，河水溶化后易形成冰凌洪水，包括早期的冰凌洪水和晚期的冰坝洪水，如 2001 年 12 月 20 日，内蒙古自治区乌海市乌达区黄河凌汛决堤，河水淹没桥西镇和乌兰乡 5 个村，受灾面积达 50 km^2。现代大城市易形成城市洪水，主要是因为城市大多被不透水地面所覆盖，下渗基本为零，再加上边沟、排水沟和雨水管网等的汇流作用，导致遇雨就使城市内径流量和洪峰流量增加，或城市内管涌增加，形成城市洪流。

二、洪水灾害的特征

(一)灾害损失和破坏严重

1931 年夏季，中国大部分地区出现长时间阴雨天气，造成南起广东北至关外洪涝严重，波及 16 个省 672 个县。其中，江淮流域灾民就有 5 127 万人，死亡约 40 万人；武汉长达 3 个月被淹。2002 年，中国洪涝受灾人口 1. 52 亿人，农作物受灾面积为 1 240 万 hm^2，成灾面积约 754 万 hm^2，直接经济损失达 838 亿元，其中水利工程水毁失 166 亿元。2003 年上半年，中国南方地区洪涝灾害造成农作物受灾面积 955. 9 万 hm^2，成灾面积 618. 4 万 hm^2；1. 4 亿人次受灾，成灾 9 079. 8 万人，因灾死亡 569 人，伤病 5. 1 万人，紧急转移安置 229. 2 万人；倒塌房屋 50. 5 万间；各类直接经济损失 398. 7 亿元。

(二)灾害发生频率高

从大洪水的分布时序来看，过去百年中，我国有过三个洪水频发期。第一个频发期是 1930 ~ 1939 年，第二个频发期是 1949 ~ 1963 年。在频发期内三大江河都几乎发生了特大洪水，有的江河甚至连续出现特大洪水。进入 20 世纪 90 年代后，我国正处于第三个洪水高频期，相继发生了 1991 年淮河和太湖大洪水、1994 年西江大水、1995 年辽河大水、1996 年长江中游和珠江海河大水以及 1998 年长江、嫩江、松花江大水等。仅黄河洪水灾害在新中国成立前的 2 000 年内就达 1 500 次。

(三)灾害影响范围广

中国和孟加拉国受灾害季风气候影响，降水的变率大，是世界上洪水灾害最频繁的地区；美国、日本、印度和欧洲一些国家的洪水灾害也比较严重。我国约有 35% 的耕地、40% 的人口和 70% 的工业生产经常受到江河洪水的威胁，并且洪水灾害造成的损失也居各灾害之首。1998 年长江、嫩江、松花江流域的特大洪水，受灾面积约 2 267 万 hm^2，受灾 1. 8 亿人次，死亡 4 150 人。

(四)灾害持续时间长

据文献记载，3 000 年来，黄河下游决口泛滥 1 500 多次，较大的改道 26 次，平均“三年两决口，百年一改道”。1885 年(清咸丰五年)“河决兰仪铜瓦厢”，改道经长垣、濮阳等地入山东，夺大清河入渤海，形成今东坝头以下河道，从而结束了黄河长期南泛夺淮的局面。在这期间，黄河干流长期在现河道以南的汴、睢、涡、颍诸水之间摆动变迁，形成了著名的“黄泛区”。1954 年长江大水,汉口最高水位达 29.73 m,超出 1937 年决堤水位 2.8 m,武昌、汉口被洪水围困百日之久,京广铁路线 100 d 不能正常通车。

第三节 洪水灾害的分布及危害

一、洪水灾害的分布

我国洪水灾害分布极广,除沙漠、戈壁、极端干旱和高原山区外,大约 2/3 的国土面积上存在着不同危害程度的洪水灾害,全国 600 多座城市 90% 都存在防洪问题,西高东低的地理地形有利于洪水的汇集和快速到达下游,其中危害最严重的是发生在我国东部经济较发达地区的暴雨洪水和沿海风暴潮灾害。由于东部地区不仅人口密集,而且 95% 的人口生活在沿江、沿河的平原地带,土地开发利用程度高,经济较为发达,因此洪水灾害造成的损失也十分巨大。

从中国水灾灾次图可以看出 18 世纪中叶以来我国不同水灾格局分布情况。中国历史时期水灾格局呈东西分异,青藏高原以东、燕北—鄂尔多斯高原以南的广大地区水灾相对集中:1736～1911 年,中国水灾高值中心大面积集中在华北平原,其成为当时水灾最为严重的区域,此外江淮河流和甘肃河西移动地区也是高值区域,而东北地区水灾少见;1912～1949 年,水灾高值中心转移最为突出的是,华北水灾中心有所削弱,东北松嫩平原出现另一个水灾中心,关中—陕南—河西成为重灾中心,此外江淮地区仍为高值中心。水灾空间表现为后一段较前一段水灾县范围向西北和向东延伸,而且水灾县分布始终呈现团块状。通过对比可以看出:第一,中国水灾的宏观分异与人口分界线(胡焕庸线)相对应,是气候—地貌—人类活动相互作用的产物,其中水灾承灾体控制着水灾的分界线,这在两个时段都有显示。第二,中国水灾重灾区呈团块状分布,主要与地貌格局相对应,最为典型的是华北平原、长江中下游平原、东北平原以及四川盆地等,与暴雨中心对应最为明显的有青藏高原东缘的陕、甘、青接壤地区。第三,从历史发展角度来看,水灾范围总体上有向南扩展、向东北扩展和向西北扩展的趋势,这与人类开垦土地的进程关系密切。

从整体来看,洪水灾害最严重的地区主要为东南沿海地区、湘赣地区、淮河流域;次多洪水受灾区主要有长江中下游地区、南岭、武夷山地区、海河和黄河下游地区、四川盆地、辽河和松花江地区;洪水受灾最少的地区为西北、内蒙和青藏高原、黄土高原、云贵高原和东北地区。整体空间分布特征为:东部多,西部少;沿海多,内陆少;平原湖区多,高原山地少。

二、洪水灾害的危害

(1)直接影响。从洪水灾害的发生机制来看,具有明显的季节性、区域性和可重复性。因此,洪水发生往往淹没城镇建筑;淹没农田、作物和牲畜;冲击大坝和河堤,破坏铁路、公路、航运等交通设施;摧毁厂矿、电力、通信等,影响人们的生产和生活的不同领域,造成农业减产、工业停产、交通瘫痪、电力通信中断,使经济蒙受巨大损失。

(2)环境危害。大洪水能大乱江河水系,改变环境面貌。近 3 000 年来,黄河在下游的摆动、改道，使下游的黄淮海水系格局被打乱造成河床抬升，成为“悬河”。长江洪水也不例外，1860 年和 1870 年，长江先后两次发生特大洪水，湖北省枝城市附近的洪峰流量均高达 11 万 m^3/s，致使右江的江堤分别在藕池和松滋附近决口，形成了至今仍存在的藕池河和松滋河，从此改变了长江中游的水系格局。洪水过程中冲走的有毒有害物质及洪水后的土地沙化、次生盐碱化、水质恶化、生态平衡破坏等，使洪水发生区及其影响区环境发生变化。如 1981 年四川省发生洪水，绵阳、内江、南充、重庆、成都、永川 6 地市被洪水冲走的有毒有害物质有 60 余种，数量约 3 500 t。山丘区洪水冲击力强，带走泥土，致使土地“石化”，失去耕作潜力，如 1981 年的这场大雨，冲刷坡耕地 667 万 hm^2，平均冲走表土厚 3.5 cm，总侵蚀量达 23 亿 m^3。洪水过后，石头、碎渣、泥沙等杂物沉积下来，水中、淤埋、沙压，造成农田荒芜，如 1963 年黄河流域发生大洪水，水冲沙压农田达 13 万 hm^2。

(3)社会后果。从中国的“大禹治水”和西方的“诺亚方舟”传说可以看出，有可能在史前时期，地球上确实发生过一次历史性的、全球性的大洪水，几乎毁灭了刚刚萌发的人类文明。在 4 000 多年前的青海，黄河边存在着一座城池，就在某一天的傍晚，灾难降临了，大地剧震，一条条裂开的地缝像巨蟒一样在黄土地上肆意横行，滔滔的黄河水从地震的决口中倾泻而出，城中的人们想要逃走，却已来不及……这就是社会科学院考古所甘青队与青海省考古联合考察发现的青海民和县喇家村遗址的描述，这里完整地描述了被地震、洪水毁灭瞬间的状态，成为一座真正的“东方庞贝”过程。2005 年 6 月 10 日 14 时 30 分左右，黑龙江省宁安市沙兰镇沙兰河上游山区突降暴雨，40 min 内降水量达到 150 ~ 200 mm，瞬间形成巨大洪峰，引发泥石流，扑向沙兰镇中心小学，高达 2 m 的水头从门窗同时灌进教室，上百名师生被淹死或闷死在教室里。

洪水灾害使人类社会遭受伤亡和财产损失、环境被破坏、文明被创伤，人类往往成为灾害事件的受害者。然而，经过与洪水灾害的争斗，世界各大文明都得到了一定的发展。如公元前 3000 年至公元前 500 年，尼罗河流域的埃及、两河流域的古巴比伦和黄河流域的古代中国等四大文明古国，都是以河川文明为主要特征。黄河流域频繁暴发的洪水把散落在华夏大地上的部落文明逐渐团结在一起；尼罗河的定期洪水泛滥，创造了辉煌的埃及文化；印度河和恒河一年两季的洪水，奠定了印度文明繁荣的基础。

第四节　洪水灾害的防治措施

洪水灾害是一种不以人的意志为转移的自然现象，彻底根治洪水和期望洪水灾害不再发生的想法都是不切实际的。但人类活动可以改变洪水灾害事件发生的频率，扩大或减小其危害性及影响范围，改变生命财产的受灾损失率及其抗灾性能，因此减灾建设显得尤为重要。减轻洪水灾害，必须重视除害与兴利并举的灾害管理思想，既要研究河流的自然规律使其造福人类，又要与水为友，实现人、水的和谐共存，也要注重工程措施、非工程措施与生物措施的有机结合和流域全局利益与区域利益相协调。

一、工程措施减灾

工程措施作为抵御洪水最有效的手段之一，在人类与洪灾斗争中扮演着重要的角色。

具体而言,工程措施主要包括河道堤防、水库、分洪工程、蓄滞洪区和河道整治工程等。

（一）修建河道堤防

河道堤防是最早出现也是应用最久的防洪工程,是平顺洪水、减少洪水对下游的灾害、加大泄洪能力、保护两岸居民而广泛采取的工程措施。这一措施容易实行,较为经济,但筑堤会带来一些负面影响。如筑堤可以使原先散落洪泛区的泥沙在河道淤积,抬高河床,恶化防洪情势;筑堤还缩窄了河槽,造成同流量相应水位抬高,使沿海地区排涝不畅。我国的堤防基本上是经过几十年的不断修建逐渐形成的,加上我国汛期长、防洪战线长、防洪标准低、非工程措施不够完善等原因,所以在筑堤时必须考虑与防汛抢险紧密结合起来,才能真正发挥堤防的作用。

（二）修建水库

水库不仅具有蓄水灌溉、供水、发电等作用,在汛期还具有防洪作用。水库的防洪作用主要表现在两方面:一是通过拦蓄洪水减少下游地区的洪峰流量;二是直接或间接为干流洪水错峰或削峰,优化整体防洪调度。一般而言,水库库容越大,在防御洪水中的防洪效益越明显。我国最著名的水利水电工程三峡大坝,221.5 亿 m^3 的防洪库容,在长江防洪体系中发挥着巨大的作用:荆江河段防洪标准将从 10 年一遇提高到 100 年一遇,荆江两岸的 1 500 万人口和 154 万 hm^2 耕地将更加安全,而武汉地区的防洪安全也将得到保障,洞庭湖区的洪水威胁也会大大减轻,同时长江中下游防洪调度的可靠性和灵活性也将极大地增强。

（三）修建分洪工程

我国平原性河流主要是靠堤防来防洪的,但大部分河流防洪标准偏低,当有超过标准的洪水到来时,就会对河流造成严重损失。这种情况就可以考虑建设分洪工程。分洪的主要作用是分泄或蓄纳干流超额洪水,削减干流洪峰流量,以保证干流中下游地区的防洪安全。这一措施的主要优点是不改变原河道的自然环境,投资少,施工简便,对常用渠道排水的易涝地区尤为适用。但分洪道需严格管理,以防多年不用而被侵占、堵塞。

（四）疏浚与整治河道

疏浚与整治河道是河流开发中的一项综合性工程措施,可根据防洪、航运、供水等方面的要求及天然河道演变规律,合理进行河道的局部整治,就防洪而言,其目的是为了使河床平顺通畅,提高河道宣泄洪水的能力,并稳定河势,护滩保堤。河道整治还可以通过修建挖导工程、险工险段的坝垛或护岸工程来控制河道流势保护堤岸安全。堤防只有通过与河道整治措施有机结合,才能稳定和充分发挥作用。

（五）滩地滞洪

滩地滞洪兼有堤防和水库的特点,既限制洪水于一定范围,又滞蓄洪水于开阔滩地,因而占地多且主要用于农业区。滩地有时数年不淹,常被附近居民用于农、副、渔业生产,建起各类阻水物,影响滩地行洪。所以,河滩地的管理和合理利用十分重要,需要对当地居民利用滩地生产加以限制和指导,以充分发挥滩地行洪与生产的双重效益。

二、非工程性措施

（1）加强暴雨洪水灾害科学研究。洪水灾害防治工作综合性强、学科跨度大,应建立专门的研究机构加大对区域气象水文、暴雨洪灾形成机制和预报技术、防洪系统工程以及工程、非工程措施的研究，为暴雨洪水灾害防治提供理论基础。此外，对灾害系统进行风险评价又是近年来国际灾害学领域的热点研究内容，目前，脆弱性和恢复力概念已在地理学对复杂性问题的研究中得到了广泛应用，需将洪水灾害的脆弱性、恢复力评价等内容与传统风险评价的工作结合起来，为保险行业和政府部门决策提供科学依据。

(2)建立洪水灾害监测与预警系统。我国洪水预报主要以气象观测数据和历史气候资料为基础，结合气候、气象预报模型来进行。水灾监测研究目前已从过去传统的降雨、水文观测发展到运用遥感和地理信息系统等对地观测新技术手段对水灾进行监测。目前，我国水文动态、洪涝灾害监测与预报网络基本上已覆盖全国大部分地区，各主要专业部门均初步建立了中央一省一地级市的三级自然灾害监测网络。全国建有水文站 3 450 个、水位站 1 263 个、雨量站 16 273 个、地下水观测井 13 648 处，形成了水文灾害监测网。近年来，随着卫星通信、遥感(RS)、地理信息系统(GIS)、全球定位系统(GPS)、计算机控制系统等先进技术逐步在洪灾预报预测中投入使用，使得洪水监测更加快速及时，预报内容更加丰富，预报范围扩大，预见期延长，预报精度更加准确，防汛与洪水资源化效益也将更加显著。

(3)提高洪水灾害救济与社会捐助。新中国成立后，我国对救灾实行“以防为主、防救相结合”的方针。依靠群众，依靠集体，以生产自救为主，国家救济为辅，同时动员全国人民在生活物质上支援灾区，做好救灾工作。在历次防洪抗洪斗争中，都是无灾支援有灾，轻灾支援重灾，城市支援农村，工业支援农业，各行各业支援灾区。

(4)增加洪水灾害保险与基金投入。抗灾、救灾、安置灾民、恢复生产，需要大量的资金和人力物力。过去几年的实践证明，保险工作在重建灾区、安置灾民生活中发挥了巨大的作用。我国水灾保险是 1980 年中国人民保险公司恢复业务后设立的一个非单一综合险种。经历了多起较大赔付活动，利用防洪保险，可减轻洪灾造成的经济负担，将洪灾中受到的经济损失尽快恢复。当前，我们需要扩大保险业务范围，进行保险灾害区划，使全社会都来协助减灾、救灾。而基金是政府和社会筹集的专门用于灾后灾民生活救济的款项。我国目前尚未开展这项工作，但国际经验表明，专项救灾基金的发放，对灾区重建、人民生活安置所起的作用绝不亚于保险。因此，随着经济的发展，国家和社会团体及个人收入的增加，适时增设抗灾、救灾基金是十分必要的。

(5)加强法制建设，健全防洪机构。抗御洪灾危害对一个国家或地区的经济建设是非常重要的，做好防洪工作要以法律法规为依据。我国非常重视依法防洪工作，曾先后制定了《中华人民共和国水法》《中华人民共和国河道管理条例》《中华人民共和国水土保持法》《中华人民共和国环境保护法》等法律法规。这些法律法规都对防治洪水有明确规定，特别是从 1998 年执行的《中华人民共和国防洪法》，更是专门为防洪工作制定的大法。完善相应的法律，加强立法工作，是为奠定适应社会发展新形势下的防洪、减灾需要的法律基础。

(6)制定科学的防洪规划。为进一步做好减灾工作，调动一切积极因素，合理配置资源，最大限度地减轻自然灾害造成的损失，促进社会可持续发展，在《中华人民共和国减灾规划(1998 ~ 2010 年)》的指导下，对洪水易发区的社会经济、自然地理、气象水文、历年洪灾、现有防御体系、灾害隐患点等情况进行全面的调查摸底，并在实际调查的基础上，从气象、水文、地质、生态环境等多种因素对区域洪水灾害的成因、特点及发展趋势进行科学的论证。在充分掌握第一手资料的基础上，制定和编写科学的洪水灾害防治规划，完善符合我国洪水灾害特点的减灾体系，进一步减少洪水灾害造成的人员伤亡和经济损失。

(7)加强防洪减灾教育，提高公众防洪意识。随着社会经济的发展，人们的防洪减灾意识也越来越强。减灾教育强调学校减灾教育与公众防灾意识养成相结合。针对不同文化环境，从多个层次开展宣传与普及工作，要利用一切可利用的传媒手段，普及风险与避险知识，结合各种传媒渠道，形成持续与系统的防灾避险知识的全民普及，以真实可信的事例来唤醒群众的觉悟，使之自觉地加入到防汛抗洪救灾队伍中来，保护自己的家园，保护国家财产。

(8)制定洪水风险图和抗洪应急预案。融合地理信息、社会经济信息、洪水持续信息，通过资料调查洪水计算和成果整理，以图表形式直观反映发生洪水后可能淹没的范围和水深，从而可以预知和分析不同级洪水可能造成的风险与危害，为防汛指挥提供依据和抢险措施方案，做到心中有数，重点突出，最大限度地减少洪水造成的损失。近年来，我国洪水灾害的应急管理工作取得了较大进展，应急队伍建设和技术装备水平在不断加强，人民的生命和财产安全得到了较好的保障。

第五章　气象灾害

第一节　干旱与洪涝灾害

一、干旱与洪涝的概念及分类

（一）干旱的概念

干旱(arid)，是一种水量相对亏缺的自然现象，通常指淡水总量少，或长期少雨而空气干燥、土壤缺水，不足以满足人类的生存和经济发展的气候现象。干旱并不等于旱灾，从自然的角度来看，干旱和旱灾是两个不同的科学概念。干旱一般是长期的现象，从古至今都是人类面临的主要自然灾害。它除危害作物生长、造成作物减产外，还危害居民生活，影响工业生产及其他社会经济活动。干旱后则容易发生蝗灾，干旱是自然现象，干旱只有造成损失才能称为灾害。而旱灾却不同，它只是属于偶发性的自然灾害，甚至在通常水量丰富的地区也会因一时的气候异常而导致旱灾。即使在科学技术如此发达的今天，干旱造成的灾难性后果仍然比比皆是。尤其值得注意的是，随着人类的经济发展和人口膨胀，水资源短缺现象日趋严重，这也直接导致了干旱地区的扩大与干旱化程度的加重，干旱化趋势已成为全球关注的问题。

（二）干旱的分类

在《气象干旱等级》中，按国家标准规定了全国范围气象干旱指数的计算方法、等级划分标准、等级命名、使用方法等，并界定了气象干旱发展不同进程的术语。规定了五种监测干旱的单项指标，分别为：降水量和降水量距平百分率、标准化降水指数、相对湿润度指数、土壤湿度干旱指数和帕默尔干旱指数；气象干旱综合指数 CI 是指以标准化降水指数、相对湿润指数和降水量为基础建立的一种综合指数。

《气象干旱等级》中按国家标准将干旱划分为五个等级，并评定了不同等级的干旱对农业和生态环境的影响程度：

（1）无旱：正常或湿涝，特点为降水正常或较常年偏多，地表湿润。

（2）轻旱：降水较常年偏少，地表空气干燥，土壤水分轻度不足，对农作物有轻微影响。

（3）中旱：降水持续较常年偏少，土壤表面干燥，出现水分不足，地表植物叶片白天有萎蔫现象，对农作物和生态环境造成一定影响。

（4）重旱：土壤出现水分持续严重不足，土壤出现较厚的干土层，植物萎蔫、叶片干枯，果实脱落，对农作物和生态环境造成较严重影响，对工业生产、人畜饮水产生一定影响。

（5）特旱：土壤出现水分长时间严重不足，地表植物干枯、死亡，对农作物和生态环境造成严重影响,对工业生产、人畜饮水产生较大影响。

《气象干旱等级》全国通用,具有空间和时间可比性,能较为客观地描述干旱的发生、发展、持续、解除等过程,以及干旱发生程度和范围的等级标准的干旱监测指标。

世界气象组织承认以下六种干旱类型:

(1)气象干旱:根据不足降水量,以特定历时降水的绝对值表示。

(2)气候干旱:根据不足降水量,不是以特定数量,而是以与平均值或正常值的比率表示。

(3)大气干旱:不仅涉及降水量,而且涉及温度、湿度、风速、气压等气候因素。

(4)农业干旱:主要涉及土壤含水量和植物生态,或许是某种特定作物的性态。

(5)水文干旱:主要考虑河道流量的减少,湖泊或水库库容的减少和地下水位的下降。

(6)用水管理干旱:其特性是由于用水管理的实际操作或设施的破坏引起的缺水。

我国比较通用的干旱类型定义如下:

(1)气象干旱:不正常的干燥天气时期,持续缺水足以影响区域引起严重水文不平衡。

(2)农业干旱:降水量不足的气候变化,对作物产量或牧场产量足以产生不利影响。

(3)水文干旱:在河流、水库、地下水含水层、湖泊和土壤中低于平均含水量的时期。

(三)洪涝的概念

洪涝即指水灾,水灾分为“洪”和“涝”两种。“洪”,指大雨、暴雨引起水道急流、山洪暴发、河水泛滥、淹没农田、毁坏环境与各种设施等。“涝”,指水过多或过于集中或返浆水过多造成的积水成灾。同时也有相应的洪涝灾害预防和预警机制,其中包括根据防汛特征水位,对应划分预警级别(通常由重到轻分为一、二、三、四共 4 个等级,分别用红、橙、黄、蓝色表示)。

例如,1998 年长江发生了自 1954 年以来的又一次全流域性大洪水。从 6 月中旬起,因洞庭湖、鄱阳湖连降暴雨、大暴雨使长江流量迅速增加。受上游来水和潮汛共同影响,江苏省沿江潮位自 6 月 25 日起全线超过警戒水位。南京站高潮位 7 月 6 日达 9.90 m。沿江苏南地区自 6 月 24 日入梅,至 7 月 6 日出梅。由于沿江潮位高,内河排水受阻,形成外洪内涝的严峻局面。秦淮河东山站最高水位 10.28 m,居历史第三位;滁河晓桥站最高水位达 11.29 m,超出警戒水位 1.79 m。7 月下旬至 9 月中旬初,受长江上游干流连续 7 次洪峰及中游支流汇流叠加影响,大通站流量 8 月 2 日最大达 82 300 m^3/s,仅次于 1954 年洪峰流量,为历史第二位。南京站 7 月 29 日出现最高潮位 10.14 m,居历史第二位,在 10.0 m 以上持续 17 d 之久。镇江站 8 月 24 日出现 8.37 m 的高潮位,仅比 1954 年低 1 cm,居历史第三位。这场洪水虽已过去,但各种议论纷至沓来,更有甚者将其归于“人祸”。从科学的角度来分析,虽然这场洪水量级大、涉及范围广、持续时间长、洪涝灾害严重,但造成的损失比 1931 年和 1954 年要小得多。经分析,长江发生 1998 年大洪水主要是由气候异常、暴雨过大、河湖调蓄能力下降、削峰作用降低及水位抬高等原因造成的。荆江以下最大洪峰流量和最大 60 d 洪量对比表明,1998 年洪水总体上小于 1954 年,在 20 世纪已发生的 3 次全流域性大洪水(1931 年、1954 年、1998 年)中列第 2 位。

一般来说,洪水发生得早,来势凶猛,洪峰次数多,水位高,洪水持续时间长。洪水的发生与洪水来量(长江流域广,支流多,汛期长,雨期大范围的降雨,引起干流和支流洪水同时暴发,中下游势必将发生大的洪水灾害),调蓄能力(中游无足够调洪、滞洪场所,如“湖泊”),泄洪能力(下游河道行洪能力不足)有关。

(四)洪涝的分类

洪涝可按发生区域或成因的不同而进行分类。按发生区域的不同,洪涝可分为河流洪水、湖泊洪水、海岸洪水、山洪等。按成因不同,洪涝可分为暴雨洪水、融雪洪水、冰凌洪水、山洪、溃坝洪水、天文潮和风暴潮等。

暴雨洪水指由降水形成的洪水,也是最常见且威胁最大的洪水,主要特点是峰高量大,持续时间长,灾害波及范围广,中国长江的大洪水就是这种类型的洪水。

在江河流域面积内如有高寒积雪或结冰地区,当气温急剧上升时,使得积雪或冰迅速融化,就会形成融雪洪水,如果同时再有降雨,就会形成雨雪混合洪水。

冰凌洪水又称凌汛,是由于气温下降时河水结冰封冻至气温回升后解冻开河时冰凌阻塞河槽而形成的洪水,是热力、动力、河道地形等因素综合作用的结果。中国黄河往往有这类灾害发生。

山洪是在山区沟谷中突降暴雨或因气温急剧上升大量积雪(冰)融化而形成的局部性洪水,具有突发性、水量集中、破坏力强等特点,但波及范围较小。

溃坝洪水是指堤坝或其他挡水建筑物突然崩溃,大量蓄水突然下泄而造成的洪水。

天文潮是地球上的海洋受月球和太阳的引潮力作用而产生的增水、减水现象,而风暴潮是由于气压、大风等气象因素的急剧变化而造成海岸和河口水位异常升高的现象。

二、干旱与洪涝的成因及特征

(一)干旱的成因及特征

1. 干旱的成因

降水量少、蒸发量大是形成干旱的直接原因,大气环流异常,海气和陆气相互作用会导致降雨偏少,蒸发加剧,这是干旱发生的根本原因。干旱与人类活动所造成的植物系统分布、温度平衡分布、大气循环状态改变、化学元素分布改变等与人类活动相关的系统改变有直接的关系。

我国有五个明显的干旱中心:①东北干旱区,主要集中在4~8月的春夏季节;②黄淮海干旱区,经常出现春夏连旱,甚至春夏秋连旱,是全国受旱面积最大的区域;③长江流域地区,以7~9月出现干旱概率最多;④华南地区,干旱主要出现在秋末、冬季及初春;⑤西南地区,范围较小,主要出现在冬春季节。因此,干旱的原因有很多种,其主要影响因素有:①与地理位置和海拔高度有直接关联;②与各大水系距离远近有直接关联;③与地球地壳板块滑移漂移有直接关联;④与天文潮汛有直接关联;⑤与地方植被覆盖水平有直接关联;⑥与温室效应有关系;⑦其他。

2. 干旱的特征

干旱是我国常见的一种自然灾害,和其他各种自然灾害一样也有其自身的特点。主要特点如下。

1)严重性

水旱灾害是农业主要的自然灾害,在经历了1991年特大洪涝灾害后,人们充分认识到了水灾的严重性。但是对农业来说,事实上旱灾要比水灾更为严重,旱灾是我国农业最主要的自然灾害。旱灾的严重性主要表现在以下三个方面:

(1)我国干旱受灾面积远大于洪涝受灾面积。根据1950~1990年的资料统计,我国年平均干旱受灾面积为2 085.1万hm^2,洪涝受灾面积为842.5万hm^2。干旱受灾面积占干旱和洪涝受灾总面积的71.2%。1991年江淮地区发生了特大洪涝灾害,但这一年全国旱灾面积仍高于水灾面积。

(2)干旱发生的次数多于洪涝发生的次数。在1951~1990年的40年中,全国共发生干旱300次,洪涝236次,干旱次数占干旱和洪涝总次数的56%。

(3)干旱灾害是影响农业产量的最主要的自然灾害。1978~1989年间全国政治形势和农业体制均基本稳定,因而粮食单产的上升趋势主要由于农业科技进步,而其上下波动则主要由于自然灾害的影响。对1978~1989年的12年全国旱灾面积、水灾面积和粮食单产进行序列分析发现,粮食单产与旱灾面积显著相关,其相关系数达-0.77,而与水灾面积无相关关系。观察1949年至60年代初的统计资料,也能得出相似结论,如1954年我国遭遇特大洪涝灾害,但粮食单产仍与上年持平,1959~1961年遭遇特大旱灾,粮食产量则显著下降。

2)地区性

干旱主要是由降水不足引起的。我国地域辽阔,各地降水量相差悬殊,因此干旱程度也差异很大。

我国南方年均降水量达850~1 800 mm,少数地区达2 000 mm以上,北方除长白山地区年降水量达1 000 mm左右,其他地区年均降水量一般都在850 mm以下,我国北部和西部的内蒙古、宁夏、青海、新疆、甘肃、西藏的大部分地区年均降水量不足400 mm。因此,南方干旱程度较轻,北方干旱程度较重。我国最大的干旱区为黄淮海地区,其干旱发生的次数最多,干旱面积也居全国之首。这一地区的耕地面积占全国总耕地面积的36%,而拥有的地面径流量仅占全国地面径流总量的4.9%,全国每公顷耕地拥有地面径流量为27 000 m^3,而黄、淮、海三个流域每公顷耕地拥有地面径流量分别占全国平均值的16%、14%和10%。据统计,1950~1983年的34年中,黄、淮、海地区旱灾受灾面积和成灾面积分别占全国旱灾受灾面积和成灾面积总和的46.4%和48.1%。

干旱严重程度也与地形地貌有关。南方山丘地区虽然年降水量较多,但因地面坡度较大或植被较差,土壤滞水保水能力较差,因而干旱威胁也比较严重。

3)季节性与随机性

我国的气候为明显的季风气候,降水量季节差异较大,总的来说夏多冬少,但由于夏季风自南向北推进有一个过程,因此各地雨季到来时间有所差异。一般而言,雨带5月中旬到达华南地区,华南进入雨季,6月中旬转移到达长江流域,形成长江流域的梅雨期,7月中旬梅雨结束,雨带到达淮河以北地区,华北进入雨季,9月上旬雨带开始退至华南,并逐渐离开我国向东南方向移去。10月初冬季风开始南下,气候变得干燥少雨,次年3月初冬季风开始减弱,4月初自南向北逐渐撤退。由于上述季风气候的影响,以及形成气候的其他因素的影响,我国各地区干旱的发生具有一定的季节性。

虽然雨季具有一定的季节性,但对于具体的某一年来说,雨季的到达时间和雨量的多少、非雨季降雨量的多少和时间上的分配,以及年降水总量的大小等都具有一定的随机性,因此干旱的发生也具有一定的随机性。由于这一原因,我国南方湿润地区也往往会遇到比较严重的干旱,如长江中下游地区,1959 年为"空梅",1978 年"梅雨"提前结束,1994 年也几乎为"空梅",结果都形成了特大旱灾。再就是从受水、旱灾害的面积来看,有些年份南方地区旱灾面积甚至远大于水灾面积。以 1991 年为例,广东省旱灾面积 136.6 万 hm^2,水灾面积 21.5 万 hm^2;福建省旱灾面积 50.2 万 hm^2,水灾面积 13.7 万 hm^2;江西省旱灾面积 107.9 万 hm^2,水灾面积 28.1 万 hm^2;其他如海南、广西和湖南等省旱灾面积也均远大于水灾面积。

因此,干旱既具有季节性又具有随机性,但总的来说,华南多秋冬旱或冬春旱,个别年份有秋冬春连旱,夏旱很少;两广北部至长江中下游地区多为伏旱,春旱极少;淮河以北地区以春旱或春夏连旱居多,夏旱次之,个别年有春夏秋连旱;西南地区多冬春旱,川西北地区多春夏旱,川东地区多伏、秋旱,西北地区一般常年干旱。

4)连发性和连片性

与水灾相比,干旱具有更明显的连发性和连片性。干旱的连发性指干旱往往会连年发生,干旱连年发生的概率要比洪涝连年发生的概率大得多,连旱的年数一般也多于连涝年数。再就南北方相比较,北方地区干旱连发性比南方地区更为显著。干旱的连片性指干旱的波及面往往很大。

干旱和洪涝的成因决定了其分布总是"旱一片,涝一线"。水灾可能波及数省,而旱灾有可能波及全国大部分地区。

连年连片干旱会造成特别严重的灾害,1876 ~ 1878 年连续三年干旱,遍及河南、山西、陕西、甘肃、山东、安徽等 18 个省。这次旱灾是我国近代各次自然灾害中最严重的一次灾难,在旱灾中心地区 80% 的人被饿死,死亡人数达 1 300 万人。1959 ~ 1961 年也为全国大范围的三年连旱,长江、淮河、黄河和汉水流域等广大地区遭受严重干旱,这次旱灾是新中国成立以后最严重的一次自然灾害,三年共减产粮食 611.5 亿 kg,相当于 1950 年的全国粮食总产量,或相当于 1958 年粮食总产量的 61%,这三年连旱,再加上其他一些因素的影响,对国民经济造成了十分严重的危害,全国粮食产量直到 1966 年才恢复到 1958 年的水平。

5)周期性

对历史干旱资料进行序列分析可以发现,干旱的发生具有一定的周期性。从干旱的成因来看,由于干旱的某些影响因素,如太阳黑子的变化、日月食的出现和厄尔尼诺现象等都具有一定的周期性,因此干旱的发生也具有一定的周期性。又因为干旱的发生受到多种因素的影响,因而干旱发生的周期不是单一周期,而是复杂的混合周期。初步的研究结果表明,干旱发生的周期有 2 ~ 3 年、5 年、11 年、22 年、26 年、35 年和 180 ~ 200 年等。另外,不同地区干旱的周期性也有所不同。

（二）洪涝的成因及特征

1. 洪涝的成因

从多角度分析，洪涝的成因可分为：

（1）气候成因：季风气候显著，水资源时空分布极不均匀。有的地区常有短历时高强度暴雨或受北上台风影响而形成的长历时连续降水过程，造成洪涝灾害。也有的地区是由于秋冬季气温低，蒸发量小，秋季滞流耕地中的雨水及受冻结温度梯度作用上升到地表的地下水冻结成为固态，与冬季降雪一起，春暖融化滞存于耕地表层形成春涝。

（2）流域的地貌特征：是否存在低山丘陵区地表起伏、高差大、沟谷纵横、径流峰高流急等情况。上坡林地坡水不仅对坡耕地造成水土流失、冲蚀沟，而且对低平原村屯及农田危害严重，沟道经常漫溢出槽，淹没农田。另外，地形低洼，微地形复杂，排水迟缓，并受外江洪水顶托倒灌影响，使内水无法排除，造成洪涝。

（3）土壤与地质状况：当地的土层质地黏重，通透性差，垂直下渗弱，土壤有机质含量高，含蓄水量多，易造成涝渍灾害。

（4）人类活动的密集情况：人类修建的一部分防洪除涝工程，由于防洪及排水标准低，工程年久失修，严重老化，河水泛滥，内水受河水顶托，不能及时排除内水，致使农作物经常遭受洪涝灾害。另外，因人类的过分集中，对当地的生态环境的破坏加剧，也增加了产生的洪涝灾害发生的概率。

2. 洪涝的特征

洪涝对我国的生活生产有很大影响，就我国的洪涝而言，洪涝的主要特征如下。

1）季节性

我国地处欧亚大陆的东南部，东临太平洋，西部深入亚洲内陆，地势西高东低，呈三级阶梯状。南北则跨热带、亚热带和温带三个气候带。最基本、最突出的气候特征是大陆性季风气候，因此降雨量有明显的季节性变化。这就基本决定了我国洪水发生的季节规律。

春夏之交，我国华南地区暴雨开始增多，洪水发生的概率随之加大。受其影响的珠江流域的东江、北江，在5～6月易发生洪水，西江则迟至6月中旬至7月中旬。6～7月间主雨带北移，受其影响，长江流域易发生洪水。四川盆地各水系和汉江流域洪水发生期持续较长，一般为7～10月。7～8月为淮河流域、黄河流域、海河流域和辽河流域主要洪水期。松花江流域洪水则迟至8～9月。在季风活动影响下，我国江河洪水发生的季节变化规律大致如此。另外，浙江和福建由于受台风的影响，其雨期及易发生洪水期较长，为6～9月。这是我国暴雨洪水的一般规律。在正常年份，暴雨进退有序，在同一地区停滞时间有限，不致形成大范围的洪涝灾害，但在气候异常年份，雨区在某区停滞，则将形成某一流域或某几条河流的大洪水。

2）类似性

近70年中，全国发生了多次特大洪水，在历史上都可以找到与其成因和分布极为相似的特大洪水。例如，著名的1662年海河流域特大洪水，由7天7夜的大暴雨所造成。暴雨主要分布在太行山东麓的大清河、子牙河流域，其中心位于滏阳河流域。这次暴雨的时空分布和1963年海河南系大暴雨极为相似，都造成了流域性的特大洪水灾害。又如，1801年海河北系特大洪水，是由阴雨和多次暴雨形成的。这又和1939年海河北系大洪水的雨情和灾情没有多大的差别。其他流域也有不同年份发生时空分布都极其相似的大洪水的情况，例如著名的1931年和1954年长江中下游和淮河流域的特大洪水等。

3）普遍性

我国地域辽阔，自然环境差异很大，具有产生多种类型洪水和严重洪水灾害的自然条件和社会经济条件。除沙漠、极端干旱区和高寒区外，我国其余大约2/3的国土面积都存在不同程度和不同类型的洪水灾害。我国地貌组成中，山地、丘陵和高原约占国土总面积的70%，山区洪水分布很广，并且发生频率很高。平原约占总面积的20%，其中7大江河和滨海河流地区是我国洪水灾害最严重的地区，是防洪的重点地区。我国海岸线长达18 000 km，当江河洪峰入海时，如与天文大潮遭遇，将形成大洪水。这种洪水对长江、钱塘江和珠江河口区威胁很大。风暴潮带来的暴雨洪水灾害也主要威胁沿海地区。我国北方的一些河流，有时发生冰凌洪水。此外，即使是干旱的西北地区，例如西藏、新疆、甘肃和青海等地，还存在融雪和融冰洪水或短时暴雨洪水。

4）区域性

我国洪水灾害以暴雨成因为主，而暴雨的形成和地区关系密切。我国暴雨主要产生于青藏高原和东部平原之间的第二阶段地带，特别是第二阶段与第三阶段（东部平原区）的交界区，成为我国特大暴雨的主要分布地带。降雨汇入河道，则形成位于江河下游的东部地区的洪水。因此，我国暴雨洪水灾害主要分布于24 h 50 mm降雨等值线以东，即燕山、太行山、伏牛山、武陵山和苗岭以东地区。形成洪水的自然条件是这样，社会经济条件也是这样。我国东南地区又是经济发达和人口稠密地区，两相配合，单位面积上的洪水损失也最大，由此形成了我国洪水灾害区域性的特点。

5）破坏性

我国主要江河全年径流总量中的2/3都是洪水径流，降雨和河川径流的年内分配也很不均匀。主要江河洪水不仅峰高，而且量大。长江及东南沿海河流最大7 d洪量占全年平均流量的10%～20%，北方河流有时甚至高达30%～40%。与地球上同纬度的其他地区相比，我国洪水的年际变化和年内分配差异之大是少有的。常遇洪水与非常遇洪水量级差别十分悬殊。洪水威胁的严重，从古至今，对我国社会和经济的发展都有着重大的影响，大江大河的特大洪水灾害，甚至带来全国范围的严重后果。据调查，我国主要江河20世纪中发生的特大洪水淹没耕地数达10万km^2，受灾人口数百万至数千万，死亡人口数十万，导致生产力的巨大破坏，甚至引起社会动荡。以1931年长江大水为例，洪灾遍及四川、湖北、湖南、江西、安徽、江苏等省，受灾面积达15万km^2，淹没农田330多万hm^2，灾民达2 800万人，死亡人数达14.5万。黄河的水灾更为频繁，由于含沙量大，黄河决口还将严重危害相邻流域，甚至造成水系的变迁等问题，引起严重的环境后果。

6）可防御性

虽然我们不可能彻底根治洪水灾害，但通过多种努力，可缩小洪水灾害的影响程度和空间范围，减少洪水灾害的损失，达到预防目的。同时，通过一些组织措施，可把小范围的灾害损失分散到更大区域，减轻受灾区的经济负担；通过社会保险和救济增强区域抗灾能力。新中国成立以来，我国兴建了大量堤防工程，其中水库8万多座，加高培厚江河大堤20多万km，显著提高了防御洪涝灾害的能力。

当然,洪涝灾害的本质特性是对人类社会的严重危害,但从环境效应来看,洪涝灾害也有其有益的方面,例如冲刷河床淤积,改善河道的水力条件;输沙入海,营造河口三角洲;洪水泛滥将补充地下水,增加可调蓄利用的淡水量,以及将淤泥散布于田间等,对于国土环境未尝不是有益的方面。如何创造适当的条件,使洪水转害为利,是值得探讨的问题。

三、干旱与洪涝灾害

(一)干旱灾害

干旱是一个长期存在的世界性难题,全球干旱半干旱地区约占陆地面积的35%,遍及世界60多个国家和地区。统计表明,在自然灾害造成的总损失中,气象灾害引起的损失占1/2以上,而干旱灾害又占气象灾害损失的相当一大部分。旱灾是世界上影响面最广、造成农业损失最大的自然灾害类型。我国是一个人口大国,又是一个农业大国,据统计,中国每年旱灾损失占各种自然灾害的15%以上,每年因旱灾减产粮食比重很大。

降水是地表水和浅层地下水的基本来源,降水变化直接影响水资源的变化。因此,干旱灾害不仅影响农业生产,而且直接导致水资源的短缺。干旱灾害是影响工农业生产的主要灾害,而且这种影响还可能会加剧。

(二)洪涝灾害

洪涝灾害通常是指由于大气降水偏强,致使江河洪水泛滥,淹没田地和城乡地区,或因长期降雨等产生积水或径流淹没低洼土地,造成农业或其他财产损失和人员伤亡的一种灾害。洪涝灾害是我国重大气象灾害之一,除沙漠、极端干旱地区和高寒地区外,我国大约2/3的国土面积都存在着不同程度和不同类型的洪涝灾害。

对于我国来说,洪涝一般是东多西少,沿海多于内地,平原多于高原和山地。洪涝灾害同气候变化一样,有其自身的变化规律,这种变化由各种长短周期组成,是循环往复发生的。

第二节　台　风

一、台风的概念及分类

(一)台风的概念

“台风”一词来自《科技术语研究》2006年第8卷第2期刊登的王存忠《台风名词探源及其命名原则》一文。文中论及“台风一词的历史沿革”,作者认为:在古代,人们把台风叫飓风,到了明末清初才开始使用“颱风”(1956年,颱风简化为台风)这一名称,飓风的意义就转为寒潮大风或非台风性大风的统称。关于“台风”的来历,有两类说法。第一类是“转音说”,包括三种:一是由广东话“大风”演变而来的;二是由闽南话“风筛”演变而来的;三是荷兰人占领台湾期间根据希腊史诗《神权史》中的人物泰丰 Typhoon 而命名的。第二类是“源地说”,也就是根据台风的来源地赋予其名称。由于台湾位于太平洋和南海大部分台风北上的路径要冲,很多台风是穿过台湾海峡进入大陆的。

“台风”是音译词,英文中 typhoon 是根据中文粤语发音 toi fong 音译至英文,再进入普通话词汇中。

台风,英文为 typhoon,希腊语、阿拉伯语为 tufan,发音都和中文特别相似,在阿拉伯语和英语中都是风神的意思。

台风一词源自希腊神话中大地之母盖亚之子 Typhon,它是一头长着一百个龙头的魔物,传说这头魔物的孩子们就是可怕的大风。后来,这个词传入中国,与广东话 Toi Fung 融合在一起,就成为 typhoon 一词了。

我们所说的台风实际上是一种强热带气旋。在气象学上,按世界气象组织定义:热带气旋中心持续风速达到 12 级(即每秒 32.7 m 或以上)称为台风(typhoon)或飓风(hurricane)。台风和飓风都是一种风,只是发生地点不同,叫法不同,台风是在北太平洋西部、国际日期变更线以西,包括南中国海;而在大西洋或北太平洋东部的热带气旋则称为飓风,也就是说在美国一带称为飓风,在菲律宾、中国、日本一带叫台风。

(二)台风的分类

在气象学中,根据热带气旋的强度作了不同的分类。联合国世界气象组织曾经制定了一个热带气旋的国际统一分类标准:

(1)中心最大风力在 7 级(<17.1 m/s)的热带气旋称作热带低压。

(2)中心最大风力达 8~9 级(17.2~24.4 m/s)的热带气旋称作热带风暴。

(3)中心最大风力在 10~11 级(24.5~32.6 m/s)的热带气旋称为台风或飓风。

西北太平洋及南海海域热带气旋的命名有以下几个原则:每个英文名字不超过 9 个字母;容易发音;在各成员国语言中没有不好的意义;不会给各成员国带来任何困难;不是商业机构的名字;选取的名字应得到全体成员国的认可;中文译名由中国气象局、香港天文台和澳门地球物理暨气象台协商统一确定。中国大陆提出的 10 个是:海葵、悟空、玉兔、海燕、风神、海神、杜鹃、电母、海马和海棠。

世界气象组织区域专业气象中心(RSMC)——东京台风中心负责按照台风委员会确定的命名表在给达到热带风暴及其以上强度的热带气旋编号的同时命名。热带气旋按预先确定的次序依次命名。热带气旋在整个生命史中保持名字不变;对通过国际日期变更线进入西北太平洋的热带气旋,维持美国中太平洋飓风中心原有命名不变;对从西向东越过国际日期变更线的热带气旋维持东京台风中心的命名。

二、台风的成因及特征

(一)台风的成因

在海洋面温度超过 26 ℃以上的热带或副热带海洋上,由于近洋面气温高,大量空气膨胀上升,使近洋面气压降低,外围空气源源不断地补充流入上升区。受地转偏向力的影响,流入的空气旋转起来。而上升空气膨胀变冷,其中的水汽冷却凝结形成水滴时,要放出热量,又促使低层空气不断上升。这样近洋面气压下降得更低,空气旋转得更加猛烈,最后形成了台风。

从台风结构看到,如此巨大的庞然大物,其产生必须具备特有的条件:

(1)要有广阔的高温洋面。海水温度要高于 26.5 ℃,而且深度要有 60 m 深。台风是一种十分猛烈的天气系统，每天平均要消耗1.3万～1.7万J/cm的能量，这个巨大的能量只有广阔的热带海洋释放出的潜热才能供应。另外，台风周围旋转的强风，会引起中心附近60 m深的海水发生翻腾，为了确保海水翻腾中海面温度始终高于26.5 ℃，暖水层的厚度必须达60 m。

(2)要有合适的流场。台风的形成需要强烈的上升运动。合适的流场(如东风波、赤道辐合带)易产生热带弱气旋，热带弱气旋气压中间低、外围高，促使气流不断向气旋中心辐合并做上升运动；上升过程中水汽凝结释放出巨大的潜热，形成暖心补给台风能量，并使上升运动越来越强。

(3)要有足够大的地转偏向力。如果辐合气流直达气旋中心发生空气堆积阻塞，则台风不能形成。足够大的地转偏向力使辐合气流很难直接流进低气压中心，而是沿着中心旋转，使气旋性环流加强。赤道的地转偏向力为零，向两极逐渐增大，故台风发生地点离开赤道5个纬距以上，在5°～20°之间。

(4)气流铅直切变要小，即高低空风向风速相差不大。如果高低空风速相差过大，潜热会迅速平流出去，不利于台风暖心形成和维持。纬度大于20°的地区，高层风很大，不利于增暖，台风不易出现。

(二)台风的特征

根据近几年来台风发生的有关资料，台风发生的规律及其特点主要有以下几点：

(1)季节性。台风(包括热带风暴)一般发生在夏秋之间，最早发生在5月初，最迟发生在11月。

(2)台风中心登陆地点难以准确预报。台风的风向时有变化，常出人预料，台风中心登陆地点往往与预报相左。

(3)旋转性。台风登陆时的风向一般先北后南。

(4)损毁性严重。对不坚固的建筑物，架空的各种线路、树木、海上船只，海上网箱养鱼、海边农作物等破坏性很大。

(5)强台风发生常伴有大暴雨、大海潮、大海啸。

(6)强台风发生时，人力不可抗拒，易造成人员伤亡。

(三)台风的演变

(1)孕育阶段。太阳经过1 d照射，海面上形成了很强盛的积雨云，这些积雨云里的热空气上升，周围较冷空气源源不绝地补充进来，再次遇热上升，如此循环，使得上方的空气热，下方空气冷，上方的热空气里的水汽蒸发扩大了云带范围，云带的扩大使得这种运动更加剧烈。经过不断扩大的云团受到地转偏向力影响，逆时针旋转起来(在南半球是顺时针)，形成热带气旋，热带气旋里旋转的空气产生的离心力把空气都往外甩，中心的空气越来越稀薄，空气压力不断变小，形成了热带低压——台风初始阶段。

(2)发展(增强)阶段。因为热带低压中心气压比外界低，所以周围空气涌向热带低压，遇热上升，供给了热带低压较多的能量，超过输出能量。此时，热带低压里空气旋转更厉害，中心最大风力升高，中心气压进一步降低。等到中心最大风力达到一定标准时，就会提升到更高的一个级别，热带低压提升到热带风暴，再提升到强热带风暴、台风，有时能提升到强台风甚至超强台风，这要看能量输入与输出比，输入能量大于输出能量，台风就会增强,反之就会减弱。

(3)成熟阶段:台风经过漫长的发展之路,变得强大,具有了造成灾害的能力,如果这时登陆,就会造成重大损失。

(4)消亡阶段:台风消亡路径有两个,第一个是:台风登陆后,受到地面摩擦和能量供应不足的共同影响,台风会迅速减弱消亡,消亡之后的残留云系可以给某地带来长时间强降雨。第二个是:台风在东海北部转向,登陆韩国或穿过朝鲜海峡之后,在日本海变性为温带气旋,变性为温带气旋后,消亡较慢。

三、台风的分布及危害

(一)台风的分布

台风的分布具有地区性。世界上受台风威胁严重的地区有三个:孟加拉湾北部及沿海地区,我国东南沿海、日本和东南亚国家,加勒比海地区和美国东部海岸。其中,以孟加拉湾北部及沿海地区受灾最为频繁和严重。

从台风源地研究台风的分布,全球有八个台风源地:北半球有五个,为北太平洋东部、北太平洋西部、北大西洋西部、孟加拉湾、阿拉伯海;南半球有三个,为南印度洋东部、南印度洋西部、南太平洋西部。

(二)台风的影响及危害

1. 台风的好处

在我国沿海地区,几乎每年夏秋两季都会或多或少地遭受台风的侵袭,因此而遭受的生命财产损失也不小。作为一种灾害性天气,可以说,提起台风,没有人会对它表示好感。然而,凡事都有两重性,台风是给人类带来了灾害,但假如没有台风,人类将更加遭殃。科学研究发现,台风给人类带来如下几大好处:

其一,台风这一热带风暴却为人们带来了丰沛的淡水。台风给中国沿海、日本海沿岸、印度、东南亚和美国东南部带来大量的雨水,占这些地区总降水量的1/4以上,对改善这些地区的淡水供应和生态环境都有十分重要的意义。

其二,靠近赤道的热带、亚热带地区受日照时间最长,干热难忍,如果没有台风来驱散这些地区的热量,那里将会更热,地表沙荒将更加严重。同时,寒带将会更冷,温带将会消失。我国将没有昆明这样的春城,也没有四季长青的广州,"北大仓"、内蒙古草原亦将不复存在。

其三,台风最高时速可达200 km以上,所到之处,摧枯拉朽。这巨大的能量可以直接给人类造成灾难,但也全凭着这巨大的能量流动使地球保持着热平衡,使人类安居乐业,生生不息。

其四,台风还能增加捕鱼产量。每当台风吹袭时翻江倒海,将江海底部的营养物质卷上来,鱼饵增多,吸引鱼群在水面附近聚集,渔获量自然提高。

据统计,包括我国在内的东南亚各国和美国,台风降雨量占这些地区总降雨量的1/4以上,因此如果没有台风,这些国家的农业困境不堪想象;此外,台风对于调剂地球热量、维持热平衡更是功不可没。众所周知,热带地区由于接收的太阳辐射热量最多,因此气候也最为炎热,而寒带地区正好相反。由于台风的活动,热带地区的热量被驱散到高纬度地区,从而使寒带地区的热量得到补偿,如果没有台风就会造成热带地区气候越来越炎热,而寒带地区越来越寒冷,自然地球上温带也就不复存在了,众多的植物和动物也会因难以适应环境而将出现灭绝,那将是一种非常可怕的情景。

2. 台风的危害

台风是一种破坏力很强的灾害性天气系统,但有时也能起到消除干旱的有益作用。其危害性主要有以下三个方面:

(1)大风。热带气旋达台风级别的中心附近最大风力为 12 级以上。

(2)暴雨。台风是带来暴雨的天气系统之一,在台风经过的地区,可能产生 150 ~ 300 mm 降雨,少数台风能直接或间接产生 1 000 mm 以上的特大暴雨,如 1975 年第 3 号热带气旋登陆后倒槽在河南南部产生的特大暴雨,打破了部分地区的降雨记录(河南“75 · 8”事件)。

(3)风暴潮。一般台风能使沿岸海水产生增水,江苏省沿海最大增水可达 3 m。“9608”号和“9711”号台风增水,使江苏省沿江沿海出现了超历史的高潮位。

台风过境时常常带来狂风暴雨天气,引起海面巨浪,严重威胁航海安全。台风登陆后带来的风暴增水可能摧毁庄稼、各种建筑设施等,造成人民生命、财产的巨大损失。

(三)我国的重大台风灾害

2010 年的 11 号台风“凡亚比”9 月 19 日从花莲登陆,导致台湾南部暴雨成灾,造成人员伤亡和基础设施严重损毁及工农业损失。20 日早晨在福建二次登陆,狂风暴雨给福建和广东也造成严重的灾情。

2009 年台风“莫拉克”,造成台湾、大陆 500 多人死亡,近 200 人失踪,46 人受伤。台湾南部雨量超 2 000 mm,造成数百亿台币损失,大陆损失近百亿元。

2008 年第 14 号强台风“黑格比”,造成菲律宾、华南、越南共 127 人死亡。

2008 年第 8 号强台风“凤凰”,造成台湾、安徽、江苏至少 13 人死亡,福建地区基础设施损坏严重,经济损失巨大。

2008 年第 6 号台风“风神”,造成广东、湖南、江西至少 30 人死亡,财产损失巨大,降水量破纪录。

2008 年第 1 号台风“浣熊”,新中国成立以来第一个 4 月登陆我国的台风,造成华南至少 5 人死亡以及人员失踪,经济损失巨大,广东一水库由于蓄水过多而不得不溃坝,基础设施破坏严重,造成华南历史上 4 月最为严重的洪涝灾害,降水破历史上 4 月纪录。

2007 年第 9 号超强台风“圣帕”,造成东南沿海至少 39 人死亡,经济损失较大。

2006 年第 4 号强热带风暴“碧利斯”(Bilis),在菲律宾,中国东南部、台湾总共造成 672 人死亡以及 44 亿美元的损失。

2006 年第 8 号超强台风“桑美”(Saomai),在马利安那群岛、菲律宾、中国东南沿海以及台湾地区总共造成 458 人死亡以及 25 亿美元的经济损失。

2005 年第 19 号超强台风“龙王”(Longwang),给我国台湾、福建、广东、江西等地造成大风大雨,并造成一定人员伤亡。

2004 年第 14 号强台风“云娜”(Rainne),“云娜”台风登陆中国东南沿海,造成 164 人死亡,24 人失踪,直接经济损失达 181. 28 亿元。

2003 年第 13 号强台风“杜鹃”(Dujuan),先后 3 次登陆广东,给我国华南地区造成重大灾害和财产损失,造成 38 人死亡,损失达 20 亿元。

2001 年第 2 号台风“飞燕”(Chebi),在台湾海峡北上突袭福建中北部,官方死亡数字为 122 人,实际死亡人数可能远远不止。

第三节　沙尘暴

一、沙尘暴的概念及分类

(一)沙尘暴的概念

中国古籍里有上百处关于“雨土”“雨黄土”“雨黄沙”“雨霾”的记录,最早的“雨土”记录可以追溯到公元前 1150 年:天空黄雾四塞,沙土从天而降如雨。这里记录的其实就是沙尘暴。

雨土的地点主要在黄土高原及其附近。古人把这类事情看成是奇异的灾变现象,相信这是“天人感应”的一种征兆。晋代张华的《博物志》中就记有:“夏桀之时,为长夜宫于深谷之中,男女杂处,十旬不出听政,天乃大风扬沙,一夕填此空谷。”

沙尘暴指强风将地面大量尘沙卷入空中使空气特别浑浊,水平能见度低于 1 km 的天气现象。沙尘暴的形成需具备地面上的沙尘物质、大风和不稳定的空气状态等条件。沙尘暴可造成房屋倒塌、交通供电受阻或中断、火灾、人畜伤亡等,并污染自然环境,破坏作物生长。

(二)沙尘暴的分类

沙尘暴的分类可从以下不同方面进行:

(1)沙尘天气按能见度分为浮尘、扬沙、沙尘暴和强沙尘暴四类。

浮尘:尘土、细沙均匀地浮游在空中,使水平能见度小于 10 km 的天气现象。

扬沙:风将地面尘沙吹起,使空气相当混浊,水平能见度在 1 ~ 10 km 以内的天气现象。

沙尘暴:强风将地面大量尘沙吹起,使空气很浑浊,水平能见度小于 1 km 的天气现象。

强沙尘暴:大风将地面尘沙吹起,使空气模糊不清,浑浊不堪,水平能见度小于 500 m 的天气现象。

(2)沙尘天气按过程可以分为四类:浮尘天气过程、扬沙天气过程、沙尘暴天气过程和强沙尘暴天气过程。

浮尘天气过程:在同一次天气过程中,中国天气预报区域内 5 个或 5 个以上国家基本(准)站在同一观测时次出现了浮尘天气。

扬沙天气过程:在同一次天气过程中,中国天气预报区域内 5 个或 5 个以上国家基本(准)站在同一观测时次出现了扬沙天气。

沙尘暴天气过程:在同一次天气过程中,中国天气预报区域内 3 个或 3 个以上国家基本(准)站在同一观测时次出现了沙尘暴天气。

强沙尘暴天气过程:在同一次天气过程中,中国天气预报区域内3个或3个以上国家基本(准)站在同一观测时次出现了强沙尘暴天气。

二、沙尘暴的成因及特征

(一)沙尘暴的成因

1. 条件

有利于产生大风或强风的天气形势,有利的沙、尘源分布和有利的空气不稳定条件是沙尘暴或强沙尘暴形成的主要原因。强风是沙尘暴产生的动力,沙、尘源是沙尘暴的物质基础,不稳定的热力条件是利于风力加大、强对流发展,从而夹带更多的沙尘,并卷扬得更高。

除此之外,前期干旱少雨、天气变暖、气温回升,是沙尘暴形成的特殊的天气气候背景;地面冷锋前对流单体发展成云团或飑线是有利于沙尘暴发展并加强的中小尺度系统;有利于风速加大的地形条件即狭管作用,是沙尘暴形成的有利条件之一。

土壤、黄沙主要成分是硅酸盐,当干旱少雨且气温变暖时,硅酸盐表面的硅酸失去水分

$$H_2SiO_4 \longrightarrow SiO_3^{2-} + H_2O(气)\uparrow$$

这样硅酸盐土壤胶团、砂粒表面就会带有负电荷,相互之间有了排斥作用,成为气溶胶不能凝聚在一起,从而形成扬沙即沙尘暴。沙尘暴本质上是带有负电荷的硅酸盐气溶胶。

总之,沙尘暴的形成需要如下三个条件:

(1)地面上的沙尘物质。它是形成沙尘暴的物质基础。

(2)大风。这是沙尘暴形成的动力基础,也是沙尘暴能够长距离输送的动力保证。

(3)不稳定的空气状态。这是重要的局地热力条件。沙尘暴多发生于午后傍晚,说明了局地热力条件的重要性。

2. 物理机制

在极有利的大尺度环境、高空干冷急流和强垂直风速、风向切变及热力不稳定层结条件下,引起锋区附近中小尺度系统生成、发展,加剧了锋区前后的气压、温度梯度,形成了锋区前后的巨大压温梯度。在动量下传和梯度偏差风的共同作用下,使近地层风速陡升,掀起地表沙尘,形成沙尘暴或强沙尘暴天气。

3. 缘起

据新华社兰州电在中国科学院寒区旱区环境与工程研究所专家的努力下,一项为探讨沙尘物质的启动、传输机制而专门设立的沙尘暴风洞模拟试验近日顺利完成。

通过试验,专家们发现,土壤风蚀是沙尘暴发生发展的首要环节。风是土壤最直接的动力,其中气流性质、风速大小、土壤风蚀过程中风力作用的相关条件等是最重要的因素。另外,土壤含水量也是影响土壤风蚀的重要原因之一。

这项试验还证明,植物措施是防治沙尘暴的有效方法之一。专家认为植物通常以3种形式来影响风蚀:分散地面上一定的风动量,减少气流与沙尘之间的传递,阻止土壤、沙尘等的运动。

此外,通过试验研究人员得出一条结论:沙尘暴的发生不仅是特定自然环境条件下的产物,而且与人类活动有对应关系。人为过度放牧、滥伐森林植被,工矿交通建设尤其是人为过度垦荒破坏地面植被,扰动地面结构,形成大面积沙漠化土地,直接加速了沙尘暴的形成和发育。

4."元凶"

沙尘暴的"元凶"为大气环流。

北京春天里发生沙尘暴的短暂一幕,只不过是中国北方连绵约30万km^2的黄土高原在二三百万年中每年都要经历的天气过程,所不同的是,后者的风力更强,刮风的时间更长(可以持续几天),沙尘的来源并不是50 m开外的十字路口,而是上百千米以外的沙漠和戈壁。

印度板块向北移动与亚欧板块碰撞之后,印度大陆的地壳插入亚洲大陆的地壳之下,并把后者顶托起来。从而喜马拉雅地区的浅海消失了,喜马拉雅山开始形成并渐升渐高,青藏高原也被印度板块的挤压作用隆升起来。这个过程持续6 000多万年以后,到了距今大约240万年前,青藏高原已有2 000 m高了。

地表形态的巨大变化直接改变了大气环流的格局。在此之前,中国大陆的东边是太平洋,北边的西伯利亚地区和南边的喜马拉雅地区分别被浅海占据着,西边的地中海在当时也远远伸入亚洲中部,所以平坦的中国大陆大部分都能得到充足的海洋暖湿气流的滋润,气候温暖而潮湿。中国西北部和中亚内陆大部分为亚热带地区,并没有出现大范围的沙漠和戈壁。然而,东西走向的喜马拉雅山挡住了印度洋暖湿气团的向北移动,久而久之,中国的西北部地区越来越干旱,渐渐形成了大面积的沙漠和戈壁。这里就是堆积起了黄土高原的那些沙尘的发源地。体积巨大的青藏高原正好耸立在北半球的西风带中,240万年以来,它的高度不断增长着。青藏高原的宽度约占西风带的1/3,把西风带的近地面层分为南北两支。南支沿喜马拉雅山南侧向东流动,北支从青藏高原的东北边缘开始向东流动,这支高空气流常年存在于3 500~7 000 m的高空,成为搬运沙尘的主要动力。与此同时,由于青藏高原隆起,东亚季风也被加强了,从西北吹向东南的冬季风与西风急流一起,在中国北方制造了一个黄土高原。

在中国西北部和中亚内陆的沙漠与戈壁上,由于气温的冷热剧变,这里的岩石比别处能更快地崩裂瓦解,成为碎屑,地质学家按直径大小依次把它们分成:砾(大于2 mm),沙(2~0.05 mm),粉沙(0.05~0.005 mm),黏土(小于0.005 mm)。黏土和粉沙颗粒,能被带到3 500 m以上的高空,进入西风带,被西风急流向东南方向搬运,直至黄河中下游一带才逐渐飘落下来。

二三百万年以来,亚洲的这片地区从西北向东南搬运沙土的过程从来没有停止过,沙土大量下落的地区正好是黄土高原所在的地区,连五台山、太行山等华北许多山的顶上都有黄土堆积。当然,中国北部包括黄河在内的几条大河以及数不清的沟谷对地表的冲刷作用与黄土的堆积作用正好相反,否则的话,黄土高原一定不会是现在这样,厚度不超过409.93 m。太行山以东的华北平原也是沙土的沉降区,但是这里是一个不断下沉的区域,同时又发育了众多河流,所以落下来的沙子要么被河流冲走,要么就被河流所带来的泥沙埋葬了。

1966～1999年间，发生在中国的持续两天以上的沙尘暴竟达60次。中科院刘东生院士认为，黄土高原应该说是沙尘暴的一个实验室，这个实验室积累了过去几百万年以来沙尘暴的记录。中国西北部沙漠和戈壁的风沙漫天漫地洒过来，每年都要在黄土高原上留下一层薄薄的黄土。

（二）沙尘暴的特征

（1）沙尘暴天气主要发生在春末夏初季节，这是由于冬春季干旱区降水甚少，地表异常干燥松散，抗风蚀能力很弱，在有大风刮过时，就会将大量沙尘卷入空中，形成沙尘暴天气。

（2）从全球范围来看，沙尘暴天气多发生在内陆沙漠地区，源地主要有非洲的撒哈拉沙漠，北美中西部和澳大利亚也是沙尘暴天气的源地之一。

（3）出现时段集中、发生强度大、影响范围广。从1999～2002年春季，我国境内共发生53次（1999年9次，2000年14次，2001年18次，2002年12次）沙尘天气，其中有33次起源于蒙古国中南部戈壁地区，换句话说，就是每年肆虐我国的沙尘，约有六成来自境外。2002年春季，我国北方共出现了12次沙尘天气过程。

三、沙尘暴的分布及危害

（一）沙尘暴的分布

从全球范围来看，沙尘暴天气多发生在内陆沙漠地区，源地主要有非洲的撒哈拉沙漠，北美中西部和澳大利亚也是沙尘暴天气的源地之一。1933～1937年由于严重干旱，在北美中西部就产生过著名的碗状沙尘暴。

中东地区的沙尘暴主要在非洲撒哈拉沙漠南缘地区，从20世纪70年代初到80年代中期，由于连年旱灾以及过量放牧和开垦，造成草场退化，田地荒芜，沙漠化土地蔓延，沙尘暴加剧，人们的生活环境急剧恶化。频繁的沙尘暴还殃及其他地区，有的沙尘被风带过大西洋到达了南美洲亚马孙地区，还有的沙尘被吹到了欧洲。苏联的中亚地区哈萨克斯坦、乌兹别克斯坦及土库曼斯坦都是沙尘暴频繁（≥15/年）影响区，但其中心在里海与咸海之间沙质平原及阿姆河一带。北美洲的沙漠主要分布于美国西部和墨西哥的北部。在与沙漠接壤的荒漠干旱区，沙尘暴时有发生，甚至在大平原上爆发了历史上著名的黑风暴。北美洲沙尘暴发生的原因主要是土地利用不当、持续干旱等。20世纪30年代美国西部大平原发生了一场特大的沙尘暴，被称为黑风暴，在这场美国历史上最严重的沙尘暴中，大平原损失了3亿t的肥沃土壤。浩劫之后，几百万公顷的农田废弃，几十万人流离失所，众多城镇成为了荒无人烟的空城。许多人被迫向加利福尼亚迁移，引发了美国历史上最大的移民潮。

澳大利亚是个干旱国家，陆地面积的74.8%属于干旱和半干旱地区。澳大利亚的中部和西部海岸地区沙尘暴最为频繁，每年平均有五次之多。由于许多地方气候干燥，加上耕作和放牧，土壤表层缺乏植被的覆盖，导致了土地的逐渐沙化，一旦刮起大风，沙尘暴就会发生。

亚洲沙尘暴活动中心主要在约旦沙漠、巴格达与海湾北部沿岸之间的下美索不达米亚、阿巴斯附近的伊朗南部海滨、稗路支到阿富汗北部的平原地带。亚洲中部的荒漠区也在不断扩大,中亚五国是荒漠化比较严重的地区,总面积有近400万km^2。由于人口的快速增加,人为过量灌溉用水,乱砍滥伐森林,超载放牧,草场退化,沙漠化十分严重。中亚地区盐土面积非常辽阔,达到15万km^2,所以造成了沙尘暴和盐尘暴的混合发生。我国西北地区由于独特的地理环境,也是沙尘暴频繁发生的地区,主要源地有古尔班通古特沙漠、塔克拉玛干沙漠、巴丹吉林沙漠、腾格里沙漠、乌兰布沙漠和毛乌素沙漠等。

(二)沙尘暴的危害

沙尘暴天气是强灾害性天气,可造成房屋倒塌、交通供电受阻或中断、火灾、人畜伤亡等,污染自然环境,破坏作物生长,给国民经济建设和人民生命财产安全造成严重的损失和极大的危害。沙尘暴危害主要有以下几个方面。

1. 生态环境恶化

出现沙尘暴天气时狂风裹的沙石、浮尘到处弥漫,凡是经过地区空气浑浊,呛鼻迷眼,呼吸道等疾病人数增加。如1993年5月5日发生在金昌市的强沙尘暴天气,监测到的室外空气含尘量为1 016 mm/cm^3,室内为80 mm/cm^3,超过国家规定的生活区内空气含尘量标准的40倍。

2. 生产生活受影响

沙尘暴天气携带的大量沙尘蔽日遮光,天气阴沉,造成太阳辐射减少,几个小时到十几个小时恶劣的能见度,容易使人心情沉闷,工作学习效率降低。轻者可使大量牲畜患染呼吸道及肠胃疾病,严重时将导致大量"春乏"牲畜死亡,刮走农田沃土、种子和幼苗。沙尘暴还会使地表层土壤风蚀、沙漠化加剧,覆盖在植物叶面上厚厚的沙尘,影响正常的光合作用,造成作物减产。沙尘暴还使气温急剧下降,天空如同撑起了一把遮阳伞,地面处于阴影之下变得昏暗、阴冷。

3. 生命财产损失

1993年5月5日,发生在甘肃省金昌市、武威市、武威市民勤县、白银市等地市的强沙尘暴天气,受灾农田253.55万亩,损失树木4.28万株,造成直接经济损失达2.36亿元,死亡50人,重伤153人。2000年4月12日,永昌、金昌、武威、民勤等地市强沙尘暴天气,据不完全统计,仅金昌、武威两地市直接经济损失达1 534万元。

4. 影响交通安全(飞机、火车、汽车等交通事故)

沙尘暴天气经常影响交通安全,造成飞机不能正常起飞或降落,使汽车、火车车厢玻璃破损、停运或脱轨。

5. 危害人体健康

当人暴露于沙尘天气中时,含有各种有毒化学物质、病菌等的尘土可透过层层防护进入到口、鼻、眼、耳中。这些含有大量有害物质的尘土若得不到及时清理,将对这些器官造成损害或病菌以这些器官为侵入点,引发各种疾病。沙尘暴的危害虽然甚多,但整个沙尘暴的过程却也是自然生态系统所不能或缺的部分,例如澳大利亚的赤色沙暴中所夹带来的大量铁质已证明是南极海浮游生物重要的营养来源,而浮游植物又可消耗大量的二氧化碳,以减缓温室效应的危害,因此沙暴的影响层级并非全为负面。或许在另一层面来说,沙尘暴也许也是地球为了应对环境变迁的一种症候,就像我们感冒了会发生咳嗽是为了排除气管中的废物一样。为研究沙暴提供塔斯曼海养分以及其他诸多效应等,澳大利亚曾汇集了许多气候学者。他们发现澳大利亚沙暴的红色石英沉积物也可在新西兰找到,并且肥沃了新西兰的土地;因此澳大利亚沙尘暴所造成的养分损失却可造成新西兰土地的养分收获。而像是夏威夷当地肥沃的土壤沉积物根据分析资料也可证明有许多的养料成分是来自遥远的欧亚大陆内部。正因为两地相隔万里,普通的风无法把内陆的尘埃吹到这么遥远的地方,因此正是沙尘暴细小却包含养分的尘土携上 3 000 m 高空,穿越大洋,再播种,一般把它们撒下来。除了夏威夷群岛,科学家还发现,地球上最大的绿肺——亚马孙盆地的雨林也得益于沙尘暴,它的一个重要的养分来源也是空中的沙尘。沙尘暴能把盘石变得葱葱郁郁的秘密在于,沙尘气溶胶含有铁离子等有助于植物生长的成分。此外,由于沙尘暴多诞生在干燥高盐碱的土地上,沙尘暴所挟带的一些土粒当中也经常带有一些碱性的物质,所以往往可以减缓沙尘暴附近沉降区的酸雨作用或土壤酸化作用。中国科学院大气物理研究所的王自发先生曾说:“沙尘暴的确降低了酸雨的酸性。”

四、我国沙尘暴的状况

经统计,特大沙尘暴在中国发生过 8 次,波及的范围愈来愈广,造成的损失愈来愈重。现将 20 世纪 90 年代以来中国出现的几次主要大风和沙尘暴天气的有关情况介绍如下:①1993 年 4 月至 5 月上旬,北方多次出现大风天气。4 月 19 日至 5 月 8 日,甘肃、宁夏、内蒙古相继遭大风和沙尘暴袭击。其中 5 月 5 ~ 6 日,一场特大沙尘暴袭击了新疆东部、甘肃河西、宁夏大部、内蒙古西部地区,造成严重损失。②1994 年 4 月 6 日开始,从蒙古国和中国内蒙古西部刮起大风,北部沙漠戈壁的沙尘随风而起,飘浮到河西走廊上空,漫天黄土持续数日。③1995 年 11 月 7 日,山东 40 多个县(市)遭受暴风袭击,35 人死亡,121 人失踪,320 人受伤,直接经济损失达 10 亿多元。④1996 年 5 月 29 ~ 30 日,自 1965 年以来最严重的强沙尘暴袭掠河西走廊西部,黑风骤起,天地闭合,沙尘弥漫,树木轰然倒下,人们呼吸困难,遭受破坏最严重的酒泉地区直接经济损失达 2 亿多元。⑤1998 年 4 月 5 日,内蒙古的中西部、宁夏的西南部、甘肃的河西走廊一带遭受了强沙尘暴的袭击,影响范围很广,波及北京、济南、南京、杭州等地。4 月 19 日,新疆北部和东部吐鄯托盆地遭瞬间风力达 12 级的大风袭击,部分地区同时伴有沙尘。这次特大风灾造成大量财产损失,有 6 人死亡,44 人失踪,256 人受伤。5 月 19 日凌晨,新疆北部地区突遭狂风袭击,阿拉山口、塔城等风口地区风力达 9 ~ 10 级,瞬间风速达每秒 32 m,其他地区风力普遍达到 6 ~ 7 级。狂风刮倒大树,部分地段电力线路被刮断。⑥1999 年 4 月 3 ~ 4 日,呼和浩特地区接连两天发生持续大风及沙尘暴天气。这次沙尘暴的范围从内蒙古自治区的西部地区一直到东部的通辽市南部,瞬时风速为每秒 16 m。伊克昭盟达拉特旗风力最高达到 10 级。⑦2000 年 3 月 22 ~ 23 日,内蒙古自治区出现大面积沙尘暴天气,部分沙尘被大风携至北京上空,加重了扬沙的程度。3 月 27 日,沙尘暴又一次袭击了北京城,局部地区瞬时风力达到 8 ~ 9 级。正在安翔里小区一座两层楼楼顶施工的 7 名工人被大风刮下,两人当场死亡。一些广告牌被大风刮倒,砸伤行人,砸坏车辆。⑧2002 年 3 月 18 ~ 21 日,20 世纪 90 年代以来范围最大、强度最强、影响最严重、持续时间最长的沙尘天气过程袭击了中国北方 140 多万 km^2 的大地,影响人口达 1.3 亿人。

2010 年 3 月 12 日,新疆和田地区今年首次发生强沙尘暴,部分县市出现黑风,一些当地群众称最严重时能见度几乎为零。截至 19 时,和田市区还是昏黄一片。18 时,强沙尘暴已至策勒县,预计 21 时许到达民丰县,覆盖范围达 500 多 km。

2010 年 3 月 19 日 18 时,新疆南疆盆地北部和东部、青海中北部局地、甘肃中部、宁夏北部、陕西北部、内蒙古中西部、河北西北部出现扬沙或沙尘暴天气,其中内蒙古额济纳旗、海力素、临河、乌拉特中旗及青海冷湖出现能见度不足 500 m 的强沙尘暴。

2010 年 4 月 24 日,甘肃遭遇今年第三次区域性的沙尘暴天气过程。敦煌、酒泉、张掖、民勤等 13 个地区出现沙尘暴、强沙尘暴和特强沙尘暴,其中民勤县在当天傍晚时分的能见度接近 0 m。资料显示,这次大风特强沙尘暴是民勤县有气象记录以来最强的一次。由于当地气象部门预报准确及时,灾害天气未造成民勤县人员伤亡,因强风引起的 13 处明火亦被及时扑灭。

在内蒙古阿右旗,34 年来最强的一次沙尘暴使当地农牧业遭到重创。阿拉善盟初步统计表明:目前失踪或死亡的牲畜有 4 000 多头,近 5 万亩农田受灾;上百座蔬菜大棚严重受损;300 多眼水井被掩埋;通信、光电线路也严重受损。

2010 年 4 月 26 日,河北保定、石家庄、衡水、邢台、邯郸和张家口地区有 76 个县(市)遭遇大风袭击,最高风速达 30 m/s,风力为 11 级。冀东南 13 个县市出现沙尘暴、12 个县市出现雷暴,其中平乡、广宗、威县出现能见度小于 500 m 的强沙尘暴。27 日上午,记者从甘肃省民政厅了解到,甘肃省武威等六市遭受强沙尘暴灾害,共造成直接经济损失 9.37 亿元。

第四节　极端天气

一、极端天气的概念及分类

(一)极端天气的概念

极端天气(气候)事件是指天气(气候)的状态严重偏离其平均态,在统计意义上属于不易发生的事件。通俗地讲,极端天气(气候)事件指的是 50 年一遇或 100 年一遇的小概率事件。

按照世界气象组织的规定,当气候要素(气压、气温、湿度等)的时、日、月、年值达到 25 年一遇,或者与相应的 30 年平均值之差超过标准差的 2 倍时,就可以将此归为极端天气。随着全球气候变暖,极端天气(气候)事件特别是强降雨、高温热浪等的出现频率发生变化,呈现出增多增强的趋势。

从概率论上来说,如果某一地区或地点的气温在多年平均条件下呈正态分布,那么在平均温度处的天气出现的概率最大,偏冷和偏热天气出现的概率较小,极冷或极热的天气出现的可能性更小。

由于全球气候变暖的影响,该地气温的平均值增加,这时偏热天气出现的概率将明显增加,并且原来很少出现的极热天气现在也可能频繁出现,高温热浪等极端事件将变得频繁;若气温变化的方差增大,则极端天气将出现得更为频繁。

（二）极端天气的分类

极端天气从温度角度划分为热浪和寒潮。

1. 热浪

在气象上，高温通常指日最高气温达到或超过 35 ℃的天气，当日最高温大于等于 35 ℃时，被称为高温日；当连续 5 d 以上的最高气温大于或等于 35 ℃时，被称为持续高温；当一个月内高温天气超过 5 d，则称该月为高温月。就全球范围来看，高温酷暑天气具有明显的地域特点。

2. 寒潮

寒潮天气是一种大范围剧烈降温现象，一般出现在每年秋末至次年初春之间，侵入我国以后数日之内就可从北向南横扫全国。我国的西北地区东部、华北地区、东北地区的大部分、黄淮地区、江淮地区、江南地区等都受其影响。寒潮所经之处，将相继出现降温、大风、雨雪或冰冻天气，影响的范围广。

二、极端天气的成因及特征

（一）极端天气的成因

从气象学原理上来说，全球变暖使得地表气温升高，较高的温度引起水面蒸发加大、水循环速率加快，这将使风暴的能量更强，更多降水将在更短时间内完成，这可能增加大暴雨和极端降水事件以及局部洪涝出现的频率，个别地区龙卷风、强雷暴以及狂风和冰雹等强对流天气也会增多。

另外，由于从植物、土壤、湖泊和水库的蒸发加快，水分耗损增加，再加上气温升高，一些地区将遭受更频繁、更持久或更严重的干旱；大气水分的增多，也可能使一些较寒冷地区暴风雪的强度和频率增加。

大气环流的内部动力过程、北大西洋地区海表温度的异常分布形态和印度洋海温相对偏低等因素，为中高纬度大气环流不稳定、印度季风的阶段性偏强提供了条件。在这些因素的影响下，一方面欧洲的英国、德国、俄罗斯一带处于迅速发展的低气压系统影响控制下，常出现狂风、暴雨等极端天气；另一方面在亚洲的印度出现夏季风阶段性偏强的特点，使印度大陆地区强降水天气过程频发。

（二）极端天气的特征

（1）极端最高温度变化趋势较小，大部分地区不显著。成片的增温主要出现于高原地区，尽管不都显著。高原站点普遍增温的原因值得进一步研究。中国东部多呈现降温，这一形态与过去用季和年平均资料分析结果类似，可能与工业排放气溶胶在日间影响较大且在中国东部的降温效应较大有关。

（2）极端最低温度普遍增高，尤其北方广大地区 50 年增长幅度达到 5 ℃以上，个别站甚至达到 10 ℃，是近年来暖冬盛行的一个数值化特征。5 ℃增温等值线的形态正是中国冬季寒潮最直接影响到的范围，说明近几十年高纬度亚洲大陆冬季强冷空气活动减弱。关于全球温度变化的分析也表明，近几十年亚洲北部大陆的确是增温最为剧烈的地区，这是中国特别是北方地区极端气候变化的一大背景。除西南部分地区外，南方极端最低温度增长 2 ℃左右。

三、极端天气的分布及危害

（一）热浪的分布及危害

高温酷暑天气具有明显的地域特点，就全球范围来看，世界上高温热浪灾害最严重的地区是南亚次大陆的中北部地区，其次是非洲北部、西亚、美国中部及南欧等地。而就中国而言，高温酷暑一般在华南、华东、华中、华北地区出现的频率较高，尤其是在长江中下游地区。著名的长江流域“三大火炉”南京、武汉和重庆，常年高温天气分别为15.8 d、21 d和34.8 d。我国高温酷暑与副热带高压活动有密切关系。副热带高压控制下盛行下沉气流，天气晴朗少云。其控制时间越长，高温酷暑天气越严重。通常情况下，我国高温气候区随副热带高压的移动而移动。

高温酷暑天气会对人们日常生活以及工农业生产产生重大影响，尤其对人体健康、交通、用水用电、农作物生长等方面的影响更为严重。有关研究表明：环境温度高于28 ℃时，人们就会感觉不适，温度再高容易导致烦躁、中暑、精神紊乱等症状；当气温持续高于34 ℃时，还容易导致一系列疾病，特别是心脏病、脑血管和呼吸系统的发病率上升，死亡率明显增加。特别是极端高温引发的热浪会导致严重灾害，例如：1985年5月印度拉贾斯坦邦遭热浪袭击，导致1 359人丧生；1998年7月美国一些地方出现酷热，导致136人死亡、43亿美元损失。

高温酷暑会使用水、用电量激增，容易引发供电、供水中断事故。极端高温事件又往往与特大干旱相伴而来，引发大规模火灾、粮食减产等，严重威胁人们的生命及能源、水资源和粮食安全问题等。

（二）寒潮的分布及危害

寒潮大风是由寒潮天气引起的大风天气。寒潮大风涉及面较广，我国北方地区的内蒙古、甘肃、宁夏、陕西北部、山西北部、河北、河南北部以及黑龙江、吉林和辽宁等地均是寒潮大风频发的地区，淮河以南到我国南海中部海域也可以出现寒潮大风。寒潮大风主要是偏北大风，风力通常为5～6级，当冷空气强盛或地面低压强烈发展时，风力可达7～8级，瞬时风力会更大。

中国寒潮大风地理分布广泛，可遍及全国，年大风频次（日数）分布具有区域性特征，多数地区大风年平均日数为20～70 d，西北地区、华北、东北地区和青藏高原为10～75 d，西南地区、华南及长江流域为3～25 d。全国有三个大风日数高频区：第一个是青藏高原，年大风日数达75～100 d及以上，是我国范围最大的大风天气高发区，经常引起雪域高原出现大风灾害，影响牧业生产。第二个是内蒙古北部和新疆西北部，该地区是寒潮入侵的必经之路，尤其内蒙古北部地势平坦，寒潮大风畅行无阻，大风日数多达50～80 d，导致该地区风沙及风蚀沙化非常严重，对农牧业生产影响很大。第三个大风高频区是东北地区的松辽平原，大风日数为25～50 d，该地区是东北气旋发展加强的区域，并且其西部有大兴安岭和内蒙古高原，东部有小兴安岭和长白山，大地形的狭管效应增强了风力。该地区春季寒潮大风频繁，常造成春旱，影响春播生产。我国寒潮大风的季节日数分布有明显的季节差异。大多数地区春季大风日数多于冬季和秋季，夏季大风日数最少。

寒潮带来的雨雪和冰冻天气对交通运输危害不小。如1987年11月下旬的一次寒潮过程，使哈尔滨、沈阳、北京、乌鲁木齐等铁路局所管辖的不少车站道岔冻结，铁轨被雪埋，通信信号失灵，列车运行受阻。雨雪过后，道路结冰打滑，交通事故明显上升。寒潮袭来对人体健康危害很大，大风降温天气容易引发感冒、气管炎、冠心病、肺心病、中风、哮喘、心肌梗死、心绞痛、偏头痛等疾病，有时还会使患者的病情加重。

在寒潮过程中，最突出的天气是降雪(雨)、大风和剧烈降温。冬季适量的积雪覆盖对于农作物越冬、增加土壤水分、冻死害虫卵、减轻大气污染等是有益的，但寒潮带来过多的降雪，甚至连续数天或十多天的暴风雪，就会造成灾害。在牧区，由于寒潮暴风雪而酿成的“白灾”，牧草被雪深埋，牲畜吃不上鲜草，干草供应不上，造成冻饿或因而染病，发生大量死亡，对畜牧业危害很大。雪灾可能发生期的长短是由积雪开始期和终止期决定的。积雪初日越早，终日越晚，雪灾发生期就越长，反之亦然。中国大部分牧区雪灾可能发生始期在10~11月，终期在3~4月，可能发生期约6个月。但各地雪灾可能发生始期差异较大，平原区一般是从东北向西南推迟，山地和高原牧区则随海拔高度的增加而提前。终止期和始期正好相反，从东北向西南逐渐提前，山地和高原牧区随海拔高度的增加而推迟，在青藏高原中部海拔4 500 m以上的高寒牧区，雪灾可能发生期从8月中旬到次年7月中旬，几乎整年都可发生。积雪期的长短只反映雪灾可能发生期，而是否形成雪灾还要看积雪深度、密度、牧草高度和畜牧本身状况。据牧区的调查分析，中国牧区雪灾实际发生的主要时段在10月到次年5月，主要发生期在11月和3~4月，分别占年总次数的50%和40%左右。由于11月的雪量大，表层积雪可日融夜冻，形成冰壳，牲畜不易破冰雪采食，造成“饿灾”。3~4月牲畜膘情最差，部分牧区又处于接羔保育期，此期冷空气活动最为频繁，一旦发生雪灾，牲畜损失大。此外，雪灾危害的程度和所造成的经济损失还因各种牲畜的生理特性以及抗灾能力存在较大的差异。

第五节　强对流天气

一、强对流天气的概念及分类

(一)强对流天气的概念

强对流天气是指发生突然、天气剧烈、破坏力极大，常伴有雷雨大风、冰雹、龙卷风、局部强降雨等强烈对流性的灾害性天气。它发生在对流云系或单体对流云块中，在气象上属于中小尺度天气系统。这种天气的水平尺度一般小于200 km，有的仅有几千米，是气象灾害中历时短、天气剧烈、破坏性强的灾害性天气。

强对流天气是指出现短时强降水、雷雨大风、龙卷风、冰雹等现象的灾害性天气，可分为龙卷风、冰雹、雷雨大风和短时强降水等种类。强对流天气灾害是因发生强对流天气而造成的灾害。

强对流天气发生于中小尺度天气系统，空间尺度小，一般水平范围大约在十几至二三百千米，有的水平范围只有几十米至十几千米。其生命史短并带有明显的突发性，为一至十几小时，较短的仅有几分钟至一小时。

强对流天气来临时，经常伴随着电闪雷鸣、风大雨急等，暴雨、局地洪涝、山地灾害多，北方冰雹、雷雨大风灾害多的特点,致使房屋倒毁,庄稼树木受到摧残,电信交通受损,甚至造成人员伤亡等。

(二)强对流天气的分类

1. 龙卷风

龙卷风是一种强烈的、小范围的空气涡旋,是在极不稳定天气下由空气强烈对流运动而产生的,由雷暴云底伸展至地面的漏斗状云(龙卷)产生的强烈的旋风,其风力可达12级以上,最大可达100 m/s以上,一般伴有雷雨,有时也伴有冰雹。

龙卷风是大气中最强烈的涡旋现象,影响范围虽小,但破坏力极大。它往往使成片庄稼、成万株果木瞬间被毁,令交通中断,房屋倒塌,人畜生命遭受损失。龙卷风的水平范围很小,直径从几米到几百米,平均为250 m左右,最大为1 km左右。在空中直径可有几千米,最大有10 km。极大风速每小时可达150~450 km,龙卷风持续时间,一般仅几分钟,最长不过几十分钟,但造成的灾害很严重。

2. 冰雹

冰雹是从雷雨云中降落的坚硬的球状、锥状或形状不规则的固体降水。常见的冰雹大小如豆粒,直径2 cm左右,大的像鸡蛋那么大(直径约10 cm),特大的可达30多cm以上。冰雹是由于冰晶或雨滴在对流的积雨云中几上几下翻滚凝聚而降落的固体降水。它通常是产生在系统性的锋面活动或热带气旋登陆影响过程中,但也有局部性的。

冰雹一般多出现在春夏之交、空气对流发展旺盛的午后,且多出现在内陆山区。在垂直发展旺盛的积雨云中都有冰雹存在,但冰雹要在落地之前不被融化,云中的冰雹就必须增至足够大。空气中很强的具有明显起伏的上升气流能使冰雹在空气中反复升降而增大。

3. 雷雨大风

雷雨大风指在出现雷、雨天气现象时,风力达到或超过8级的天气现象。当雷雨大风发生时,乌云滚滚,电闪雷鸣,狂风夹伴强降水,有时伴有冰雹,风速极大。它涉及的范围一般只有几千米至几十千米。

4. 短时强降水

短时强降水是指短时间内降水强度较大,其降雨量达到或超过某一量值的天气现象。这一量值的规定,全国各地气象台站不尽相同。

二、强对流天气的成因及特征

(一)强对流天气的成因

强对流其实是空气强烈的垂直运动而导致出现的天气现象。最典型的就是夏季午后的强对流天气:白天地面不断吸收太阳发出的短波辐射,温度上升,并且放出长波辐射加热大气。当近地面的空气从地球表面接受到足够的热量时,就会膨胀,密度减小,这时大气处于不稳定的状态。这就像水缸里的油和水一样,当密度较小的油处于水缸底部而水处于上部时,一定会产生强烈的上升运动,最终油会浮到水面上。同理,近地面较热的空气在浮力作用下上升,并形成一个上升的湿热空气流。当上升到一定高度时,由于气温下降,空气中包含的水蒸气就会凝结成水滴。当水滴下降时,又被更强烈的上升气流携升,如此反复不断，小水点开始积集成大水滴，直至高空气流无力支持其重量，最后下降成雨。这也是夏天雷雨不像春雨那样细雨绵绵、水滴较大的原因。

当然，各类强对流天气形成的物理过程是不完全相同的，这与下垫面的动力和热力作用的影响有很大的关系，而且强对流天气是以大尺度天气系统为背景的，大尺度天气系统影响或决定着中小尺度天气系统的生成、发展和移动过程。比如说梅雨期间，大范围的冷暖空气交汇形成梅雨锋雨带，如果配合上地形等有利条件，就会在局部地区产生暴雨。

（二）强对流天气的特征

强对流天气是以大尺度天气系统为背景的，大尺度天气系统影响或决定着中小尺度天气系统的生成、发展和移动的过程，而中小尺度天气系统又对大尺度天气系统有反馈作用。就广东省而言，强对流天气的特点主要表现在以下几个方面：

①发生季节早、结束迟。广东的强对流天气一般 2 月开始发生，至 9 月以后逐渐减少，个别年份可提前在 1 月出现，推迟至 10～12 月结束。

②强度大、破坏性强。广东的强对流天气与其他地区强对流天气一样，具有垂直方向速度大、突发性强、破坏力大的特点，如出现强对流天气，一些过程的瞬时风速达 12 级或以上，甚至超过 100 m/s。

③水平尺度小，生命史短强。强对流天气是广东各种自然灾害中出现次数最多的一种灾害性天气，大风、飑线、冰雹和龙卷风出现均较频繁。例如，有的年份，一天内竟降冰雹 4 次，最长降雹时间可持续 0.5 h；有的月份，全省可出现持续多日降雹。强对流天气的水平尺度小，一般小于 200 km，有的仅几千米。生命史短，一般仅几小时至几十小时。此外，它还有气象要素梯度大以及非地转平衡、非静力平衡的基本特征。对流天气易于在某些特定的地区形成和发展，如山脉两侧、海陆边界、湖泊周围、沼泽地带等。因此，各类强对流天气形成的物理过程是不完全相同的，这与下垫面的动力和热力作用的影响有很大的关系。

三、强对流天气的分布及危害

（一）强对流天气的分布

强对流天气是一种特殊的天气状况，常引发冰雹、雷电灾害、龙卷风等。强对流天气在各地出现的时间不一样，南方要比北方来得早，广东的强对流天气全年都可能出现。

雷雨大风多发生在春、夏、秋三季，冬季较为少见。短时强降水一年四季都可见，也以春、夏、秋三季为多，多发生在我国东南地区以及长江流域。

龙卷风一般发生在春夏过渡季节或夏秋之交（4～10 月），以前者居多。飑线多发生在春夏过渡季节冷锋前的暖区中，台风前缘也常有飑线出现，以 3～9 月居多。冰雹大多出现在冷暖空气交汇激烈的 2～5 月，也可在盛夏强烈而持久的雷暴中降落。多发生在我国东部沿海地区，尤其是福建、浙江、江苏等省。

（二）强对流天气的危害

强对流天气发生在对流云系或单体对流云块中，在气象上属于中小尺度天气系统。这种天气的水平尺度一般小于 200 km，有的仅有几千米。这种天气破坏力很强，它是气象灾害中历时短、天气剧烈、破坏性强的灾害性天气。世界上把它列为仅次于热带气旋、地震、洪涝之后第四位具有杀伤性的灾害性天气。

强对流天气灾害大体上可将其归纳为风害、涝害、雹害。强对流天气发生时,往往几种灾害同时出现,对国计民生和农业生产影响较大。

飑线、龙卷风和雷雨大风最突出的气象要素之一是强风。尽管飑线的水平尺度小,但在其影响的范围内都将发生强大的风、雨灾害,可导致树木折倒,房屋掀翻,瓦砾飞行,人畜受伤受害,庄稼倒伏。由于各类强对流天气有各自的发生季节和发生特点,农业生产为户外作业,又是根据季节来安排的,所以强对流天气对农业生产中的各类作物的危害不尽相同。上述的洪涝、强风、雹是强对流天气灾害中影响农业生产的主要几种危害。强对流天气对农业生产的直接危害是外力摧毁庄稼,间接危害是由内涝诱发和传播病虫害致庄稼减产甚至绝收。

随着人民生活水平的提高及经济建设的发展,因强对流天气的发生而造成的损失也就更加严重。强对流天气灾害与强对流天气的类型、影响范围和持续时间是密切相关的。

第六节　全球变化与气象灾害

一、全球变化的概念

全球变化是指由于自然和人为的因素而造成的全球性的环境变化,主要包括气候变化、大气组成变化(如 CO_2 浓度及其他温室气体的变化),以及由于人口、经济、技术和社会的压力而引起的土地利用的变化三个方面。

二、全球变化的影响

全球变化可能改变地球承载生物能力的全球环境变化。其内容概括为:

(1)温室气体的增加;

(2)全球变暖引起的海平面升高、降水模式的改变等;

(3)臭氧层受到破坏,南北极上空的空洞出现;

(4)酸雨的危害;

(5)人类活动引起的植被破坏,生物多样性的减少,水土流失,荒漠化等。

三、全球变化与气象灾害

(一)变化趋势

在地质历史上,地球的气候发生过显著的变化。1 万年前,最后一次冰河期结束,地球的气候相对稳定在当前人类习以为常的状态。地球的温度是由太阳辐射照到地球表面的速率和吸热后的地球将红外辐射线散发到空间的速率决定的。从长期来看,地球从太阳吸收的能量必须同地球及大气层向外散发的辐射能相平衡。大气中的水蒸气、二氧化碳和其他微量气体,如甲烷、臭氧、氟利昂等,可以使太阳的短波辐射几乎无衰减地通过,却可以吸收地球的长波辐射。因此,这类气体有类似温室的效应,被称为“温室气体”。温室气体吸收长波辐射并再反射回地球,从而减少向外层空间的能量净排放,大气层和地球表面将变得热起来，这就是“温室效应”。大气中能产生温室效应的气体已经发现近30种，其中二氧化碳起重要的作用，甲烷、氟利昂和氧化亚氮也起相当重要的作用。从长期气候数据比较来看，在气温和二氧化碳之间存在显著的相关关系。国际社会所讨论的气候变化问题，主要是指温室气体增加产生的气候变暖问题。

20世纪以来所进行的一些科学观测表明，大气中各种温室气体的浓度都在增加。1750年之前，大气中二氧化碳含量基本维持在280×10^{-6}。工业革命后，随着人类活动，特别是消耗的化石燃料（煤炭、石油等）的不断增长和森林植被的大量破坏，人为排放的二氧化碳等温室气体不断增长，大气中二氧化碳含量逐渐上升，每年大约上升1.8×10^{-6}（约0.4%），已上升到近360×10^{-6}。从测量结果来看，大气中二氧化碳的增加部分约等于人为排放量的一半。按照政府间气候变化小组（IPCC）的评估，在过去一个世纪里，全球表面平均温度已经上升了0.3～0.6 ℃，全球海平面上升了10～25 cm。许多学者的预测表明，到21世纪中叶，世界能源消费的格局若不发生根本性变化，大气中二氧化碳的浓度将达到560×10^{-6}，地球平均温度将有较大幅度的增加。政府间气候变化小组1996年发表了新的评估报告，再次肯定了温室气体增加将导致全球气候的变化。依据各种计算机模型的预测，如果二氧化碳浓度从工业革命前的280×10^{-6}增加到560×10^{-6}，全球平均温度可能上升1.5～4 ℃。

（二）将引发的气象灾害

世界各国出现了几百年来历史上最热的天气，厄尔尼诺现象也频繁发生，给各国造成了巨大经济损失。发展中国家抗灾能力弱，受害最为严重，发达国家也未能幸免于难，1995年芝加哥的热浪引起500多人死亡，1993年美国一场飓风就造成400亿美元的损失。20世纪80年代，保险业同气候有关的索赔是140亿美元，1990～1995年间就几乎达500亿美元。这些情况显示出人类对气候变化，特别是气候变暖所导致的气象灾害的适应能力是相当弱的，需要采取行动防范。按一些发展趋势，科学家预测有可能出现的影响和危害有：

（1）海平面上升。全世界大约有1/3的人口生活在沿海岸线60 km的范围内，经济发达，城市密集。全球气候变暖导致的海洋水体膨胀和两极冰雪融化，可能在2100年使海平面上升50 cm，危及全球沿海地区，特别是那些人口稠密、经济发达的河口和沿海低地。这些地区可能会遭受淹没或海水入侵，海滩和海岸遭受侵蚀，土地恶化，海水倒灌和洪水加剧，港口受损，并影响沿海养殖业，破坏供排水系统。

（2）影响农业和生态。随着二氧化碳浓度的增加和气候变暖，可能会增加植物的光合作用，延长生长季节，使世界一些地区更加适合农业耕作。但全球气温和降雨形态的迅速变化，也可能使世界许多地区的农业和自然生态系统无法适应或不能很快适应这种变化，使其遭受很大的破坏性影响，造成大范围的森林植被破坏和农业灾害。

（3）加剧其他灾害。气候变暖导致的气候灾害增多可能是一个更为突出的问题。全球平均气温略有上升，就可能带来频繁的气候灾害：过多的降雨、大范围的干旱和持续的高温，造成大规模的灾害损失。有的科学家根据气候变化的历史数据，推测气候变暖可能破坏海洋环流，引发新的冰河期，给高纬度地区造成可怕的气候灾难。

（4）影响人类健康。气候变暖有可能加大疾病危险和死亡率，增加传染病。高温会给人类的循环系统增加负担,热浪会引起死亡率的增加。由昆虫传播的疟疾及其他传染病与温度有很大的关系,随着温度的升高,可能使许多国家疟疾、淋巴腺丝虫病、血吸虫病、黑热病、登革热、脑炎增加或再次发生。在高纬度地区,这些疾病传播的危险性可能会更大。

(5)对我国的影响。从中外专家的一些研究结果来看,总体上我国的变暖趋势冬季将强于夏季;在北方和西部的温暖地区以及沿海地区降雨量将会增加,长江、黄河等流域的洪水暴发频率会更高;东南沿海地区台风和暴雨也将更为频繁;春季和初夏许多地区干旱加剧,干热风频繁,土壤蒸发量上升。农业是受影响最严重的部门,温度升高将延长生长期,减少霜冻,二氧化碳的"肥料效应"会增强光合作用,对农业产生有利影响;但土壤蒸发量上升,洪涝灾害增多和海水侵蚀等也将造成农业减产。对草原畜牧业和渔业的影响总体上是不利的。海平面上升最严重的影响是增加了风暴潮和台风发生的频率与强度,海水入侵与沿海侵蚀也将引起经济和社会的巨大损失。

(6)其他影响。全球气候系统非常复杂,影响气候变化因素非常多,涉及太阳辐射、大气构成、海洋、陆地和人类活动等诸多方面,对气候变化趋势,在科学认识上还存在不确定性,特别是对不同区域气候的变化趋势及其具体影响和危害,还无法作出比较准确的判断。但从风险评价角度而言,大多数科学家断言气候变化是人类面临的一种巨大环境风险。

第七节　气象灾害的防治措施

我国正处于经济社会发展的关键时期,经济体制深刻变革,社会结构深刻变化。自然灾害始终是影响科学发展和社会和谐的重要自然内附。如何加强重大气象灾害发生发展机制研究,提高气象灾害防御能力,如何加强应急体系和机制建设,提高重大气象灾害预防和处置能力,确保人民生命财产安全,确保经济社会可持续发展,不仅是检验气象工作者贯彻落实科学发展观的重要标准,也是各级政府的职责所在。

其中,做好预测和预警,是减轻气象灾害的重要途径。气象减灾作用的大小,既取决于气象灾害本身的特征,也取决于社会功能对气象灾害的承受能力。做好气象减灾工作不仅是业务部门和生产部门的任务,也是全社会的任务,是一项带有推动社会发展和社会进步的综合性系统功能,必须在对社会发展承担责任的各级政府统一领导下进行。要组织做好以下工作:提高全民气象减灾意识,确立综合治理的指导思想,以人为本编制防灾预案,健全社会减灾指挥中心,搞好防御实施和立法工作。

在面对各种气象灾害面前,我们要用不同的防治措施应对。作为公民,我们应做到以下防治措施:

(1)应对台风的措施:

在家里时:①断电;②尽量避免使用电话;③未收到台风离开的报告前,即使出现短暂的平息仍须保持警惕;④如果无法撤离至安全场所,可就近选择在空间较小的室内(如壁橱、厕所等)躲避,或者躺在桌子等坚固物体下;⑤在高层建筑的人员应撤至底层。

在街上时:切勿随意外出。

在海岸附近或海上时：①不要在河、湖、海堤或桥上行走。②海上船舶必须与海岸电台取得联系，确定船只与台风中心的相对位置，立即开船远离台风。③船上自测台风中心大致位置与距离：背风而立，台风中心位于船的左边；船上测得气压低于正常值500 Pa，则台风中心距船一般不超过300 km；若测得风力已达8级，则台风中心距船一般150 km左右。

(2)应对龙卷风的措施：

在家里：①切断电源；②远离门、窗和房屋的外围墙壁，躲到与龙卷风方向相反的墙壁或小房间内抱头蹲下，尽量避免使用电话；③用床垫或毯子罩在身上以免被砸伤；④最安全的躲藏地点是地下室或半地下室。

在街上：①就近进入混凝土建筑底层；②远离大树、电线杆或简易房屋等。

在旷野：①朝与龙卷风前进路线垂直的方向快跑；②来不及逃离的，要迅速找到低洼地趴下，姿势：脸朝下，闭嘴、闭眼，用双手、双臂保护住头部。

(3)应对雷电的措施：

①在路上避雨时不要靠近孤立的高楼、电杆、烟囱、房角房檐，更不能站在空旷的高地上或到大树下躲雨。

②远离开阔地带的金属物品（拖拉机、农具、摩托车、自行车、高尔夫球车及高尔夫球棒等）。

③不要去山顶、开阔地、海滩或船只上。

④不要待在开阔地单独的屋棚或其他小建筑内。

⑤有条件的家庭最好安装家用电器过电压保护器（又名避雷器）。

(4)应对冰雹的措施：

①关好门窗。

②妥善安置易受冰雹大风影响的室外物品。

③户外作业人员暂停作业，到安全地方暂避。

④暂停户外活动，勿随意出行。

(5)应对沙尘暴的措施：

①特别注意收听天气预报。

②出门戴口罩、纱巾等。

③关好门窗，屋外搭建物要紧固。

④多喝水，吃清淡食物。

⑤身处危险地带或危房里的居民应转移到安全地方。

⑥幼儿园、学校、单位应采取暂避措施，必要时须停课、停业。

⑦受影响的机场、高速公路、轮渡码头要注意交通安全，必要时暂时封闭或停航。

⑧不要购买露天食品。

⑨尽量减少外出，暂停户外活动，尽可能停留在安全的地方。

⑩骑车、开车要减速慢行，远离树木和广告牌。

(6)应对高温的措施：

①尽量留在室内，并避免阳光直射；必须外出时要打遮阳伞、穿浅色衣服、戴宽沿帽。

②暂停户外或室内大型集会。

③室内空调温度不要过低；当空调无法使用时，选择其他降温方法，比如向地面洒些水等。

④浑身大汗时不宜立即用冷水洗澡，应先擦干汗水，稍事休息再用温水洗澡。

⑤注意作息时间，保证睡眠；暂停大量消耗体力的工作。

⑥宜吃咸食，多饮凉白开水、冷盐水、白菊花水、绿豆汤等；不要过度饮用冷饮或含酒精的饮料。

(7)应对雪灾的措施：

①汽车减速慢行，路人当心滑倒；必要时封闭道路交通。

②老、幼、病、弱人群不要外出，注意防寒保暖。

③关好门窗，紧固室外搭建物。

④船舶进港避风。

⑤高空、水上等户外人员停止作业。

(8)应对寒潮的措施：

在室内应该：

①注意收听天气预报及紧急状况警报。

②多穿几层轻、宽、舒适并暖和的衣服，尽量留在室内。

③注意饮食规律，多喝水，少喝含咖啡因或酒精的饮料。

④避免过度劳累。

⑤警惕冻伤信号，如手指、脚趾、耳垂及鼻头失去知觉或出现泛苍白色等。如出现类似症状，则应立即采取急救措施或就医。

⑥可使用暖水袋或热宝取暖，但小心被灼伤。

⑦尽量不开车外出。

驾车外出应该：

①走干道。

②不夜间开车，不单独驾驶，不疲劳驾驶。

我国是气象灾害频发的国家，气象灾害造成的损失在各种自然灾害中占有重要比重。随着城市化进程的加快，气象灾害对城市化发展的制约作用日趋明显，加强城市气象灾害管理已成为摆在我们面前的重要任务。

第六章　海啸灾害

第一节　海啸及海啸灾害的分类

一、海洋灾害

海洋灾害是指海洋自然环境发生异常或激烈变化，导致在海上或海岸带发生的严重危害社会、经济和生命财产的事件。海洋灾害按照成因不同可分为风暴潮灾害、海浪灾害、海啸灾害、海冰灾害、赤潮灾害、溢油灾害、重金属污染灾害等。这些灾害对人们的生产生活都有巨大的影响。

（一）风暴潮灾害

风暴潮（storm surges）是指由于强烈的大气扰动，如强风和气压骤变所招致的海面异常升高的现象。若风暴潮结合通常的天文潮，则可能导致海域水位暴涨，酿成巨大的灾难。

风暴潮按其诱发的不同天气系统可分为三种类型：由热带风暴、强热带风暴、台风或飓风引起的海面水位异常升高现象，称为台风风暴潮；由温带气旋引起的海面水位异常升高现象，称为风暴潮；由寒潮或强冷空气大风引起的海面水位异常升高现象，称为风潮；以上三种类型统称为风暴潮。

我国北方有一些个例是北方冷空气与温带气旋相配合的天气形势下发生的，这时海洋水体向岸边堆积，产生的风暴潮强度相当可观。

（二）海浪灾害

海浪灾害，又称"灾难性海浪"，是海洋中由风产生的具有灾害性破坏的波浪（高达6 m以上的海浪），其作用力可达30～40 t/m^2。它给航海、海上施工、渔业捕捞和海上军事活动等带来灾害，使船舶和海上平台倾覆；海浪到近海和岸边，冲击摧毁沿海堤岸、海塘、港口码头和各类建筑物，伴随风暴潮沉损船只，席卷人畜，并致使大片农作物受淹和各种水产养殖品受损，海浪所导致的泥沙运动使海港和航道淤塞。据记载，在一次大风暴中，巨浪曾把1 370 t重的混凝土块移动了10 m，20 t的重物也被它从4 m深的海底抛到了岸上。巨浪冲击海岸能激起60～70 m高的水柱。

（三）海啸灾害

海啸是由水下地震、火山爆发或水下塌陷和滑坡所激起的巨浪。破坏性地震海啸发生的条件是：在地震构造运动中出现垂直运动，震源深度小于20～50 km，里氏震级要大于6.50。而没有海底变形的地震冲击或海底弹性震动可引起较弱的海啸。水下核爆炸也能产生人造海啸。

2004年12月26日发生的印度洋海啸给印尼、斯里兰卡、泰国、印度、马尔代夫等国造成巨大的人员伤亡和财产损失。到 2005 年 1 月 10 日为止的统计数据显示，印度洋大地震和海啸已经造成 15.6 万人死亡，这可能是世界近 200 多年来死伤最惨重的海啸灾难。

（四）海冰灾害

海冰灾害是指由海冰引起的影响到人类在海岸和海上活动实施与设施安全运行的灾害，特别是造成生命和资源财产损失的事件，如航道阻塞、船只及海上设施和海岸工程损坏、港口码头封冻、水产养殖受损等。1969 年渤海特大冰封时期，为解救船只，空军曾在 60 cm 厚的堆积冰层上投放 30 kg 炸药包，结果还没有炸破冰层。而最为著名的海冰灾害事件就是泰坦尼克号海难。这艘号称“就算上帝亲自来也弄不沉”的船，就在海冰的撞击下化为残骸。

（五）赤潮灾害

水域中一些浮游生物暴发性繁殖引起的水色异常现象称为赤潮，它主要发生在近海海域。海水的温度是赤潮发生的重要环境因子，20 ~ 30 ℃是赤潮发生的适宜温度范围。在赤潮发生时，水域多为干旱少雨，天气闷热，水温偏高，风力较弱，或者潮流缓慢等水域环境。在人类活动的影响下，生物所需的氮、磷等营养物质大量进入海洋，引起藻类及其他浮游生物迅速繁殖，大量消耗水体中的溶解氧量，造成水质恶化、鱼类及其他生物大量死亡的富营养化现象，这是引起赤潮的根本原因。

赤潮的发生，破坏了海洋的正常生态结构，因此也破坏了海洋中的正常生产过程，从而威胁海洋生物的生存。人类食用含有毒素的海产品也会造成类似的后果。

（六）溢油灾害

溢油包括原油和从原油分馏成的溶剂油、汽油、煤油、柴油、润滑油、石蜡、沥青等，以及经裂化、催化重整而成的各种产品泄漏。主要是在开采、运输、炼制及使用等过程中流失而直接排放或间接输送入海；是当前海洋中主要的，且易被感官觉察的量大、面广，对海洋生物能产生有害影响，并能损害优美的海滨环境的污染物。

（七）重金属污染灾害

重金属污染灾害包括铬、锰、铁、铜、锌、银、镉、锑、汞、铅等金属和磷、硫、砷等非金属以及酸、碱等，主要来自工业、农业废水和煤与石油燃烧而生成的废气转移入海。这类物质入海后往往是河口、港湾及近岸水域中的重要污染物，或直接危害海洋生物的生存，或蓄积于海洋生物体内而影响其利用价值。1953 ~ 1956 年发生在日本熊本县水俣市的公害事件就是重金属污染灾害的例子。

二、中国海洋灾害情况介绍

中国受到的海洋灾害侵袭较多。以台风为例，生成在西北太平洋的台风，平均每年 30 多个，占全球的 1/3 以上；而影响中国的台风，每年平均就有约 20 个，其中在中国登陆的台风平均每年就多达七八个，我国是世界受台风影响最严重的国家之一。

中国是全球少数几个同时受台风风暴潮和温带风暴潮危害的国家之一，风暴潮灾一年四季，从南到北均可发生。其中，清康熙《三固续识略》中记载的 1696 年发生在上海地区的一次特大风暴潮灾，死亡人数达 10 万人之多；民国《潮州志》记载的 1922 年 8 月袭击广东汕头地区的特大风暴潮灾，经竺可祯先生考证认定的死亡人数超过 7 万人。据不完全统计,仅公元前48年至公元1949年的近2 000年间,有较详细记载的特大风暴潮灾就有576次,一次死亡人数少则上千,多则数万至10多万,是我国最为严重的海洋灾害之一。

据历史记载,2000年以来,我国只发生过10次地震海啸,平均200年左右才出现一次。这表明我国沿海发生地震海啸的可能性很小。这是因为我国海区处于宽广大陆架上,水深较浅大都在200 m以内,不利于地震海啸的形成与传播。从地质构造上来看,我国除郯城——庐江大断裂纵贯渤海外,沿海地区很少有大断裂层和断裂带,在我国海区内很少有岛弧和海沟。中国海区一般没有现今活动的板块俯冲带和海沟构造,垂直差异运动表现不强烈。已发生的地震震源断层多为走滑型。所以,即使我国海区发生较强的地震,一般不会引起海底地壳大面积的垂直升降变化,难以引发海啸。从1969~1978年我国渤海、广东阳江、辽宁海城、河北唐山发生的4次大地震结果来看,尽管地震震级均在6级以上,但从未引发地震海啸。

海冰一直以来都是中国北部的主要海洋灾害之一。2010年中国渤海和黄海北部遭遇到近30年来最严重海冰冰情,因灾直接经济损失达63.18亿元,占全年海洋灾害总经济损失的47.6%,辽宁、河北、天津、山东等沿海三省一市受灾人口6.1万人,船只损毁7 157艘,港口及码头封冻296个,海水养殖受损面积达20.8万hm^2。

在中国的海域中,发生赤潮比较集中的海区有渤海(主要是渤海湾、黄河口和大连湾等地)、长江口(主要包括浙江舟山外海域和象山港等地)、福建沿海、珠江口海域(大亚湾、大鹏湾及香港部分海区等地)。中国最早的赤潮记录见于1952年,费鸿年报告黄河口夜光藻赤潮,香港海域2011年就发生了历史上最严重的一次赤潮。

中国沿岸分布着几个大油田和十几个石油化工企业,跑、冒、滴、漏的石油数量很可观,每年有10多万t石油入海。沿海也有不少化工企业排放含有重金属元素的污水。1989~2008年我国海洋灾害统计情况见表6-1和图6-1。

表6-1 1989~2008年我国海洋灾害统计情况

年份	死亡(失踪)人数(人)	直接经济损失(亿元)	年份	死亡(失踪)人数(人)	直接经济损失(亿元)
1989	522	54	1999	758	52
1990	298	41	2000	79	121
1991	146	23	2001	401	100
1992	102	231	2002	124	66
1993	132	84	2003	128	80
1994	1 248	193	2004	140	54
1995	33	100	2005	371	332
1996	644	290	2006	492	218
1997	220	308	2007	161	88
1998	146	20	2008	152	206

注:本表中有关数据来自国家海洋局网站发布的海洋灾害公报,经汇总计算而成。

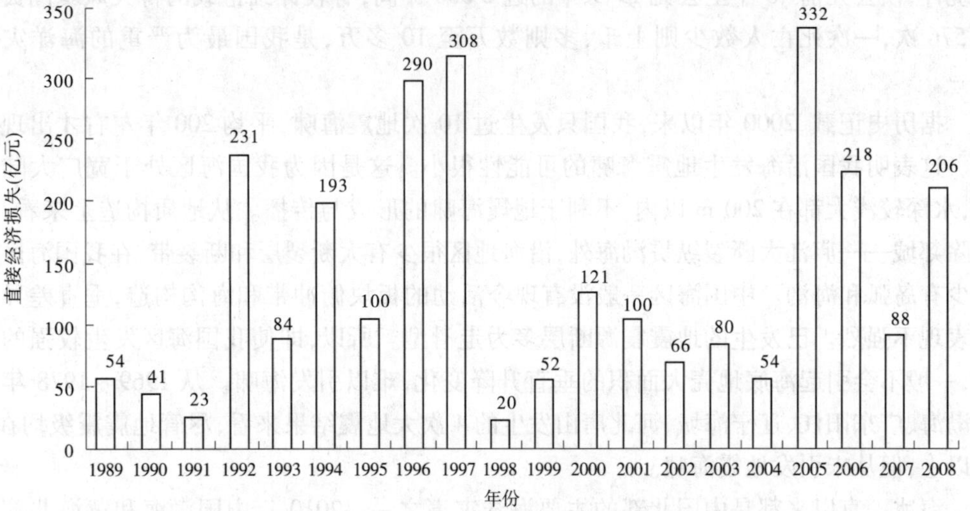

图 6-1　1989～2008 年我国海洋灾害造成直接经济损失统计

三、海啸灾害(tsunami disaster)

海啸灾害是由海底地震、塌陷、滑坡、泥石流、火山喷发等海底地形突然变化所引发的具有超长波长和周期的大洋行波,波长可达数百千米的巨浪,是特大海洋长波(海啸)袭击海岸地带所造成的灾害。海啸是海洋中的浅水波,波长≫海水深度,海啸波的周期可达 1 h,波长可达 700 km。

日本语称海啸为津浪(tsunami)。海啸每小时传播速度达几百千米,周期一般为几分钟。一般海啸在广阔大洋传播过程中,波高很小,波长很大,所以不易被人们察觉;但传播到浅海地区时,发生能最集中,形成巨浪、狂浪或狂涛;到滨岸地带时,海浪进一步陡涨,瞬间形成 10～30 m 巨大的水墙,以排山倒海之势摧毁堤防,涌上陆地,吞没城镇、村庄、耕地。随即海水骤然退出,往往再次涌入,有时反复多次,在滨海地区造成巨大的生命财产损失,见图 6-2。国际上一般用渡边伟夫海啸级表示海啸的大小,分为 -1、0、1、2、3、4,共 6 级,对应的海啸波幅分别为≤0.5 m、1 m、2 m、4～6 m、10 m、≥30 m。当海啸为 1 级时,就可能造成一定的经济损失,故 1 级和 1 级以上的海啸属于破坏性海啸或灾害性海啸。其中,2 级以上海啸常造成人员伤亡,3 级海啸可能会严重成灾,4 级海啸可能成为毁灭性灾害。世界近 80% 的海啸发生在太平洋沿岸,遭袭击最多的是夏威夷,其次是日本。1498 年 9 月 20 日,日本东海道地震引发海啸,浪高 20 m,入侵内陆 2 000 m,造成 2 万人丧生。1792 年 5 月 21 日,日本有明海附近山崩引发海啸,最大波高 50 m,死亡 1.5 万人。1883 年 8 月 27 日,印尼巽他海峡火山爆发引发海啸,最大海啸波高 35 m,死亡 3.6 万人。1896 年 6 月 15 日,日本三陆海啸,浪高 25 m,死亡 2.7 万人。据统计,1900～1983 年间,太平洋沿岸发生海啸 405 次,其中造成重大人员伤亡和财产损失的达 84 次,大约死亡 18 万人。20 世纪以来重大海啸灾难有:1908 年,意大利墨西拿地震引发海啸,死亡 8.3 万人;1933 年 3 月 2 日,日本三陆北海地震引发海啸,死亡 3 000 多人;1960 年 5 月 22 日,智利西海岸发生里氏8.5级地震引发海啸，最大波高25 m，使半座城市变成瓦砾场，死亡数万人，海啸波以每小时700 km的速度横扫太平洋，越过夏威夷，把海堤十几吨重的玄武岩块抛出百米以外，一座钢质铁路桥被推离桥墩200多m，毁坏建筑物500多座，死亡61人，海啸波继续向西，能量仍未减低，在智利地震发生22 h后，海啸波登陆日本，10 m多高的海浪冲上海岸，将船只抛到建筑物之上，造成日本800人死亡，1.5万人无家可归；1992年，印度尼西亚发生里氏7级地震，在印度尼西亚东南部福洛斯岛附近引发海啸，死亡2 500人；1998年，巴布亚新几内亚海底地震引发海啸，巨浪高达49 m，致使2 200人死亡；2004年12月26日，印度尼西亚苏门答腊岛西北海域，在大洋深处发生里氏8.5级地震引发的海啸，袭击了苏门答腊及周围岛屿、泰国南部沿海，1.5 h之后，39 m高的巨浪席卷了斯里兰卡、印度东南部、马尔代夫等地，巨浪还波及非洲东海岸一些国家，给塞舌尔、索马里等国带来了灾难，联合国称之为“近几个世纪以来最严重的自然灾害”。这次海啸造成死亡人数超过21万人，还有13万多人失踪。

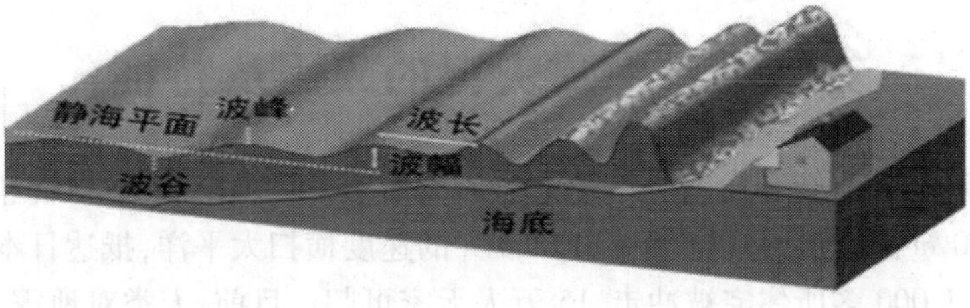

(a)

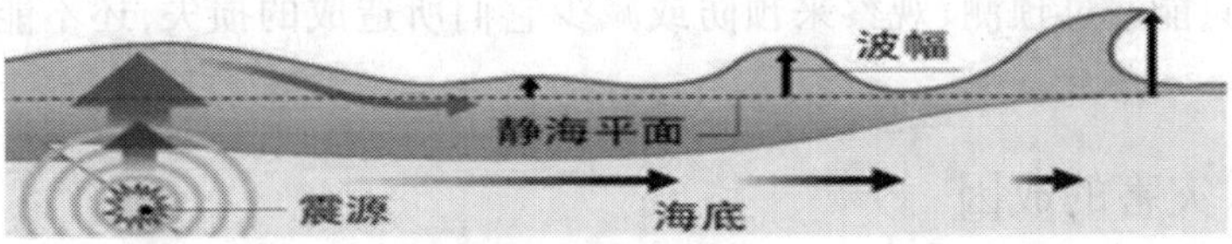

(b)

图6-2　海啸产生示意图

与很多人的直觉不同，在大洋里，海啸引起的海表面变化很小，大多为几十厘米，甚至很难觉察到。不过，因为海啸的传播速度与水深有关，海啸传到浅海后，水深发生变化，再加上海底摩擦的作用，其传播速度会减慢。由此引起的水体堆积会使海表面变化急剧增大。有的时候，由此造成的巨浪甚至可达30 m以上。

四、海啸的类型

海啸分为远洋海啸和本地海啸（又称局地海啸）两类，以本地海啸为主。

（1）本地海啸：海底地震发生在离海岸几十千米或一二百千米以内，海啸波达到沿岸的时间很短，只有几分钟或几十分钟，很难防御，灾害极大，如1755年里斯本地震海啸。

（2）远洋海啸：从远洋甚至横越大洋传播过来的海啸波，波长可达几百千米，海啸波达到沿岸的时间较长，周期为几小时或十几小时，在传播过程中能量衰减很少，因而传播到几千千米以外仍能造成很大的灾害，早期海啸预警系统能有效减轻远洋海啸灾害。例如,1755 年里斯本地震海啸是本地海啸,1960 年智利地震在夏威夷造成的海啸属于远洋海啸。

五、中国发生海啸的可能性

(1)中国近海产生海啸的可能性。

近海的平均深度:渤海 18 m,黄海 44 m,东海 340 m,南海 1 200 m。

因此,中国大部分海域地震产生本地海啸的可能性比较小,只有在南海和东海的个别地方发生特大地震才有可能产生海啸。

(2)太平洋地震产生的远洋海啸对中国海岸的影响。

亚洲东部有一系列的天然岛弧屏蔽了中国的大部分海岸线,中国海域大部分是浅水大陆架地带,向外延伸远,海底地形平缓而宽阔,中国受太平洋方向海啸袭击的可能性不大。

第二节　海啸灾害的成因及特征

1960 年 5 月 22 日智利发生了 8.9 级地震,地震引发巨大的海啸,在智利附近的海面上形成高达 30 m 的海浪,并以 600 ~ 700 km/h 的速度横扫太平洋,抵达日本时海浪仍高达 3 ~ 4 m,使 1 000 多所住宅被冲走,15 万人无家可归。目前,人类对地震、海啸等突如其来的灾变,只能通过预测、观察来预防或减少它们所造成的损失,还不能控制它们的发生。

一、海啸灾害的成因

根据海啸形成的不同情况,科学家将其分为四种类型。其中有海底地震引发的地震海啸,气象变化引起的风暴潮,火山爆发诱发的火山海啸,海底滑坡带来的滑坡海啸。

(一)地震海啸

1. 地震海啸的成因

海啸的产生需要满足三个条件:

(1)深海。深海海底上面具有巨大的水体,地震释放的能量可以转变为巨大水体的波动能量。

(2)大地震。只有 7 级以上的大地震才能产生海啸灾害,小地震产生的海啸形不成灾害。太平洋海啸预警中心发布海啸警报的必要条件:海底地震的震源深度小于 60 km,同时地震的震级大于 7.8 级。并不是所有的深海大地震都产生海啸,只有那些海底发生激烈的上下方向位移的地震才产生海啸。

(3)开阔并逐渐变浅的海岸条件。

海啸的产生是一个比较复杂的问题,具备了上述三个条件但只有一部分地震(占海底地震总数的 1/5 ~ 1/4)能产生海啸,多数人认为只有伴随有海底强烈垂直运动的地震才能产生海啸。

2010年2月27日,当地时间凌晨3时34分,南美洲智利中部近岸发生了里氏8.8级地震。震源深度为55 km,震中距智利第二大城市康赛普西翁100 km,距智利首都圣地亚哥320 km。它在给当地造成重大损失的同时,还引发了巨大的海啸。海啸横扫太平洋,祸及日本东部沿岸地区。据美国有线电视新闻网的解释,形成智利地震的原因是两个板块碰撞和互相挤压的结果。由于两个板块互相挤压形成隆起,海水受到向上的挤压后被迫向四周扩散,因此诱发海啸。

地震是一种自然现象。当地壳的两个板块发生挤压时,压力在板块岩石中聚集,使岩层变形。一旦一方岩石不能支撑,便产生断层,岩石恢复原位,发生回跳,巨大的能量释放激发地震。在地震发生的时候,常伴有火灾、海啸、泥石流、滑坡、环境污染、商业中断、信息丢失和社会功能瘫痪等次生灾害。

地震活动是海啸最主要的原因。在海洋中或在海洋附近,地震海啸是海底发生地震时,海底地形急剧升降变动引起海水强烈扰动。不过,并非所有的海底地震都会引发海啸。能引发海啸的地震,首先是发生在海里的大地震,通常由震源在海底下50 km以内、里氏震级6.5级以上,而且必须是具有垂直运动的逆冲构造型地震。其特点是断层面上部地壳向上移动,下部下降,以垂直运动为主。上部在抬升过程中把海水向上抬,同时又在逆冲方向推动海水作水平运动,从而形成破坏力极强的海啸。

海啸是由海底激烈的地壳变化造成大片水域突然上升或者下降而引起的海洋巨浪,其破坏力极大。海啸掀起的惊涛骇浪高度可达十多米甚至几十米,犹如一堵“水墙”。这堵“水墙”内含有巨大的能量,如果涌向海湾内和海港,冲上陆地,往往对人类生命和财产造成严重威胁。海啸的波长很长,可以传播数千千米而能量损失很小。正因为能量大、波及范围广,所以海啸的杀伤力极强。

地震的发生与板块的运动有直接关系。得到共识的大地构造板块学说认为:全球可划分为六大板块和若干面积较小的板块。板块并不是平板状,特别是那些大型板块,宏观上呈球面状,有点像形状不规则的西瓜皮。球面帽盖状的板块贴伏在地幔软流圈上,沿球面滑动,因而板块是运动的,但板块运动的速率相当缓慢,以至于我们通常难以觉察到板块或大陆在移动。由于板块是运动的,那么,在板块与板块的交接带常发生撕裂、推挤、摩擦错动等相互作用,这是地震的基本成因。

例如,位于苏门答腊岛西南外的地震震中恰处在欧亚板块的南缘,印度洋板块(澳大利亚板块)沿印度洋东北缘的爪哇海沟俯冲于苏门答腊、爪哇等岛屿之下,其下潜速度只比一个人的手指甲生长的速度稍快,约为6 cm/年,照理不会惹是生非。然而,地球上海沟俯冲带的性质并非千篇一律,有的海沟俯冲带,如马里亚纳海沟,太平洋板块沿其比较顺利地下插至西面的菲律宾海板块之下,这里很少发生强烈地震;而苏门答腊西南缘海沟俯冲带的“脾气”却大不一样。印度洋板块向北偏东方向斜插下去,它与上覆的欧亚板块之间的接触带是一条向东北方向倾斜的巨型断层带。如果两板块沿这条断层自由地缓缓滑动的话,本不会对人类构成威胁。不幸的是,在深为5~50 km的一段断层带,上、下两侧板块紧紧地耦合在一起;尽管印度洋板块在缓慢下潜,但这一段被称为发震带的断层却被死死卡住了。断层上方的苏门答腊西南边缘一带在北移的印度洋板块挤压下,年复一年,积聚起越来越大的应变能,以至于上覆板块前缘遭受向下牵引而弯曲拱起。当应变积累、岩石弯曲程度增大到岩石无法承受时,这段被锁住的断层终于突然断开,发生错动,苏门答腊西南缘地块反弹回到原来的位置,这就意味着一场可怕地震的降临。有学者提出,在这次地震中,苏门答腊西南缘的小岛可能向西南方向移动了20 m。若以每年6 cm的板块俯冲速率计算,这一发震断层已闭锁了300多年,而在强震的刹那间却完成了300多年的板块移动量。积聚了300多年的能量,在地震瞬间释放出来,难怪它会使整个地球颤抖起来,甚至使地球自转稍稍变快,使地轴有所倾斜。而最可怕的是,这一断层的突然断裂,导致上千千米长的海底发生强烈错动,就像一只巨手在浴缸底部猛烈地搅动,终使印度洋掀起滔天巨浪,给人类带来了空前的灾难。

根据1 700多年来的统计,全球有记载的破坏性较大的地震海啸约发生260次,平均六七年发生一次。其中,发生在环太平洋地震带上的地震海啸约占80%,发生在地中海区的约占8%,而在日本列岛及其邻近海域发生的地震约占太平洋地震海啸的60%,日本是世界上发生地震海啸最频繁和受危害最重的国家。

2. 地震海啸的分类

由于形成的机制各异,地震海啸还可分为"下降型"海啸和"隆起型"海啸两种。"下降型"海啸地震发生时,有时会引起海底地壳大面积的急剧下降。于是海水会首先朝着突然错动下陷的空间涌去,随之在下降区域的上方出现海水的大规模积聚。涌进的海水在海底遇到阻力后,便会立刻翻回到海面,产生的压缩波形成长波大浪,迅即向四周传播和扩散。在海岸,异常的退潮现象是这种海啸的最初表现。"隆起型"海啸和上述情况正好相反,地震有时会使海底地壳大范围的急剧上升。海水会跟着隆起区域一起抬升起来,并在它的上方出现大规模的海水积聚。在重力的作用下,海水从波源区向四周扩散,形成汹涌的巨浪。这种海啸在海岸的最初表现有所不同,为异常的退潮现象。

并不是所有的地震一定都会引发海啸,但大约95%的海啸都是由地震引发的,主要取决于地震震级、地震断层的错动方式和震源深度。具体来说,震级达到里氏6.5级以上的地震才有触发海啸的可能。断层垂直错动方式更易引发海啸,断层强烈的垂直上下运动会带动地面和海面产生强烈的浪涌,致使震荡波以不断扩大的圆圈方式向远距离扩散。震源深度在40~50 km时,地震波的扩散和影响范围都比较大,诱发海啸的可能性也相应增大。

3. 中国发生地震海啸的可能性

我国地处太平洋西部,海区辽阔,海岸线绵长曲折。中国海区大部分是浅水大陆架地带,该地带平缓宽阔。据研究报道,近4 000年以来总共有51次大于6.5级的地震发生在中国近海。另外,1904~1968年间,北太平洋海底共发生了350次左右7级以上强烈地震,只有33次,即约10%发生在中国近海,其中又只有2次引起海啸。换言之,中国近海海底地震伴生海啸的比例只有6%,远低于25%的全球平均水平。

渤海平均深度18 m,黄海平均深度44 m,这两个海区海水相对较浅,一般不会产生地震海啸,特别是其外围又有成串的岛屿、暗礁环绕,如日本岛、朝鲜半岛等,形成了一道天然地理屏障,不利于地震海啸波的传播,因此太平洋海啸对其沿岸也无太大影响。如

1960 年智利大海啸,对菲律宾乃至日本都造成了灾害,但传到中国东海的吴淞一带,浪高仅15 ~20 cm,没有形成灾害。

东海、南海,特别是台湾岛附近海域具备产生海啸的条件,是产生地震海啸的危险地段,这两个海区海水相对较深,海底摩擦力较小,发生在菲律宾海、琉球海沟的地震海啸可能传播过来,其沿岸是大洋地震海啸影响的可能地区。中国海区一般没有现今活动的板块俯冲带和海沟构造,近代垂直差异运动表现不强烈。已发生的地震震源断层多为走滑型,所以大多数地区发生地震海啸的可能性不大。但 1605 年 7 月 13 日,海南岛琼山 7. 5 级地震引起了近海的70 多个村庄沉陷为海,表现出垂直升降运动。1867 年12 月 18 日发生在台湾基隆北海中的 6 级地震引起了海啸,说明从台湾到海南岛一线的海区,存在地震海啸的可能性。

我国历史上曾发生 10 次“海水溢”现象,基本上都发生在长江口以南海区,其中 1781 年 5 月 22 日发生在台湾的一次地震海啸造成了毁灭性灾害,全岛海水溢 120 km。地动和海啸持续 8 h。该岛的 3 个重镇和 20 余个村庄,先是被地震破坏,随后又被海啸侵吞,5 万多居民丧生,无数舟船沉没或被毁,一些原是伸向大海的海角被冲刷成新的悬崖峭壁和海湾。1867 年 12 月 18 日发生在台湾基隆北海中的 6 级地震也引起了海啸。另据记载,1921 年、1966 年和 1978 年台湾地区均有地震海啸发生。

(二)风暴潮海啸

1. 风暴潮海啸的成因

风暴潮又称为“风暴海啸”或“气象海啸”,通常指热带气旋(台风、飓风)和温带气旋(寒流)等强烈的大气扰动引起的海面异常升高,使受其影响的海区的潮位大大超过平常潮位的现象。灾害的轻重一方面取决于受风暴增水的大小和当地天文大潮高潮位的制约,如果与天文高潮相叠,酿成的灾难更大;另一方面与受灾地区的地理位置、海岸形状和海底地形等密切相关,如果位置正处于海上大风的正面袭击,海岸呈喇叭口形状,海底地形较平缓,受灾将更重。

风暴潮的空间范围一般几十千米至几千千米不等,时间周期为 1 ~100 h,介于地震海啸和低频天文潮波之间。风暴潮影响的区域随着大气扰动因子的移动而移动,一次风暴潮过程有时甚至可影响一两千千米的海岸区域,时间达数天之久。

2. 风暴潮海啸的分类

风暴潮分为台风风暴潮和温带风暴潮两大类。

(1)台风风暴潮。又叫热带风暴潮,在北美称为飓风风暴潮,在印度洋沿岸称为热带气旋风暴潮。由台风引起,多见于夏秋季节台风盛行的时期,具有来势猛、速度快、强度大、破坏力强等特点。凡是有台风影响的海洋国家、沿海地区,均有台风风暴潮发生。

(2)温带风暴潮。由温带气旋等引起,主要发生于春秋季节,夏季也有发生。一般特点是增水过程比较平缓,增水高度低于台风风暴潮。它多发生在中纬度沿海地区,以欧洲北海沿岸、美国东海岸以及我国北方海区沿岸为多。

全球有 8 个热带气旋(即台风或飓风)多发区,西北太平洋是台风最易生成的海区,全球台风有 1/3 左右发生在这里,强度也最大。在西北太平洋的沿岸国家中,我国是受台风袭击最多的国家。历史资料表明,几乎每隔三四年就会发生一次特大的风暴潮灾害。孟加拉国位于孟加拉湾的海岸,呈喇叭口状,面向印度洋,极易受风暴潮的侵袭。美国地处中纬度,它的东海岸和墨西哥湾沿岸濒临大西洋,在夏秋季节时常出现飓风风暴潮;而濒临大西洋的东北部沿岸,则以冬季的温带风暴潮为主。荷兰是一个低洼泽国,极易受风暴潮灾害的影响。

(三)火山海啸

火山海啸是因火山爆发所引起的海水剧烈扰动的现象,又称为“火山津浪”或“火山津波”。海啸在西方语言中称为“tsunami”,词源自日语“津波”,即“港边的波浪”(“津”即“港”)。它是火山活动主要的次生灾害,所造成的灾害损失往往大大超过火山喷发的直接灾害。

火山如果在海洋的地下爆发,会使海水体积突然增大并且被抬升,然后下降,形成波浪。当能量足够大时,就会在海岸形成破坏力极大的海啸。

位于海洋中的火山岛也会引发可怕的海啸,这些火山岛往往在喷发了几个世纪后突然因耗费完所有的能量而坍塌,并且滑向深深的大海。这个剧烈的过程会引起海水水位的巨变,引发的海啸可以掀起100 m高的浪头。除上述两种情况外,靠近滨岸的火山喷发也能酿成海啸。1883年,印度尼西亚的喀拉喀托火山突然喷发,碎岩石、熔岩浆和火山灰向空中飞溅,滚滚的浓烟直冲数十千米的高空。不久,巨大的火山喷发物从天而降,坠落到巽他海峡,随之激起一个30多m高的巨浪,以极快的速度涌向爪哇岛和苏门答腊岛。巨浪犹如发疯的野兽,张着血盆大口,顷刻间就吞噬了3万多人的生命。火山喷发物随高空气流飘移,致使印度洋和大西洋零星小海啸不断发生。

(四)滑坡海啸

海底滑坡是指较浅或较深的海洋地区的滑坡,产生海底滑坡有两个原因:一是海底大量不稳定泥浆和沙土聚集在大陆架和深海交汇处的斜坡上,产生“滑移”;二是由于海底蕴藏的气体喷发,导致浅层沉积海底坍塌,出现水下“崩移”。由海底滑坡引起的海啸,称为滑坡海啸。

科学家强调说,对海底滑坡不可掉以轻心。在很多时候,海底滑坡的过程很平缓,海底沉积物只是缓慢地移动着,它们的体积也不大。但在另外一些时候,情况就完全不同了,像大山一般的土层会突然崩塌,其移动的速度超过每小时100 km。1998年7月,巴布亚新几内亚附近的一次海底地震引发了一次海底滑坡,而这个滑坡又带来了一次海啸,海啸掀起高达15 m的浪涛,蹂躏了这个岛国20 km的海岸线。

研究发现,大约在7 500年前,一块相当于冰岛国土面积的不稳定海底滑行了800 km,在挪威西北部海岸“落户”。这次海底滑坡被认为是世界历史上最大规模地质运动之一,引发了海啸。它所产生的海浪高10~20 m,不仅袭击了挪威海岸,而且波及到苏格兰东部沿岸。科学家是在找到海底滑坡后沉淀的岩屑和贝壳之后,才得出海底滑坡引起海啸产生的结论的。

1929年11月,加拿大东部纽芬兰岛附近海域发生里氏7.2级地震,并引发海啸,致使27人丧生。最初,人们认为,这是一次典型的海啸,系地质运动造成海底板块上升或下沉，产生水墙冲击海岸。然而，进一步的调查研究发现，纽芬兰岛上的13条海底越洋电报电缆受海啸影响而中断。通过自动观测仪，研究人员对每次中断时间进行了精确记录。在分析了电缆每次中断的时间和位置之后，科学家最后得出结论，是海底液态沉积物受到震动影响变得松散，随后以95 km/h的速度沿着海底倾泻，最终以500 km/h的速度涌入大西洋，才造成了这次海啸。

二、海啸的特征

（一）海啸波是超长波长

2004年12月26日苏门答腊岛发生9级大地震引发海啸，美国宇航局贾森1号卫星观测到的数据：海啸波长为500 km，高度差却不到2 m，往外传播的过程是风平浪静的。

（二）能量大

$$E = mgh = 10^{24}\,(\mathrm{erg})$$

如：印度尼西亚苏门答腊岛近海地震海啸能量，震中区100 km长、10 km宽、2 km厚的水体抬高了5 m，地震释放的地震波能量为10^{25}(erg)；海啸的能量相当于地震波能量的1/10，相当于3座100万kW的发电厂一年的发电量。

（三）传播的速度快

海啸波的速度为

$$v = \sqrt{gh}$$

式中：v为海啸波的速度；g为重力加速度（9.8 m/s^2）；h为海水的深度。

如：太平洋海水平均深5 500 m，h=5 000 m，海啸波速为232 m/s，即835 km/h，相当于跨洋喷气式飞机的速度；考虑近海岸的情况，h=100 m，海啸波速即为31.3 m/s，等于112.7 km/h，相当于高速公路汽车的速度。

第三节　海啸灾害的分布及危害

一、海啸灾害的分布

世界海啸多发区为夏威夷群岛、阿拉斯加区域、堪察加－千岛群岛、日本及其周围区域、中国及其邻近区域、菲律宾群岛、印度尼西亚区域、新几内亚－所罗门群岛、新西兰－澳大利亚和南太平洋区域、哥伦比亚－厄瓜多尔北部及智利海岸、中美洲及美国、加拿大西海岸，以及地中海东北部沿岸区域等。

据统计，20世纪太平洋地区发生的地震海啸约占全球地震海啸的85%，其中破坏性海啸平均1年1次。大西洋、印度洋、地中海、黑海等海域发生的地震海啸只占全球地震海啸的15%。太平洋地区为何会频发地震海啸？原来太平洋地区有很多很深的大海沟，如阿留申海沟、千岛海沟、日本海沟等，这些海沟的深度浅的也有近5 km，深的则有1.1万多m，这些深海沟常常发生大地震并引发大海啸。

太平洋地区地震海啸最频繁的地段是日本列岛，发生次数约占全球地震海啸的23%，自公元684年以来已发生死亡千人以上的海啸16次，合计死亡10余万人。

世界海啸及中国海啸分布情况见图 6-3、图 6-4。

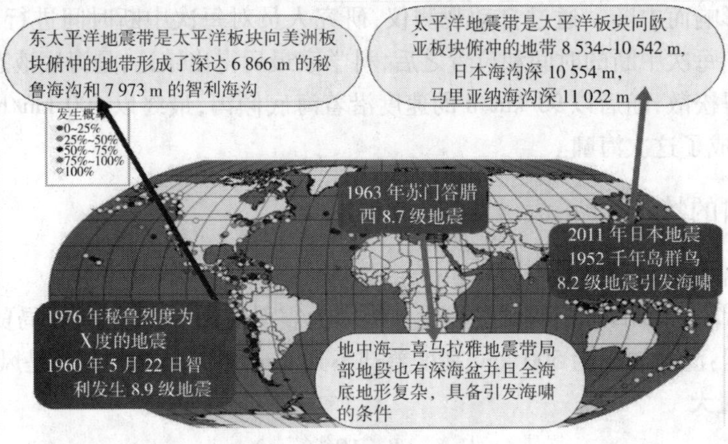

图 6-3　世界海啸分布情况

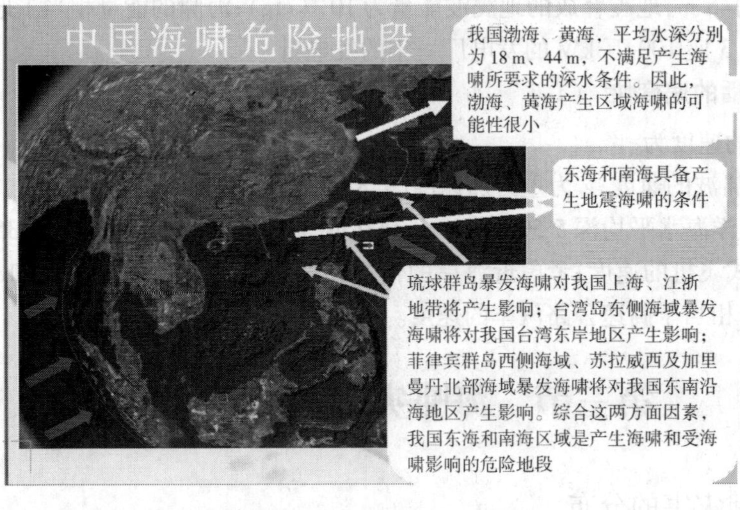

图 6-4　中国海啸分布情况

历史海啸数据库和 NGDC（美国国家地球物理数据中心）的历史海啸数据库也提供了中国的历史海啸目录，图 6-5 是根据 NGDC 提供的数据绘制的中国历史海啸示意图。

二、海啸灾害的危害

海啸时掀起的狂涛骇浪，高度可达 10 多 m 至几十米不等，形成“水墙”。另外，海啸波长很大，可以传播几千千米而能量损失很小。由于以上原因，如果海啸到达岸边，“水墙”就会冲上陆地，对人类生命和财产造成严重威胁。

地震发生时，海底地层发生断裂，部分地层出现猛然上升或者下沉，由此造成从海底到海面的整个水层发生剧烈“抖动”。这种“抖动”与平常所见到的海浪大不一样。海浪一般只在海面附近起伏，涉及的深度不大，波动的振幅随水深衰减很快。地震引起的海水

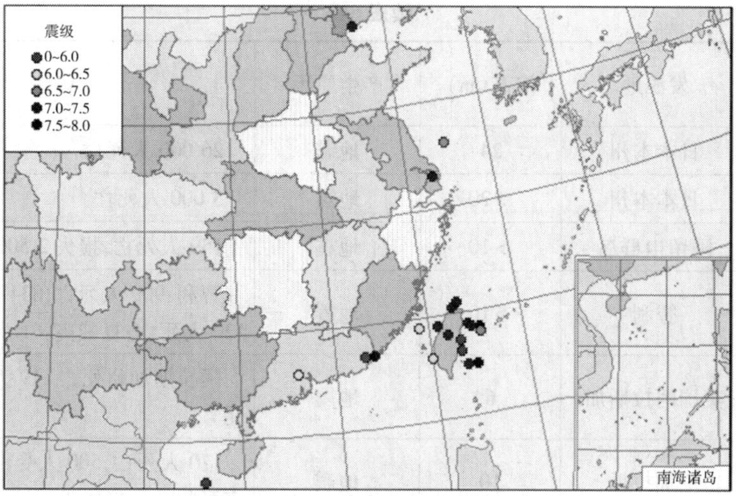

图 6-5　中国历史海啸示意图

“抖动”则是从海底到海面整个水体的波动,其中所含的能量惊人。

剧烈震动之后不久,巨浪呼啸,以摧枯拉朽之势,越过海岸线,越过田野,迅猛地袭击着岸边的城市和村庄,瞬时人们都消失在巨浪中。港口所有设施,被震塌的建筑物,在狂涛的洗劫下,被席卷一空。事后,海滩上一片狼藉,到处是残木破板和人畜尸体。地震海啸给人类带来的灾难是十分巨大的。

新华社北京 2004 年 12 月 29 日电综合报道:截至 29 日,在印度尼西亚海域 26 日发生的里氏 9 级地震并引发的海啸中遇难人数已超过 8 万,受灾各国和国际社会积极展开救援行动,防止灾后疾病流行。截至 29 日,根据各国官方公布的最新数字,在这次灾难中印尼的死亡人数已经达到 45 268 人;斯里兰卡至少有 22 493 人丧生,其中包括至少 70 名外国人;印度有 1 万多人死亡,另有数千人失踪;泰国 1 829 人丧生,其中 473 人是外国游客,另有 5 000 人失踪,其他几国也有 390 多人遇难。在死伤的外国游客中,德国已证实有 26 人遇难,大约 1 000 人失踪;澳大利亚有 8 人遇难;新西兰有 300 多人在泰国下落不明;芬兰有 13 名游客在泰国遇难,另有近 200 名游客下落不明。2004 年的印尼海啸所释放的能量不亚于数千颗核弹爆炸所产生的能量。历史上世界和中国发生巨大海啸统计情况见表 6-2、表 6-3。

表 6-2　历史上世界破坏巨大的海啸

日期(年-月-日)	发源地	浪高(m)	产生原因	备注
1755-11-01	大西洋东部	5~10	地震	摧毁里斯本,死亡 60 000 人
1868-08-13	秘鲁—智利	>10	地震	破坏夏威夷、新西兰
1883-08-27	印度尼西亚(Krakatau)	40	海底火山喷发	30 000 人死亡

续表 6-2

日期(年-月-日)	发源地	浪高(m)	产生原因	备注
1896-06-15	日本本州	24	地震	26 000 人死亡
1933-03-02	日本本州	>20	地震	3 000 人死亡
1946-04-01	阿留申群岛	>10	地震	159 人死亡,损失 2 500 万美元
1960-05-13	智利	>10	地震	智利:909 人死亡,834 人失踪;日本:120 人死亡;夏威夷:61 人死亡
1964-03-28	美国阿拉斯加	6	地震	阿拉斯加州死亡 119 人,损失 1 亿美元
1992-09-02	尼加拉瓜	10	地震	170 人死亡,500 人受伤,13 000 人无家可归
1992-12-02	印度尼西亚	26	地震	137 人死亡
1998-07-12	日本	11	地震	200 人死亡
1998-07-17	巴布亚新几内亚	12	海底大滑坡	3 000 人死亡
2004-12-26	印度尼西亚	>10	地震	283 000 人死亡

表 6-3　中国历史海啸记载一览(李善邦,1981)

序号	时间	记事(史料)	出处	备注
1	公元 173 年 6 月 28 日至 7 月 27 日的某日	熹平二年六月,北海地震,东莱、北海海水溢	《后汉书·灵帝纪》	
2	1076 年 10 月 31 日至 11 月 28 日的某日	熙宁九年十月,海阳、潮阳二县海潮溢,坏庐舍,溺居民	《宋史·五行志》	与 1640 年海啸在同一个地方,其他无史料
3	1347 年 9 月 17 日	至正七年十月,八月壬午(十二),杭州、上海海岔,午潮退而复至	《元史·五行志》	
4	1353 年 8 月 1 日	至正十三年七月丁卯(十二)泉州海水一日三潮	《元史·五行志》	
5	1362 年 7 月 14 日	至正壬寅(二十二年)六月二十三日,夜四更,松江近海处潮忽骤至,人皆惊,因非正侯,至辰时正潮至,遂知前非潮。 厚据泖湖人谈,泖湖素常无潮通过,忽睡眠高涨三四尺,类潮涨,某时亦在上述时间,又平江、嘉兴亦如是	《辍耕录(松江)》	泖湖在太湖外,其下以是淞江与海相连,位于松江之西,承诸水,类湖泽
6	1509 年 6 月 17 日至 7 月 16 日的某日	正德四年六月,地震,海水沸。正德四年己巳夏,地震,海水沸	光绪六年《嘉定县志》。光绪八年《宝山县志》。光绪十五年《罗店镇志》	

续表 6-3

序号	时间	记事(史料)	出处	备注
7	1640 年 9 月 16 日至 10 月 4 日的某日	崇祯十三年,秋八月,海溢,地屡震。崇祯十三年庚辰,地屡震,海潮溢	乾隆《揭阳县志》。嘉庆二十年《澄海县志》,光绪十年《朝阳县志》	
8	1670 年 8 月 19 日	康熙九年七月巳未(五),地震,有声,海溢,滨海人多溺死	乾隆十三年,同治元年《苏州府志》	
9	1867 年 12 月 18 日	同治六年十一月二十三日,台湾基隆大地震,全市房屋倒塌,且伴有海啸,附近火山口流出热水,死者颇多		
10	1917 年 1 月 25 日	民国六年正月初三,地大震,海潮退二复涨,渔船多遭没	民国十八年《同安县志》	

第四节　海啸灾害的防治措施

一、海啸来临前的预兆

据英国广播公司(BBC)报道,一个名叫蒂利的小女孩去年圣诞节期间与家人正在泰国普吉岛度假。2004 年 12 月 26 日那天,他们一家在海边玩耍时,蒂利突然发现海面上冒起了大量泡沫,就像啤酒表层的泡沫。她马上联想到老师在地理课上播放有关夏威夷海啸灾难的纪录片,海啸到来前夏威夷附近海面也飘浮着泡沫。蒂利马上将这一情况告诉了家人及其他游客,很快,海滩上的 100 多名游客迅速离开了海滩,转移到了安全地带,从而成功地躲过了一劫。

确实,海啸发生前有许多征兆,这为我们规避海啸灾害带来了可能性。海啸前的征兆如下:

(1)地震海啸发生的最早信号是地面强烈震动,地震波与海啸的到达有一个时间差,正好有利于人们预防。地震是海啸的"排头兵",如果感觉到较强的震动,就不要靠近海边、江河的入海口。如果听到有关附近地震的报告,要做好防海啸的准备,要记住,海啸有时会在地震发生几小时后到达离震源上千千米远的地方。

地震引发的海啸在登陆之前,会出现一些显而易见的宏观前兆现象——海水出现异常,退潮和涨潮的时间与平常不一致,海水退、涨的速度比平常快得多,而且海水退、涨的幅度大,常常能退到最低的潮线以下,或涨到最高的潮线以上。上述现象在震后出现的时间因各地距震中的远近而有所差异,有的紧随主震,有的在主震后 10 ~ 20 min。从海水暴退、暴涨到海啸登陆,间隔时间也有长有短,短的仅有几分钟,长的可达到几十分钟。

离海岸不远的浅海区,深蓝色海面会突然变成白色,并在其前方出现一道长长的明亮的水墙。究其原因,在于海水越深,海啸波速度越快;海水越浅,海啸波速度越慢。当海啸波从远离海岸的深海区进入海岸附近的浅海区域后,波速便急剧降下来。而后面的波速依然很快,追上了前波,两者相叠加,便使波浪的高度倍增,形成几米,甚至几十米高的巨浪。

位于浅海区的船只突然剧烈地上下颠簸;突然从海上传来巨大、惊人、可怕的异常响声,在夜间尤为令人警觉。

这一切都是海啸临近的标志,是灾难预警信号。它们向人们发出警示:海啸即将登陆,赶快往高处逃跑才能生存下来;否则,长则十几分钟,短则几分钟甚至几十秒,就会被巨浪无情地吞没而丧命。

(2)海滩大量出现深海鱼类。因为深海环境和浅海环境有巨大差别,深海鱼绝对不会自己游到浅海。只可能被海啸等异常海洋活动的巨大暗流卷上浅海。如印尼海啸发生的前几天,当地孩子在沙滩上发现许多奇怪鱼类。海啸前海水异常退去时往往会把鱼虾等许多海生动物留在浅滩,场面蔚为壮观。此时,千万不要前去捡鱼或看热闹,应当迅速离开海岸,向内陆高处转移。

(3)海面出现异常海浪。例如,海底突然下沉,引起水流向下沉方向移动,从而出现快速的退潮。有时海水会明显增高。如果发现潮汐突然反常涨落,海平面显著下降或者有巨浪袭来,并且有大量的水泡冒出,都应以最快速度撤离岸边。

(4)动物有异常行为。有媒体报道,海啸前大象有不同凡响的吼声。500多只黑山羊跑到山上。科学家认为,地震影响到地下水的流动,地球的磁场、温度和声波等。动物比人类更敏感。

(5)通常海啸冲向海岸时,发出像行驶中的火车一样的隆隆声。这些都是天然海啸信号。

二、海啸灾害的预测

海岸地区海啸灾害的大小,主要受海底地貌和陆地地形的影响,如果海水水深由海洋向陆地减小很快,而且海岸陆地平坦且海拔高度很低,那么即使是不大的海啸波,也容易形成大的海啸灾害。

(一)海啸早期预警系统

海啸的破坏极为严重,虽然人类还不能控制它,但可以加以预防。利用地震波和地震海啸波的传播速度之差,建立海啸预警机制,对海啸的到来提前几分钟、十几分钟甚至数小时预警,是完全可能做到的。提前发布预报,可以赢得提前撤离的时间,最大限度地减少人员伤亡和财产损失。

地震波沿地壳传播的速度远比地震海啸波传播的速度更快,地震波大约每小时传播3万km,海啸波每小时传播几百千米。以智利发生的海啸为例,传到夏威夷需要经过13 h,大约20 h之后才会到达日本沿岸。利用海啸监测网获取到的地震波记录,就能在短时间内做出海啸警报,为有关地区赢得时间。

知道了海中发生地震的地点或知道某处实际测得了海啸的发生,就可以利用海啸向外传播的时间,及时向其他地方发出海啸警报。海啸预警具有可靠的物理基础,它不但在理论上是成立的,实际上也是可行的,并且已经有了成功的范例。

例如,1946 年,海啸给夏威夷的“曦嵝”市造成了严重的人员伤亡和财产损失。于是,1948 年便在夏威夷建立了太平洋海啸预警中心,从而有效地避免了在那以后的海啸可能造成的损失。

倘若印度洋沿岸各国在 2004 年印度洋特大海啸之前,能与太平洋沿岸国家一样建立起海啸预警系统,那么这次苏门答腊岛附近特大地震引起的印度洋特大海啸,决不致造成如此巨大的人员伤亡和财产损失。

(二)全球海啸预警系统

由于海啸发生频率很小,建立综合的各灾种的综合型预警系统更合理,建立全球的预警系统比建立各国和区域的预警系统更有效和更经济。预警系统应采用最先进的技术。预警系统不是万能的,本地海啸的预警要比远洋海啸困难得多,除预警系统外,一定不要忽视灾害的预防和救援。

海啸预警系统是侦测海啸并警告以避免在海滨人员死亡的系统,包含两部分:一部分是侦测系统,另一部分是通信系统和海边预警系统。

国际海啸预警系统由地震与海啸监测系统、海啸预警中心和信息发布系统构成,其中地震与海啸监测系统主要包括地震台站、地震台网中心、海洋潮汐台站。

在美国地震海啸预警系统的基础上,国际海啸预警系统于 1965 年成立,目前,由太平洋海啸预警(PTWC)和美国、澳大利亚、加拿大、智利、中国、日本、法国、俄罗斯、朝鲜、墨西哥、新西兰等 26 个国家和国际组织构成,太平洋海啸预警中心是国际海啸预警系统的运行中心,中国于 1983 年加入国际海啸预警系统。

该系统的工作原理如下:当任何参加这个组织的地震台站监测到一次大的地震,地震仪器触发警报,台站的值班人员立刻分析地震记录,并将他们的数据发送到 PTWC。根据收到的地震台站的报告,或者根据自己的地震台站触发记录结果,PTWC 的工作人员将上网查询来自美国国家地震信息中心(NEIC)的有关此次地震的邮件。如果 NEIC 的地震信息系统还没有发送电子邮件报告,PTWC 的地球物理学家便会登陆到 NEIC 系统,使用国家地震台网(NSN)的数据进行地震定位。PTWC 设置了警报阈值,大于 6.5 级或者更大地震时将激活预警系统。

地震的位置和大小确定之后,就要决定进一步的行动。如果地震是在太平洋海域内或其附近,并且震级达到了 6.5 级或更大,但小于或等于 7.5 级(在阿留申群岛是小于或等于 7.0 级),那么就要向预警系统的各成员国发布海啸信息公告。当地震的震级大于 7.5 级(在阿留申群岛是大于 7.0 级)时,就要向各成员国和预警发布机构发出海啸预警公告,通知他们海啸可能已经形成,要求他们将预警信息转发给公众,以采取必要的防范措施。

如果地震看起来足够大,能够引发海啸,并且发生在海啸可能产生的地区,PTWC 会检查震中附近的潮汐台站自动发来的潮汐数据,看是否有海啸产生的迹象。如果这些数据显示海啸已经形成,并对太平洋部分或所有地区的人们构成了威胁,PTWC 将发布海啸预警公告,该预警公告也可能升级为整个太平洋范围的海啸预警公告。海啸预警发布机构需要预先制定详细的应急预案,将危险地区的人们疏散。如果潮汐数据表明是一个微不足道的海啸,或者海啸还没有形成,PTWC 将发布消息,取消其先前发出的海啸预警。

三、我国海啸灾害的预测

我国位于太平洋西岸，大陆海岸线长达1.8万km。但由于我国大陆沿海受琉球群岛和东南亚诸国阻挡，加之大陆架宽广，越洋海啸进入这一海域后，能量衰减较快，对大陆沿海影响较小。

新中国成立后，我国近海监测记录到的海啸共有3次：第一次是在1969年7月18日，由发生在渤海中部的7.4级地震引起的海啸，给河北唐山造成一定损失；第二次是1992年1月4~5日，发生在海南岛南端，榆林验潮站记录到的波高为0.78 m，三亚港也出现波高0.5~0.8 m的海啸，造成一定损失；第三次是1994年发生在台湾海峡的海啸，未造成损失。

由于目前人类所掌握的技术还不能准确地预报地震，加之并不是所有的海底地震都能引发海啸，太平洋地区仅有1/4左右的海底强震(震级大于7级)会产生海啸。同时，海啸发生后，也很难实时准确地获取其初始状态的地震参数和海啸源参数。因此，海啸的预报难度较大。我国现已建立了海啸预警系统。国家海洋局按照国务院统一部署编制了包括海啸在内的重大海洋灾害应急预案。一旦沿海预计可能受到海啸影响，国家海洋局海洋环境预报中心会立即通过海啸预警系统发布受影响地区的海啸预警报。同时，预计我国发生灾害性海啸时，国家将启动海啸应急预案。

自20世纪70年代以来，我国加强了对海啸的研究和预报力度，在沿海海域地震海啸分布概况和发生频率等方面取得许多有意义的研究成果。我国于1983年加入国际太平洋海啸警报系统，此后国家海洋局海洋环境预报中心开展了海啸预警报业务。国家海洋局在海岛和近岸建立了大量的海洋监测站和浮标站，现已基本具备了海啸预警能力。

20世纪90年代后期，国家海洋局还组织开发了太平洋海啸资料数据库、太平洋海啸传播时间数值预报模式和越洋、局地海啸数值预报模式。这一模式在广东大亚湾、浙江秦山、福建惠安等5个核电站的环境评价中得到应用。印度洋大海啸发生后，国家海洋环境预报中心迅速组织专家进行数值模拟，再现了全过程。

四、海啸灾害的应急措施

(一)把海啸灾害减到最小

首先掌握海啸科学知识很重要，社会各团体和各级政府应有应急预案，社会公众要有防灾意识，国际社会要加强合作。

(二)海啸发生后的应急措施

要是人们旅游出行时遇到海啸该怎么办？专家介绍：地震是海啸的“排头兵”，如果感觉到较强的震动，就不要靠近海边、江河的入海口。如果听到有关附近地震的报告，要做好防海啸的准备，要记住，海啸有时会在地震发生几小时后到达离震源上千千米远的地方。因为海啸在海港中造成的落差和湍流非常危险，船主应该在海啸到来前把船开到开阔海面。如果没有时间开出海港，所有人都要撤离停泊在海港里的船只。

海啸登陆时海水往往明显升高或降低，如果看到海面后退速度异常快，立刻撤离到内陆地势较高的地方。海上船只听到海啸预警后千万别急着“回巢”，发生海啸时，航行在海上的船只不可以回港或靠岸,应该马上驶向深海区,深海区相对于海岸更为安全。因为海啸在海港中造成的落差和湍流非常危险,船主应该在海啸到来前把船开到开阔海面。如果没有时间开出海港,所有人都要撤离停泊在海港里的船只。

海啸发生时如何逃生?

(1)感觉强烈地震或长时间的震动时,需要立即离开海岸,快速到高地等安全处避难。海啸登陆时海水往往明显升高或降低,如果看到海面后退速度异常快,立刻撤离到内陆地势较高的地方。

(2)如果收到海啸警报,没有感觉到震动也需要立即离开海岸,快速到高地等的安全处避难。通过收音机或电视等掌握信息,在没有解除海啸注意或警报之前,勿靠近海岸。

(3)不是所有地震都能引起海啸,但任何一种地震都可能引发海啸。当你感觉大地发生颤抖时,要抓紧时间尽快远离海滨,登上高处。不要去看海啸——如果你和海浪靠得太近,危险来临时就会无法逃脱。

五、减弱海啸破坏力的猜想及可行性分析

既然海啸也是一种波,那么计算出其破碎角并找到使海啸波达到破碎角的方法即可减弱其破坏力。

首先,波的破碎有两种情况:第一,当水质点的速度大于相速度时;第二,当波动的振幅相对波长之比超过一定限度时。

根据斯托克斯波理论,水质点运动轨迹实际上并不是一个圆,而是有一个水平净位移,这就解释了波的传播方向上的海水运输现象。同理,海啸之所以会涌上陆地也是这个原因。因此,抵消掉这个位移便是用第一种情况来减弱海啸的核心所在。然而,由于海啸蕴含着巨大的能量,要抵消掉海啸的位移也需要巨大的能量,如何瞬间产生巨大的冲力就成了一个问题,并且这种冲力是否会产生副作用也需要大量的实验基础,故该设想还有待更多的研究。

那么第二种情况呢?这种情况的典型应用便是消波滩。通过在抬高波的过程中削减其能量以达到消波的目的。然而海啸十分巨大,消除海啸波的消波滩也应与之相符。建造这样的消波滩几乎是不可能的。但是可以开发出消波效率更高的波面,并且设计出一种折叠式的消波滩,在海啸来临前迅速展开,这样便能拯救千万人的生命。

【阅读资料】

人类的灾难——历史上的海啸灾难

国外研究海啸历史的专家认为,1781 年 5 月 22 日(清乾隆四十六年)发生在台湾地区及台湾海峡的海啸,是历史上伤亡人数最多的一次海啸灾害。这次海啸共伤亡 4 万 ~5 万人,现台南市及安平附近 3 城镇 20 余村庄完全被毁灭,此后 50 年方得以重建。其次是 1883 年印尼海啸(由火山爆发引起)死亡 36 140 人。1489 年的日本东海海啸造成约 36 000人死亡,1896 年日本三陆外海海啸死亡 27 122 人,1792 年日本有明海海啸死亡 14 920人。其他海啸死亡人数均不足 4 000 人。

我国学者发现,在公元前 47 年(即西汉初元二年)和公元 173 年(东汉熹平二年),我

国就记载了莱州湾海啸和山东黄县海啸。这些记载曾被国外学者广泛引用,并认为是世界上最早的两次海啸记载。此后500年左右,才有日本四国以南海底8.4级地震后的2~3 m的海啸记录。据最近的研究,我国有记载以来共记录了26次地震海啸,其中造成损失的破坏性海啸至少8~9次。

1908年12月28日,意大利墨西拿地震引发海啸。震级7.5级。在近海掀浪高达12 m的巨大海啸,地震发生在当天凌晨5时,海啸中死难82 000人,这是欧洲有史以来死亡人数最多的一次灾难性地震,也是20世纪迄今为止死亡人数最多的一次地震海啸。

1917年6月26日,萨摩亚群岛海域发生海啸,浪高26 m。

1933年3月2日,日本三陆近海地震引发海啸,震级8.9级,是历史上震级最强的一次地震,引发海啸浪高29 m,死亡人数3 000人。

1946年4月1日,阿留申群岛海域发生海啸,浪高35 m。

1959年10月30日,墨西哥海啸引发山体滑坡,死亡人数5 000人。

1960年5月22日,智利沿海地区发生20世纪震级最大的震群型地震,其中最大震级8.4级,引起的海啸最大波高为25 m。海啸使智利一座城市中的一半建筑物成为瓦砾,沿岸100多座防波堤坝被冲毁,2 000余艘船只被毁,损失5.5亿美元,造成10 000人丧生。此外,海浪还以每小时600~700 km的速度扫过太平洋,使日本沿海1 000多所住宅被冲走,2万多亩良田被淹没,15万人无家可归。

1964年3月28日,阿拉斯加湾海域发生海啸,浪高70 m。

1976年8月16日,菲律宾莫罗湾海啸8 000人死亡。

1979年10月16日,法国尼斯海啸,浪高3 m。

1988年12月,孟加拉国东南沿海遭受强飓风和海啸袭击,至少有1.5万只梅花鹿,2 000头野猪、狒狒和猴子以及9只珍贵的孟加拉虎在森林中丧生。

1991年4月29日,孟加拉国沿海地区遭受强台风袭击后,伴随而来的暴雨和海啸使全国64个县中的16个县沦为灾区,受灾居民达1 000万人,死亡人数13.8万人,经济损失达30亿美元。

1992年9月1日,尼加拉瓜发生里氏7级地震,地震引起的海啸破坏了尼西南200 km的太平洋沿海地区的生产和生活设施,造成268人死亡,153人失踪,800多间房屋倒塌。

1992年12月,印度尼西亚东部弗洛勒斯岛发生里氏7级地震,引发了大海啸,夺去了2 500人的生命。

1993年7月12日,日本北海道西南附近海域发生了里氏7.8级地震,地震引发的海啸使海浪最高达30.5 m。地震和海啸给当地造成至少146人死亡,117人失踪。

1994年6月3日,印度尼西亚东爪哇玛琅县以南225 km的印度洋洋底发生里氏5.9级地震后引发海啸,造成128人死亡。次日,印尼西努沙登加拉首府马塔兰再次发生里氏6级地震并引发海啸,造成172人死亡,另有47人失踪,600多所房屋和250多条船被毁。

1994年11月15日,菲律宾北部的东民都洛省发生里氏6.7级地震。地震引起海啸,至少有33人死亡,70人受伤。

1996年2月17日,印度尼西亚东部的伊里安查雅省发生的里氏7级地震引发海啸,其中受灾最严重的是比亚克县。海啸摧毁了该县北部哥勒姆市75%的建筑物。

1998年7月17日，南太平洋岛国巴布亚新几内亚发生里氏7级地震引发海啸，造成1 000余人死亡，2 000余人失踪，6 000多人无家可归。

1999年11月27日，南太平洋岛国瓦努阿图发生里氏7.1级地震引发海啸，造成6人死亡。

2004年12月26日，印度尼西亚苏门答腊岛附近海域发生的8.9级强烈地震引发的海啸，波及到东南亚、南亚和东非地区10多个国家，造成近15万人死亡。印度尼西亚、斯里兰卡、印度、泰国等国灾情最为严重。这也是人类历史上自有海啸记录以来最为严重的一次海啸灾难。

历史上重大的海啸

日本有明海温泉岳海啸

1793年5月21日，九州岛发生强烈地震，诱发了约5.35亿m^3的土石，从温泉岳前山和主峰坠落入2 700 m以下的有明海湾，引起大海啸，高达10 m的涌浪使海岸地带遭受破坏，死亡14 920人。

中国台湾基隆海啸

1867年12月18日，基隆北部海域发生6级地震，基隆港内海水迅速从海湾内退出，形成空前的大退潮，并露出了海底，致使停泊在港湾内许多船只搁浅。然而，紧接着海水又以极快的速度涌入港内，凶猛的海水冲垮了海堤，迅速地涌向市区，造成许多民房被冲毁，数百人在这次灾难中丧生。

印度尼西亚喀拉喀托海啸

1883年8月27日，爪哇岛西南角的喀拉喀托火山于当日10时突然爆发。火山灰云升入80.5 km高空，之后在岛上形成一个深300多m的火山口，大量海水急剧灌进这个大坑，从而引起大海啸。海啸发出的响声，在相隔2 000多km的地区都能听到。这次海啸浪峰高达35 m，在太平洋中急速奔驰，袭击了爪哇和苏门答腊，毁坏了大约300个村庄。海啸引起的海峰继续横渡印度洋，跨过大西洋，传至美国和法国海岸，仅用32 h就走过大约相当于地球赤道一半的路程。这次大海啸使36 420人丧生。

日本东北河岸海啸

1896年6月15日上午，日本东北沿海的人们正在庆祝一年一度的男童节。数万青年男女聚集在海边的沙滩上唱歌跳舞，喜悦非常。中午时分，海滩上欢乐的人们突然感到大地在颤抖。尽管日本人对一天发生多次地震的现象习以为常，但海滩上的人多数还是迅速散开，跑到附近的山上躲避。他们在那里俯瞰大海，天空仍然昏暗一片，细雨沙沙地下着，但海面似乎很平静，根本没有出现惊涛骇浪的迹象。夕阳西下时，那美丽的落日景色使山上的人们欢呼起来，他们忘记了几小时前地震给他们带来的烦恼，涌下山去，继续在海滩上举行庆祝活动。晚8时20分，海啸突然向岸上袭来，海滩上5万多参加庆祝活动的人猝不及防。在日本沿海发生的1.5万次地震中，只有124次引起海啸，而且这些海啸造成的损失都不严重，但1896年6月15日这次海啸带来的却是恐怖、破坏和死亡。

海啸快要来临时，人们听见好似万炮齐鸣的隆隆声，接着传来一阵令人毛发倒竖的嘶嘶声;岸边的海水向海里退了几百米。接着,10 ~ 30 m 高的浪涛以 500 km 的时速冲入陆地 160 km,横扫长达 270 多 km 的海岸线。海滩上的人们惊恐万分地逃向附近的山上,然而海啸跑到了他们前面,数以万计的人顿时被卷进海里。海啸以无坚不摧之势在陆地肆虐,所到之处,万物皆被涤荡一空。在遥远的神户沿海,第一阵海啸的尾部扫住了两艘轮船,使它们立即沉没,船上的 178 名船员全部丧生。在海啸主要经过的地区,一座座城镇、一个个村庄被海水吞没扫平。釜石市消失在波涛之中,这里的 6 557 名居民中,4 700 人死于非命;4 223 座房屋中,只有 143 座部分残存。在釜石以北 8 km 的福塔志村,700 村民中只 100 人幸存。在雅马达村,4 200 人中 3 000 人遇难。在托尼村,1 200 人中就有 1 103人丧生。基参地区丧失了 1 座城镇、11 个村庄,6 000 人淹死或被倒塌的房屋砸死。在岩手地区,每三人中就有一人遇难或受伤。

在遭海啸袭击的地区,活下来的人逃离死神的方式千奇百怪,有的甚至有些荒唐。有一个地区,数百人被卷进海里后,又被抛到海湾对面的海滩,他们全部都活了下来。在居住着 150 个村民的本乡村,海啸卷走了绝大多数人,而到山顶庙去做古老游戏的几位老人却安然无恙。有几个人在三陆海滩被卷进海里后,又被海浪送上一座海岛,但他们身上连伤都没有。抱住木板或倒塌房屋木头的人大部分都幸存了下来。在久地,一位父亲让自己的 6 个孩子各抱一根椽子,结果有 5 个活了下来,而父亲却因没有椽子可抓被海啸冲得不知去向。在另一个地方,几十名父母跑上山去把自己的孩子放在山的最高处,当他们接着奔下山来营救别人的孩子时,全被大水淹死。在瓦什加麦镇,一个老兵听到隆隆的响声,以为是外敌从海上侵略自己的国家,急忙手持宝剑前去拚杀。后来他的尸体在离海岸几千米的地方被发现,浪涛“夺”走了他的宝剑,又“插”入了他的胸膛。令人难以理解的是,当海啸袭击陆地时,海里的几百条渔船却安然无恙。渔民们事后说,他们只感到船下有轻微的震动。但当这些渔船试图靠岸时,巨大的浪涛却把它们赶了回来。海啸袭击之后,270 km 的海岸线上,到处一片狼藉。房屋有的相互压在一起,有的底朝天,有的成了一片废墟。在岸边的巨石下面和巨石之间,到处是淹死的人畜尸体。在磐梯山下的水坑中,人的尸体被可怕地分成几部分,胳膊、腿、头和身体的其他部分混在一起,浸泡在殷红色的血水中。在另一个地方,海啸把遇难者的肌肉剥光,只剩白骨;有的尸体的双眼被挤出体外,好像受了重压一样;有的尸体被相反的力量分成两半;有的尸体好像扔进开水锅里煮过;有的尸体满身血痕,好像受过石块或铁棍的打击。

短短 5 min 的海啸夺走了 2.8 万人的生命。如果参加庆祝的人在山上不下来,决不会有这么严重的伤亡。几个月之后,美国地质学教授约翰 · 米尔恩指出,在日本东北沿海附近海域 8.8 km 深处,有一大片海底塌陷,造成了这次危害极大的海啸。

美国阿拉斯加理查湾大海啸

美国阿拉斯加南端太平洋东岸的理查湾是一个纵深不过 11 km、最大宽度为 32 km 的小海湾。1958 年 7 月 9 日 22 时,该处发生了历史上最大的海啸,巨浪高达 525 m。理查湾一带几乎荒无人烟,当时仅有 3 只小型拖网渔船停泊在那儿,其中圣玛号船遭到灭顶之灾,整个船沉没,船上人全部遇难;另一只船埃德利号,被巨浪挟持,越过海岸,抛到陡峭的海崖上,此时巨浪冲击高度达 240 m,然后小船又被巨大的波浪拖回海湾,船被保存,船上两人幸免于死;第 3 只巴加号渔船,就像一片树叶被巨浪抛向堤坝上空,据船上目睹者描述,小船被抛起的高度,至少超过25 m。当时,我们的小船在巨浪的波峰上,船尾在前,径直朝下,猛烈地跌落下来,简直像演一场空中飞舟杂技,令人心惊胆战。巨浪把这条船抛到岸上,船底被障碍物撞穿,这只不幸的小船立即沉没在浪涛中。船上的两人靠一只小小的救生艇,在浪涛中挣扎2 h多,最后被一条渔船救了出来。海啸所到之处,茂密的树林,肥厚的草丛和土壤,被一扫而光。大地表面由此变得光秃,显得十分凄凉,就连合抱的参天大树也被从根部扭断。大量折断树木在浪涛冲击下互相碰撞,变成没有树皮的光溜溜的圆木,密密麻麻地拥挤着,漂浮在海面上,大约5 km长,300~400 m宽,其景象实为壮观。这次有史以来最大的海啸,是由于理查湾深处的弗亚维匝断层在7月9日22时左右突然发生运动,诱发海湾端头的悬崖发生山崩,大量岩块迅猛扑落到海中而引起的。

智利大海啸

1960年5月22日15时12分,智利中部的太平洋沿岸发生8.6级强烈地震,造成海底下降,从而引起大海啸。海浪高达25 m,近乎垂直的水墙冲向岸上,紧接着又退回大海,这样进退反复几次,卷走了沿海地区无数房屋,摧毁了码头,轮船被海浪推到陆地搁浅,1 000人死亡。与此同时,海浪以每小时650 km速度横跨太平洋。据记录,海浪到达各地高度分别是:在夏威夷群岛10.5 m,大洋洲6~9 m,日本和苏联6.5 m,美国3.5 m,阿留申群岛3 m,新西兰2 m,太平洋其他地区1~1.5 m。这是近年记录比较完整的一次大海啸,也是世界上由于海底急剧下降,引起危害最大的一次海啸。当海啸巨浪经15 h抵达夏威夷群岛西岸的黑罗港时,尽管当地已提前5 h接到海啸警报,但10 m高的巨浪仍使市区遭受很大损失,冲垮了防波堤,约2 km^2的土地被淹没,黑罗港大片市区几乎全部被毁。汽车、房屋、机器成了一堆破烂,造成61人死亡,282人受伤。海浪继续向西推进约8 h,到达远离智利1.5万km的日本,巨浪冲刷本州和北海道的太平洋沿岸,破坏了海港和码头设施。在岩手县,海浪把大渔船推上高出海平面2.4 m以上的码头,跌落在离海46 m陆地的房屋残垣断壁间。仅三陆沿岸一带,就死亡119人,下落不明者20人,冲走、毁坏房屋几百户,造成2 830户人家流离失所。全日本共有800人因这次海啸遇难,15万人无家可归。在苏联堪察加,该地有记录以来,第一次受南半球由地震所引起海啸的影响。

这次大海啸使浩瀚的太平洋水域,受到了强烈的扰动,直到一周后还没有恢复平静。可见,这次海啸波及面之广、危害之大,实属罕见。

美国阿拉斯加瓦尔迪兹港湾大海啸

1964年3月28日,美国阿拉斯加南部的瓦尔迪兹港湾发生大海啸,港湾内海啸波高达30多m。到湾顶端其波峰倒卷时,巨浪高达50多m。到达科迪亚克岛时为20多m。引起这次海啸的原因是3月27日傍晚,阿拉斯加大断层活动产生的8.4级大地震。这是北美洲有史以来最大的一次地震,造成海岸线变动和大面积海底运动,从而引发了这次大海啸。阿拉斯加受灾最重,130余人丧生,财产损失约5.4亿美元。海啸波及到美洲的太平洋沿岸、夏威夷和日本,直至南极,均有不同程度的损失。美国的加利福尼亚州沿海小镇,在9 m浪高的袭击下,几乎全部摧毁。

菲律宾海啸

1976年8月17日0时13分,菲律宾群岛南部棉兰老岛以南的苏拉威西海中,发生8

级强烈地震。这是菲律宾历史上最大的一次地震。由此引起了该岛南部沿海地区猛烈的海啸。5 m 多高的海浪席卷上岸,冲垮了几百栋建筑物,正熟睡的人们被海水卷走,死者中有许多是儿童。这次海啸发生一周后(即 8 月 22 日),菲律宾官方宣布,在南部的这次地震和海啸中,已证实死亡 4 000 人,失踪 4 000 人,无家可归者达 17 万人之多,损失小渔船 4 000 只。

希腊塞萨洛尼基海啸

希腊塞萨洛尼基海啸,又称萨洛尼卡海啸。1978 年 6 月 20 日 1 时 5 分塞萨洛尼基发生 6.8 级地震,引起海啸。近 6 m 高的海浪冲击到南斯拉夫的亚得里亚海岸,把一些渔船卷上海岛,许多房屋被淹,造成几百万美元的财产损失。海啸波及到地中海东部地区,使得 8 名黎巴嫩游泳者被海浪卷走而丧生。

印度尼西亚弗洛勒斯岛海啸

1992 年 12 月 12 日 5 时 29 分,该地由于发生 6.8 级强烈地震而引起海啸。高达 25 m 的海浪侵入陆地达 300 m 远,摧毁了港口和滨海区,沿海岸地区所有村庄全部被冲毁。这次海啸使该岛 1 584 人丧生,500 人受伤。与此同时,海啸还袭击了毛梅曾镇海湾的 4 个岛屿,共有 763 人被海浪卷走。这些岛屿全遭海水淹没,只有人口最稠密的巴比岛上一间回教庙的顶部露出水面。

日本北海道大海啸

1993 年 7 月 12 日 22 时 17 分,北海道西南海岸发生了 7.8 级大地震。地震引起的海啸,以每小时 500 km 的速度向四周推进,袭击了北海道及本州岛沿岸,其中受灾最严重的地方是距北海道本土 20 km 的奥尻岛。地震发生后仅 5 min,海啸就在避暑胜地奥尻岛登陆,海浪高达 10 m,在藻内地区海浪最高竟达 30.5 m,创 20 世纪地震海啸的最高纪录。在该岛南部青苗地区居民,还来不及逃离现场,凶猛的海水越过防波堤扑面而来。据目击者回忆说,海啸形成的巨浪"就像一扇巨大的黑色屏风压了过来",无情地将人们、房屋和汽车一并吞噬。当海啸退后,近海到处都漂浮着房屋的椽、梁和家具什物。海上巡逻艇在 14 日晚寻找到 13 具尸体,其中最远的已漂到距海岸 27 km 的地方。该岛 230 多栋民房被海水卷得一无踪影,渔船被冲上了岸。据 16 日统计,由于这次地震及震后的海啸、火灾而造成 146 人死亡,117 人失踪。海啸引起的海峰,波及韩国、俄罗斯远东地区。韩国就有约 60 只渔船遭沉没,11 只渔船被毁坏。灾害发生后,日本政府立即成立了由 21 个省厅联合组成的"非常灾害对策总部",首相当即中断原定的竞选演说日程,飞赴灾区视察。事后据日本气象厅报告,由于该地区没有列为地震监测和研究特定地区,当这次大地震发生时,事先根本没有任何预兆和预测数据。另外,受灾地区没有设置牢固的防波堤,并把民房建在离海岸很近的地方。因此,尽管地震后 5 min 海啸警报声四起,但人们还是来不及逃离,从而被无情的巨浪吞没,酿成北海道如此大的灾难。

第七章　火山灾害

第一节　火山及火山灾害的分类

地球具有明显的圈层结构,从地表向地心由地壳、地幔和地核三部分组成。莫霍面以下地幔上部由于压力大、密度高,局部呈熔融状态。在地球内动力作用下,地幔物质不断运动,当岩浆中气体成分游离出来使内压力增大到一定极限时,岩浆就顺地壳裂隙或薄弱地带喷出地表,形成火山喷发。火山活动是岩浆活动的一种形式,也是地球内能和热量释放的主要途径之一。

火山喷发是一种危害严重的地质灾害。从公元1000年以来,全球已有几十万人直接或间接死于火山喷发。20世纪80年代是自1902年以来火山灾难最严重的时期,这一时期因火山喷发而死亡的人数相当于过去70年的总和。大规模的火山喷发还对人类赖以生存的自然环境造成不可估量的破坏和影响。目前,占全球近1/10的人口生活于有潜在喷发危险的火山阴影之下,而世界上大部分最危险的火山都位于人口稠密的发展中国家。

一、火山灾害的内涵

(一)火山

火山(volcano)一词源于意大利西南部岛屿vulcano,意思为锻冶之神的烟囱,是岩浆活动穿过地壳,到达地面或伴随有水汽和灰渣喷出地表,形成特殊结构和锥状形态的山体。岩浆喷出地表的地方叫火山。火山喷发是地球内部物质和能量在岩石圈较脆弱处骤然强烈释放的一种形式。火山喷出物很复杂,既有气体、液体,也有固体。气体中除大量的水蒸气外,尚有氢、氯化氢、硫化氢、一氧化碳、二氧化碳、氟化氢等;火山液体就是熔岩,不同的火山熔岩的性质和喷出量也不同;火山的固体是指喷出时抛射出来的熔岩和围岩的碎屑物质,如火山灰、火山渣、火山豆、火山弹、火山块等,大小非常悬殊。火山喷发后,在火山周围的裂缝中常常还冒出气体。此外,在火山附近还有温泉和间歇喷泉活动。这些都是火山活动晚期现象。

在地球上已知的"死火山"约有2 000座;已发现的"活火山"共有523座,其中陆地上有455座,海底火山有68座。火山在地球上分布是不均匀的,它们都出现在地壳中的断裂带。就世界范围而言,火山主要集中在环太平洋一带和印度尼西亚向北经缅甸、喜马拉雅山脉、中亚、西亚到地中海一带,现今地球上的活火山99%都分布在这两个带上。

(二)岩浆

岩浆(magama)是在地壳深处或上地幔天然形成的、富含挥发组分的高温黏稠的硅酸盐熔浆流体,是形成各种岩浆岩和岩浆矿床的母体。主要成分为硅酸盐,以氧化物形式表示:SiO_2、TiO_2、Al_2O_3、FeO、Fe_2O_3、MnO、MgO、CaO、Na_2O、K_2O、P_2O_5、CO_2、H_2O等。岩浆的主要成分见表 7-1。

表 7-1 岩浆的主要成分

岩浆的种类	未喷出地面形成的深成岩	喷出地面形成的喷出岩
$SiO_2<55\%$	辉长岩	玄武岩
SiO_2 为 55% ~65%	闪长岩	安山岩
$SiO_2>65\%$	花岗岩	流纹岩

岩浆的流动性受以下三个因素的影响：

(1)温度越高，岩浆的黏滞性越小，越容易流动。

(2)SiO_2 含量低，岩浆容易流动。

(3)岩浆是流动的液体和由该液体结晶出来的固体矿物的混合物，固态矿物含量较少，岩浆越容易流动。

岩浆是由地下的岩石熔化而形成的，岩体熔化可以通过以下三个条件实现：减小压力；水和其他挥发性物质进入岩石，降低了岩石的熔点；增高温度。

二、火山的分类

火山喷发的时间长短不一，短的只有几个月，甚至几天；长的可达数年、数十年甚至数百年。火山喷发的规模和危害程度也不相同，喷发酸性熔岩(如流纹岩)的火山，因熔岩黏性大、气体含量多、爆发力强，常喷出大量气体、熔岩、火山碎屑物和火山灰，这种火山称为爆炸式火山。它破坏性大，对人类危害严重。喷发基性熔岩(如玄武岩)为主的火山，熔岩黏性小、温度高，气体和熔岩流常慢慢逸出，很少产生火山碎屑物，这种火山称为宁静式火山。这种火山对人类危害相对较小。

根据火山活动的状况，火山可分为死火山、休眠火山和活火山三种类型。在地质历史时期有过活动，而在人类历史中没有活动的火山称为死火山，它对人类不会造成危害，那些保留火山形态和物质，但在人类历史时期和现今从未活动过的火山，这类火山在世界上的分布最广泛。在人类历史时期曾经有过活动，近代长期没有活动的火山称为休眠火山。现在仍在活动或周期性活动的火山称为活火山，它对人类具有极大的危害性，是人类研究最多的一种火山。

死火山(extinct volcano)指史前曾发生过喷发，但有史以来一直未活动过的火山。此类火山已丧失了活动能力。有的火山仍保持着完整的火山形态，有的则已遭受风化侵蚀，只剩下残缺不全的火山遗迹，我国山西大同火山群在方圆约 1 230 km^2 的范围内，分布着 99 个孤立的火山锥，其中狼窝山火山锥高将近 19 000 m。

休眠火山(dormant volcano)指有史以来曾经喷发过，但长期以来处于相对静止状态的火山。此类火山都保存有完好的火山形态，仍具有火山活动能力，或尚不能断定其已丧失火山活动能力。如我国长白山天池，曾于 1327 年和 1658 年两度喷发，在此之前还有多次活动。目前，虽然没有喷发活动，但从山坡上一些深不可测的喷气孔中不断喷出高温气体，可见该火山目前正处于休眠状态。

活火山(active volcano)指现代尚在活动或周期性发生喷发活动的火山。这类火山正处于活动的旺盛时期。如爪哇岛上的梅拉皮火山,20 世纪以来,平均间隔两年就要持续喷发一个时期,我国近期火山活动以台湾岛大屯火山群的主峰七星山最为有名。大陆上,仅 6 年在新疆昆仑山西段于田的卡尔达西火山群有过火山喷发记录。火山喷发形成了一个平顶火山锥,锥顶海拔 1 000 041 m,锥高 257 461 m,锥体底直径 656 655 m,锥顶直径 254 688 524 m,火山口深 9 659 885 m。

应该说明的是,这三种类型的火山之间没有严格的界限。休眠火山可以复苏,死火山也可以“复活”,相互间并不是一成不变的。过去一直认为意大利的维苏威火山是一个死火山,在火山脚下,人们建筑起许多的城镇,在火山坡上开辟了葡萄园,但在公元 26 年维苏威火山突然爆发,高温的火山喷发物袭占了毫无防备的庞贝和赫拉古农姆两座古城,两座城市及居民全部毁灭和丧生。

按照喷发形式,火山喷发又可以分为裂隙式、中心式和熔透式三种类型。岩浆以其热力熔透顶部岩石,因而大面积露出地表,这种火山喷发方式称为熔透式喷发。人们推测这是太古代时期火山的一种活动,它现在已不存在,在加拿大、瑞典、苏格兰等地的太古代岩石中,可见到喷出岩与深成岩直接过渡的现象,它被认为是熔透式火山喷发的例证。岩浆沿岩石的巨大裂缝溢出地表,称为裂隙式火山喷发,现代海洋和大陆裂谷的火山喷发即为此类火山喷发的代表。岩浆从地壳中的管状通道喷出地表,称为中心喷发。现代火山除大陆裂谷和洋中脊外,几乎都是中心式喷发。

(一)裂隙式喷发

岩浆沿一个方向的大断裂或断裂群上升,喷溢出地表,称为裂隙式喷发。这种喷发火山口不呈圆形,而是长达数十千米以上的断裂带,或者火山口沿断裂带呈串珠状排列,往下可连成墙状通道。现代裂隙式喷发主要分布于大洋中脊处,在大陆上只有冰岛可见到此类火山喷发活动,故又称为冰岛型火山,见图 7-1。图 7-2 为沿着冰岛 Laki 裂缝分布的火山锥,1783 年喷发,人类历史上已知最大的熔岩流喷发。

图 7-1　裂隙式喷发示意图

(二)中心式喷发

喷发物沿火山喉管喷出地面,平面上呈点状喷发,称为中心式喷发。这是现代火山活动最主要的类型。

中心式形成的火山地貌如下:

(1)灰渣火山锥(主要有火山碎屑物在喷口周围堆积的锥形体,如菲律宾的马荣火山)。

(2)富硅质熔岩穹丘(流动性小、富含硅质的熔岩形成穹丘)。

(3)基性熔岩盾(流动性大的基性熔岩流反复喷出堆积而成的盾状体)。

(4)次生火山锥(古火山锥在喷发时追顶破坏和扩大形成环形凹地)。

(5)复合火山锥(多次喷发的火山碎屑和熔岩呈层状混合堆成的火山锥)。

(6)破火山口(有些爆炸式喷发的火山,喷发时堆积物很少却形成一个大的破口)。

(a)　(b)

图 7-2　冰岛裂隙式喷发

(7) 火山塞(形如瓶口)。

(8) 火山口湖(火山口积水形成湖泊)。

根据喷发样式、喷出物种类、火山堆积物和火山地形等中心式喷发和裂隙式喷发两大类又可分出若干亚类,其中中心式喷发亚类较多。

(1) 玄武岩泛流喷发。岩浆沿一个方向的大断裂(裂隙)或断裂群上升,喷出地表。有的从窄而长的通道全面上喷;有的火山呈一字形排列分别喷发,但向下则相连成为墙状通道,因此称为"裂隙式喷发"。喷发以玄武岩为主,流动方向近于平行,厚度及成分较为稳定,产状平缓,以熔岩被多见,常形成熔岩高原。

(2) 夏威夷式喷发。特点是很少发生爆炸,常常从山顶火山口和山腰裂隙溢出相当多数量的玄武质熔岩流,岩浆黏度小,流动性大,表现为比较安静的溢流,气体释放量可多可少。由于喷发时岩浆受到较大的静压力以及气泡的膨胀作用,当其到达地表时,形成熔岩喷泉,被逸出气体推动的熔岩喷泉可高达 300 m 或更高。

(3) 斯通博利型喷发。喷发特征是或多或少的定期的中等强度喷发,喷出炽热熔岩,其黏性比夏威夷式喷发要大一些,伴随着白色蒸汽云。火山口的熔岩有轻度硬结,主要为块状熔岩,由玄武质、安山质成分的岩石组成,熔岩流厚而短,也有少数为绳状,每隔半小时就有气体从中逸出。

(4) 武尔卡诺型喷发。这种类型喷发比斯通博利型火山熔岩黏度更大,呈熔浆状,喷发较为猛烈。不喷发时在火山口上形成较厚的固结外壳,气体在固结的外壳下聚集。当压力增大时,发生猛烈的爆炸,有时足以摧毁一部分火山锥,使阻塞物被炸开,同时伴随着含相当数量火山灰的"菜花状"喷发云。当火山口的"阻塞物"都被喷出后,就有熔岩流从火山口处或火山锥侧缘的裂隙中涌出。

(5) 培雷式喷发。这种喷发产生高黏度岩浆,爆发特别强烈,最明显的特征是产生炽热的火山灰云。在培雷式喷发中,向上逃逸的气体经常被火山口中的熔岩堵住,压力逐渐增大,发生爆炸时就像从瓶塞底下喷出水平方向的一阵疾风。熔岩被火山灰含量很高的气体所推动向外流出,但除从火山口中流出黏稠的熔岩外,其他地方就没有熔岩流出的现象了。

(6)普林尼式喷发。岩浆黏度大,爆发强烈,火山碎屑物常达90%以上。由于爆发强烈及岩浆物质大量抛出,常形成锥顶崩塌的破火山口。这种火山喷发过程常为:清除火山通道—岩浆泡沫化—猛烈爆发出浮岩及火山灰—通道壁上碎石坠入及堵塞火山通道,如此反复作用,形成复杂的火山机构。

(7)超武尔卡诺型喷发。和水蒸气爆发一样,几乎是无岩浆物质的爆发式喷发。有的称为超火山型爆发。由于喷发只有喷发物质而无熔岩,因此喷发物质是在冷却状态下喷发的,偶尔在炽热状态下喷出。其特点是出现大量的基底火山碎屑,有时可达75%~100%。超武尔卡诺型喷发出的物质体积大小变化很大,从巨形岩块到火山灰均有。碎屑通常是棱角状和尖棱角状,无火山弹和熔渣等。

(8)苏特塞式喷发。火山活动的前半个时期,在浅海海底的一个火山口以反复爆发式喷发为特征,当玄武质岩浆与海水接触时又发生爆炸,产生大量细粒物质(火山灰),这种由岩浆—水蒸气、水蒸气—岩浆爆发的类型与陆上的斯通博利型喷发不一样。

以上的分类法也不是最完整的,实际调查揭示,即使是同一种喷发类型,也可能出现在不同类型的火山作用中,而同一座火山在自身的活动过程中也可能产生不同的喷发类型,甚至在同一喷发期也有时出现不同的火山活动形式。

(三)熔透式喷发

岩浆以其热力熔透顶部岩石,因而大面积露出地表,这种火山喷发方式称为熔透式喷发。人们推测这是太古代时期火山的一种活动,它现在已不存在,在加拿大、瑞典、苏格兰等地的太古代岩石中,可见到喷出岩与深成岩直接过渡的现象,它被认为是熔透式火山喷发的例证。

三、火山的形状

火山的形状主要分两种:盾状火山和锥状火山。

(1)盾状火山:如果岩浆中二氧化硅含量不高,岩浆就很容易从火山口喷出,顺着山势流淌,形成盾状火山。

(2)锥状火山:如果岩浆中二氧化硅含量很高,浓稠的岩浆不易流淌,岩浆喷出以后就会堆积在火山口附近,从而形成锥状火山。

四、火山喷出物

爆炸式火山喷发时,首先喷出黑色气体烟柱;然后喷出大量围岩碎块及熔岩物质,降落在火山周围地区;最后冒出灼热的熔岩,并沿山坡向下流动。火山喷发停止后还会有残余气体喷出和温泉涌现。而宁静式火山很少喷出烟柱与碎屑,只溢出灼热的熔岩流,见图7-3。

(一)气体喷发物

气体喷发物中,水-气比例很大,占60%~90%,其他成分主要有H_2S、SO_2、CO_2、HF、HCl、NaCl、NH_4Cl等。它们可形成各种矿产而为人类所利用,同时也经常对自然环境造成一定的破坏。火山喷气可以升华出硫黄、钠盐、钾盐等矿产。

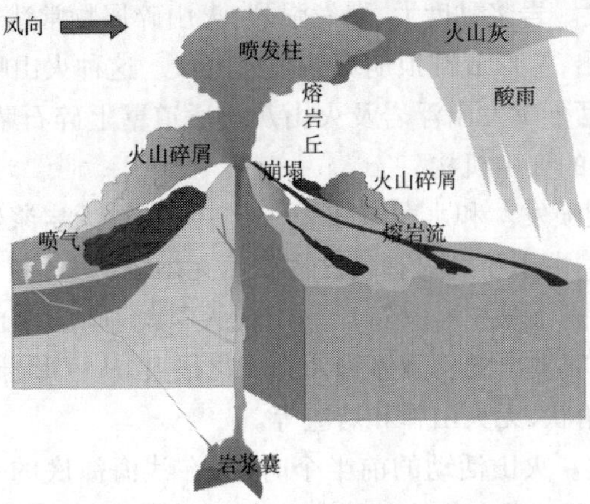

图 7-3　火山喷出物

（二）火山碎屑流

大规模火山喷发期间沿火山侧面斜坡快速向下运动的炽热高速的火山碎屑物质流称为火山碎屑流，或称为熔岩流。基性熔岩流可形成熔岩条带、熔岩被或熔岩锥。熔岩条带呈狭长带状，长度可达数十千米。熔岩锥多呈短而厚的穹窿状。

碎屑流物质通常是黏稠的、富含气体而且炽热的。这是火山灾害中最具毁灭性的一种形式。

有关火山碎屑流的历史记载表明，它们可从火山口流到 100 km 外或更远的地方，流动速度可以达到每小时 700 km 以上。火山碎屑流可能是由火山口顶部附近热熔物质的重力或爆炸坍塌而引起的，并形成由岩块、火山砾、火山灰和热气交织的黏稠混合体。地质学家称这种缺乏分选的堆积物为熔结凝灰岩。火山碎屑流也可能是由喷发柱部分或连续的塌落引起的。

（三）火山碎屑物

火山喷发时射出的岩石碎块称为火山碎屑物，主要有火山灰、火山渣、火山砾和火山弹。火山喷发碎屑是所有在空中形成的火山碎屑物的总称，包括新固化的岩浆和老的破裂岩石的碎块。直接从空中落到地面的单个碎屑物以及在空中作为流动热物质一部分向远处传送的碎屑物都属于火山喷发碎屑。丰富的火山喷发碎屑物质是猛烈的爆炸式喷发的重要特点。

爆炸式喷发的强烈程度与熔融岩浆中溶解的气体含量有关。当上升的岩浆到达地面时，由于压力迅速减小，炽热稠密的气体发生膨胀，从而导致火山碎屑混合物向空中猛烈地射出。这种灼热的混合物在火山口上方较冷的空气中迅速上升而形成喷发柱，高度可达十几到数十千米。各种大小不等的火山碎屑和灰尘在重力作用下到达一定高度时转而下降并散落在火山口周围。较细的火山灰云达到大气圈平流层后，在大气环流的作用下发生漂移，使火山喷发碎屑可以扩散到几百千米甚至上千千米远的地方。

五、火山构造

一个典型的火山包括火山通道、火山口和火山喷出物堆积成的火山锥等几个部分。

火山通道是火山喷发时岩浆喷出的通道。火山喷发后常被熔岩或火山砾岩所充填，形成火山颈。火山锥是火山喷出物堆积在火山口通道四周形成的锥状地形，一般上部较陡，呈30°~40°倾角，下部较缓。火山锥形成之后，若火山再次活动，岩浆沿火山锥上的裂隙涌出，在原先锥坡上形成了小火山锥，叫寄火山锥。在火山锥通道的出口叫火山口。火山口内若被物质充填，可以形成火山原，有时可成为村落之地。火山喷发后，火山口下常积水成湖，称为火山口湖。火山再次喷发时，由于强烈爆炸有时将旧火山口炸掉一部分，使火山口扩大成为大的洼地，形成破火山口。火山口可以很大很深。例如：日本阿苏山火山口南北长 23 km，东西宽 16 km；长白山天池是有名的火山湖，周长 11.3 km，湖深 313 m。

六、世界著名火山

世界著名的十大火山有：美国俄勒冈州的梅扎马火口湖，西西里岛的埃特纳火山，意大利的维苏威火山，印度尼西亚的坦博拉火山，印度尼西亚的喀拉喀托火山，马提尼岛的培雷火山，墨西哥的帕里库廷火山，美国华盛顿州的圣海伦斯火山，哥伦比亚的鲁伊斯火山，菲律宾的皮纳图博火山。

第二节 火山灾害的成因及特征

一、火山灾害

火山喷发灾害有两大类：一类是由于火山喷发本身造成直接灾害，另一类是由于火山喷发而引起的间接灾害，实际上，在火山喷发时，这两类灾害常常是兼而有之的。火山碎屑流、火山熔岩流、火山喷发物（包括火山碎屑和火山灰）、火山喷发引起的间接危害包括地震、海啸、洪水、泥石流、山崩、雪崩、毒气及气候异变。

火山较多的国家有日本、印度尼西亚、意大利、新西兰和美洲各国。日本全境有 200 多座火山，其中活火山占 1/3；印度尼西亚有 400 多座火山，其中活火山占 1/4。这两个国家都有“火山国”之称。迄今为止，世界上最猛烈的火山爆发都发生在印度尼西亚。其中，最为著名的一次是 1815 年坦博拉火山喷发。1815 年 4 月 5 日，该火山突然爆发，周围 1 000 km 范围内的居民都听到了火山爆发时产生的巨响，接着从火山喷出极大数量的气体和火山灰，喷发期长达 3 个多月，喷出的火山灰总量达 6×10^{13} kg。1 000 km 以外的地方都落满了火山灰，其堆积的厚度在火山以外 20 km 处为 90 cm，250 km 处为 25 cm。爆发时产生海啸，使陆地大面积沉陷，坦博拉镇沉到了深 6 m 的海底。此次火山爆发使近 10 万人丧生，财产损失无法估算。爆发式的火山喷发往往在短时间内从火山口向四周抛射出大量的火山物质，如灰、渣、岩块、岩浆等。它们具有炽热、高速等特点，可以摧毁和掩埋火山附近的居民点，造成人们生命财产的损失。

根据资料统计，全球目前有大约 500 座活火山，其中有近 70 座在水下，其余均分布在陆地上。在地球上几乎每年都有规模和程度不同的火山喷发，给人类活动和生存带来了很大的危害。全球大约 1/4 的人口生活在火山活动区的危险地带。据统计，在近 400 年的时间里，火山喷发已经夺去了大约 27 万人的生命。特别是在活火山集中的环太平洋地区,火山灾害更为突出。因此,火山灾害被列为世界主要自然灾害之一。在 1991 ~ 2000 年"国际减轻自然灾害十年"计划中,减轻火山灾害也是其中一项重要的内容,火山灾害在主要自然灾害已经排在第六位。

火山碎屑流是大规模火山喷发比较常见的产物。公元 79 年意大利维苏威火山喷发就是火山碎屑流灾害的典型实例,也是有史以来规模最大的火山喷发事件之一。当时,六条炽热的火山碎屑流,很快埋没了繁华的庞贝城,使庞贝城瞬间就在历史上绝迹,直到 1689 年这座古城才被后人发现。其他几个著名的海滨城市也遭到了不同程度的破坏。印度尼西亚位于环太平洋带,是活火山分布比较多的国家之一,火山灾害十分严重。1815 年 4 月坦博拉火山喷发,火山碎屑流如洪水猛兽夺去了 1 万余人的生命。后来,火山喷发带来的食物短缺和疫病蔓延,又造成 8 万多人随之死亡。

火山喷发,特别是裂隙式喷发,熔岩流经过的地域多,覆盖面积大,造成危害也很严重。1783 年冰岛拉基火山喷发,岩浆沿着 16 km 长的裂隙喷出,淹没了周围的村庄,覆盖面积达 565 km^2。造成冰岛人口减少 1/5,家畜死亡 1/2。

通常,火山爆发会抛出大量的火山碎屑和火山灰,它们会掩埋房屋、破坏建筑,危及生命安全。1951 年 1 月巴布亚新几内亚的拉明顿火山爆发,炽热的火山灰毁坏的土地面积大约 90 m^2,造成房屋倒塌,2 942 人丧生,危害严重。1963 年印度尼西亚阿贡火山爆发时,直接死于火山灰云的人数就达 1 670 余人。

泥石流是火山爆发引发的一种破坏力极大的流体,可以给流经地区造成严重的破坏。1980 年美国圣海伦斯火山爆发,炽热的火山碎屑和熔岩使山地冰雪大量溶化,形成了汹涌的泥石流,从山顶倾泻而下,并引起洪水泛滥,造成 24 人死亡,46 人失踪。1985 年哥伦比亚华多德尔 · 鲁伊斯火山爆发,火山碎屑流溶化了山顶冰盖,形成大规模的泥石流,造成 2 万多人丧生,7 700 余人无家可归,流离失所。

火山爆发时常伴有大量气体喷出。有些火山喷发释放出的有毒气体足以致人于死地。1986 年 8 月喀麦隆尼沃斯火山喷发,有 1 700 余人死于火山喷出的二氧化碳等大量有毒有害气体。

二、火山灾害的成因

地壳越往深处温度越高,压力越大。岩浆像烧熔了的玻璃似的通过岩石空隙或裂缝向上运动。岩浆在不断上升的过程中,遇到薄弱的地壳时,就会喷出地表,形成火山。火山喷发有时会伴随发生地震。地表下面,越深温度越高。在距离地面大约 32 km 的深处,温度之高足以熔化大部分岩石。岩石熔化时膨胀,需要更大的空间。世界的某些地区,山脉在隆起。这些正在上升的山脉下面的压力在变小,这些山脉下面可能形成一个熔岩(也叫"岩浆")库。这种物质沿着隆起造成的裂痕上升。熔岩库里的压力大于它上面的岩石顶盖的压力时,便向外迸发成为一座火山,火山喷发机制见图 7-4。火山的形成涉及一系列物理化学过程。地壳上地幔岩石在一定温度压力条件下产生部分熔融并与母岩分离,熔融体通过孔隙或裂隙向上运移,并在一定部位逐渐富集而形成岩浆囊。随着岩浆的不断补给,岩浆囊的岩浆过剩压力逐渐增大。当表壳覆盖层的强度不足以阻止岩浆继续向上运动时,岩浆通过薄弱带向地表上升。在上升过程中溶解在岩浆中挥发分逐渐熔出,形成气泡，当气泡占有的体积分数超过75%时，禁锢在液体中的气泡会迅速释放出来，导致爆炸性喷发，气体释放后岩浆黏度降到很低，流动转变成湍流性质的。如岩浆黏滞性系数较低或挥发分较少，便仅有宁静式溢流。从部分熔融到喷发一系列的物理化学变化的差别形成了形形色色的火山活动。火山喷发阶段示意图见图7-5。

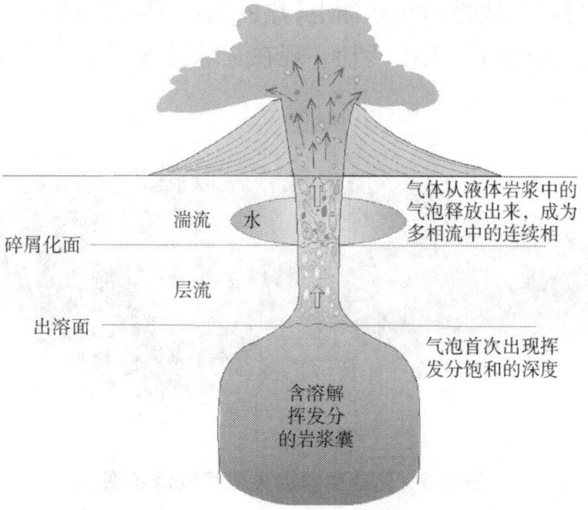

图7-4　火山喷发示意图

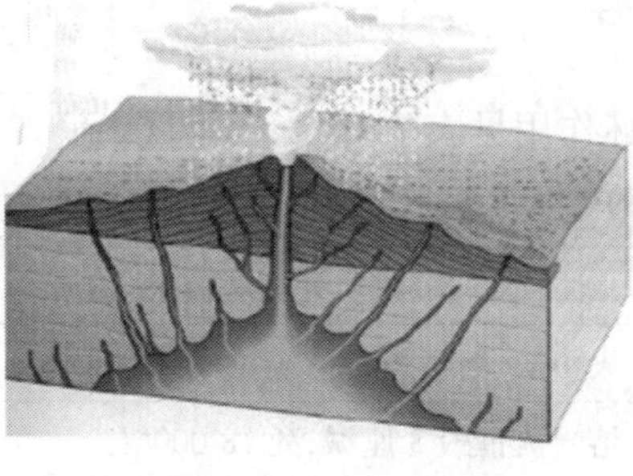

(a)火山猛烈喷发阶段

(b)火山持续喷发阶段(以气体为主)

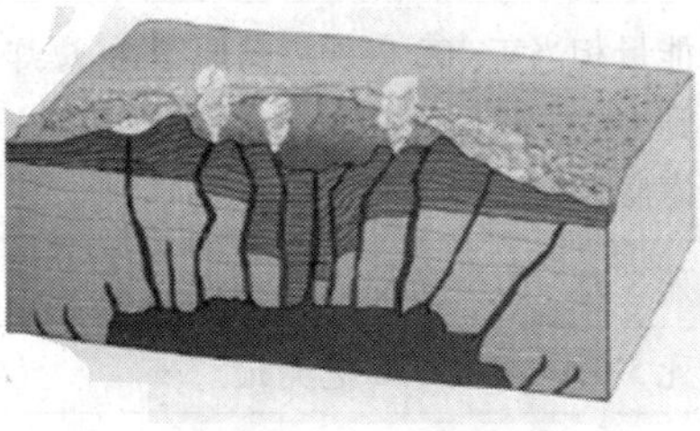

(c)喷发尾声阶段，气体沿裂隙喷出

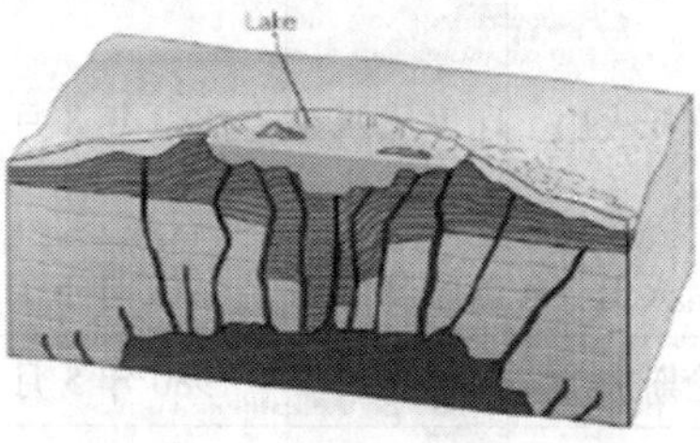

(d)休眠阶段，火山口附近地面下降，形成火山湖，火山进入休眠

图7-5　火山喷发阶段示意图

火山喷发时，炽热的岩浆从火山口喷出，浓烟和火山灰同时冲向天空。火山之所以会喷发，是由于它的内部有一个向地下延伸的火山筒（薄弱带），里面炽热无比，且压力巨

大，岩浆沿着火山筒从深深的地下喷涌而出。火山喷发通常只延续很短时间，并且喷发停止后，火山筒即被封堵。许多年后，当岩浆积蓄到一定能量与压力后，火山可能再度喷发。火山喷发需要巨大的压力，因此火山常在没有任何预兆的情况下突然喷发。

在地球物理界，还有一种观点认为，在地球深部，存在一种地幔柱。它是从地幔底部开始的，在液态地核与固态地幔的间断面上，热的岩浆团可能经常上升到地表，地幔柱的顶部最终一定会熔化，从而引发火山活动。现在全球已发现了地幔柱存在的证据，如夏威夷群岛，见图 7-6。

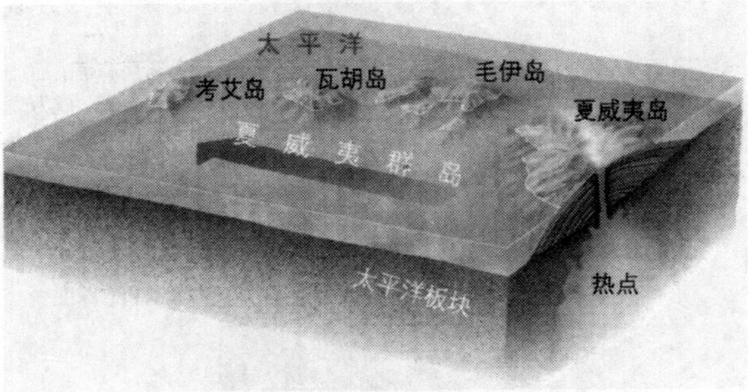

图 7-6　夏威夷群岛火山喷发示意图

三、火山灾害的特征

（一）火山熔岩流

熔岩流的温度高，速度快。火山熔岩流的破坏作用见表 7-2。

表 7-2　火山熔岩流的破坏作用

火山名称	国家	爆发时间	人员死亡和损失
锡拉火山	希腊	公元前 1500 年	火山灰、熔岩覆盖了锡拉城
维苏威火山	意大利	1631 年 12 月 16 日	熔岩流摧毁 3 座城，死 18 000 人
埃特纳火山	意大利	1669 年 3 月 8 日	熔岩流摧毁了尼科罗西城，死 20 000 人
喀拉喀托火山	印度尼西亚	1883 年 8 月 27 日	能量相当于 100 万颗广岛原子弹，爆炸声音影响到地表 7% 的面积，死 3.6 万人，6 500 艘船葬身海底
培雷火山	西印度群岛	1902 年 5 月 8 日	死 3 万 ~3.6 万人
圣海伦斯火山	美国	1980 年 5 月 18 日	死 57 人，损失 8.6 亿美元
皮纳图博火山	菲律宾	1991 年 6 月 9 日	死 200 人，损失 3.57 亿元

（二）火山碎屑流

（1）火山弹和火山砾等较粗的火山碎屑颗粒的危害。公元 79 年，意大利维苏威火山爆发，火山碎屑物砸死 2 000 多人。

（2）火山碎屑物覆盖地面。公元 79 年，意大利维苏威火山喷发时，火山灰厚达 4 m；

美国圣海伦斯火山喷发在田里形成 30 kg/m^2 的火山灰。

(3)火山灰污染地表水,使水体酸化。

(4)火山灰使建筑物负荷过重而倒塌。

(5)火山灰喷到高空形成火山灰云。

(三)火山泥流(火山泥石流)

1985 年哥伦比亚华多德,鲁伊斯火山喷发,造成了一次最大的火山泥流灾害,死 2.2 万人。1919 年爪哇岛克鲁特火山喷发时形成的火山泥流,造成 5 000 余人死亡,毁田 200 km^2。

(四)火山有毒气体

火山喷出的有毒气体有 SO_2、SO_3、CO、Cl_2、H_2S、HF 等。如喀麦隆的莫农湖和尼沃斯湖(原为火山口湖)中积存的火山气体,曾夺去了 1 800 人的生命。1783 年冰岛拉基火山喷发,喷出大量的有毒气体弥漫在大气中,阻碍了植物生长,造成饥荒,有 1/5 人口死亡。

(五)水灾

熔浆、火山泥流等注入湖泊、水库等,造成水体外溢泛滥成灾。火山喷发时使积雪和冰川融化而造成水灾。1918 年和 1997 年的冰岛的火山喷发时,消融了火山口附近的积雪,形成洪流造成灾害。1883 年印度尼西亚的喀拉喀托火山喷发,引起了高达 35 m 的巨浪,引发海啸,毁坏了 300 个村庄。

(六)对气候的影响

(1)火山灰起到"阳伞"作用,减少到达地面的太阳辐射。1982 年,墨西哥埃尔奇琼火山喷发的火山灰和气体在高空形成巨大的云层,厚达 3 000 m,从墨西哥一直延伸到沙特阿拉伯上空,形成浓密的环流带,使到达地面的阳光总量减少了 5% ~10%。

(2)火山喷发气体 H_2O、CO_2、HCl、H_2S、SO_2、NO_x 等对气候的影响,硫化物气体形成气溶胶导致地表温度降低和平流层温度升高,喷出的温室气体对地表温度的影响,对大气圈臭氧层的影响。火山作用导致地球大气圈中的 H_2O、Cl 和 N_2 的循环量约占总量的 25%;火山喷发的硫占全球大气圈中硫的估计量的 25%。

硫化物气体形成气溶胶对气候的影响如导致地表温度降低和平流层温度升高,酸雨会改变下垫面的反射率。喷出的温室气体对地表温度的影响,产生温室效应。对大气圈臭氧层的影响。如 1991 年的菲律宾的皮纳图博火山(Pinatubo)以及智利的 Hudson 火山喷发后,是导致 1991 ~1992 年南半球中高纬度和南极上空臭氧浓度大幅度快速降低的原因之一。

第三节 火山的分布及危害

一、火山的空间分布

火山活动主要与上地幔物质运动有关,同时也与地壳运动和地质构造有关。地幔是玄武岩岩浆和安山岩岩浆的发源地。火山喷发大多发生于大洋中脊或板块俯冲带,但也有位于板块中央而远离任何板块边缘的火山活动,如夏威夷火山群。这些火山形成于地幔中被称为“热点”的玄武岩岩浆深部发源地之上。

(一)世界火山分布情况

世界上有很多火山,目前全世界死火山约有 2 000 余座,活火山 850 座。在过去 400 多年里,爆发过的活火山就有 500 多座,数百座休眠火山以及约 2 000 座死火山。火山的数量虽多,但它的分布却是很有规律的。人们把火山分为四带:环太平洋火山带、大西洋火山带、地中海火山带和东非火山带。火山主要分布在地壳厚度薄、构造活动剧烈的地区。从总体上来看,它们的分布有一定的规律性。全球火山分布情况见图 7-7。

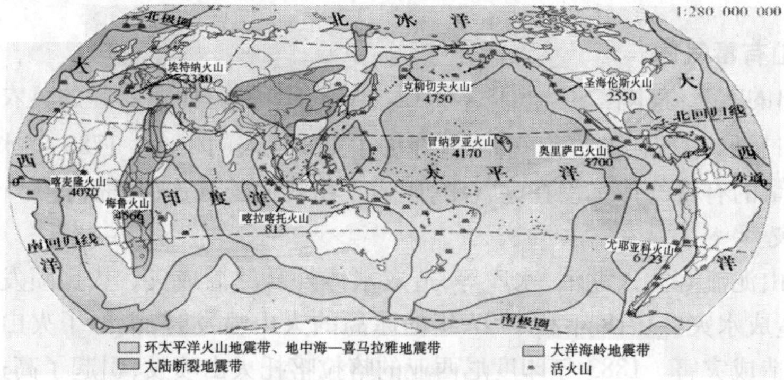

(a)

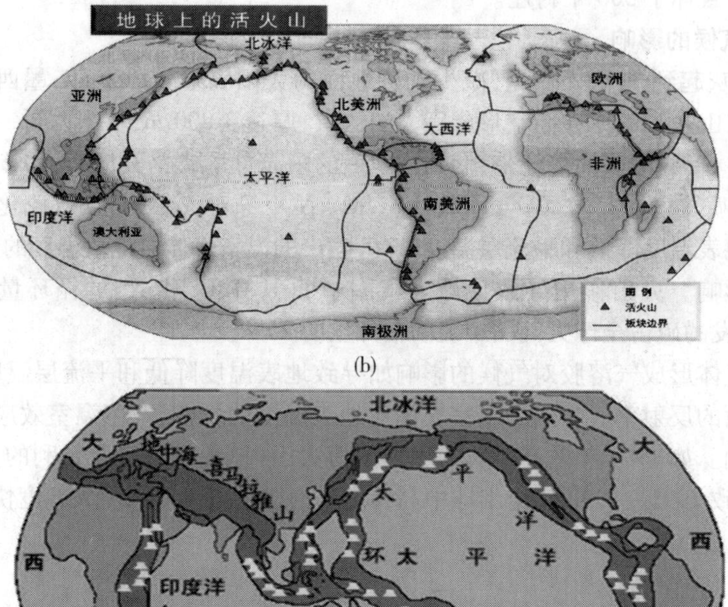

(b)

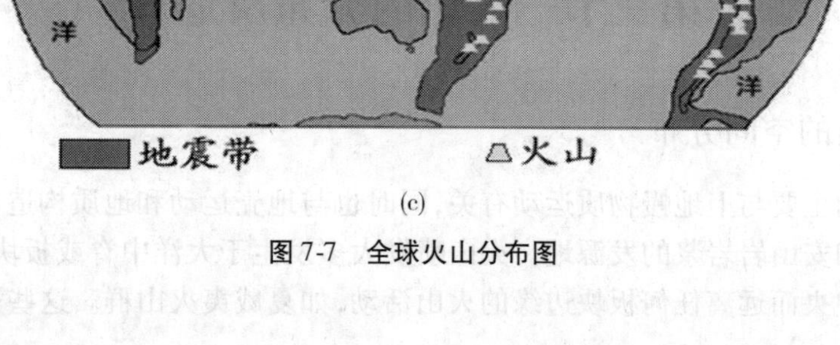

(c)

图 7-7 全球火山分布图

1. 环太平洋火山带

环太平洋火山带呈环带状分布，分布在太平洋板块周围大陆板块边界上的活火山现有319座，占全世界火山总数的62%，其中45%分布在太平洋西岸的岛弧带上，17%分布在太平洋东岸的南、北美洲海岸。此带火山喷发的熔岩均为中性的安山质－酸性的流纹质熔岩，与太平洋板块内的基性玄武岩的喷发明显不同，故有人把这个洋壳玄武岩与环太平洋带安山质－流纹质火山岩之间的界线叫作安山岩线。世界著名的火山勘察加的克留契夫火山、阿拉斯加的卡特曼火山、日本富士山等均分布在此带。太平洋东岸自南至北有安第斯山脉，中美、北美西部的科迪勒拉山脉；太平洋西岸自北而南有阿留申群岛、堪察加半岛、千岛群岛、日本群岛、中国的台湾岛、菲律宾群岛、印度尼西亚诸岛、新西兰，直到南极洲。

环绕太平洋的火山形成所谓的“火链”，地质学家还称为“安山岩线”（Barbara W. Murck 等，1997）。许多世界上活动最强、爆炸最猛烈的火山都分布在环太平洋火山带上，如皮纳图博火山（菲律宾）、Unzen 火山和富士山（日本）、科拉克托和坦博拉（印度尼西亚）以及 Spurr 火山（美国阿拉斯加）。

2. 地中海火山带

地中海火山带呈东西带状分布，自西向东主要有伊比利亚半岛、意大利、希腊、土耳其、高加索、伊朗、喜马拉雅山，经孟加拉湾向东与环太平洋火山带西支交汇。著名的火山有公元79年喷发的意大利维苏威火山和1669年喷发的西西埃里特纳火山。

3. 大西洋海底火山带

大西洋海底火山带呈南北带状分布，北起格陵兰岛，经冰岛、亚速尔群岛，直至圣赫勒拿岛。该火山带火山活动较强烈，有活火山60座。

4. 东非火山带

沿东非大裂谷呈南北带状分布，从尼亚萨兰湖，向北经坦葛尼喀湖至维多利亚湖，有7座活火山分布在东非裂谷附近。

从上述火山分布来看，火山分布是呈带状的，并与年轻的山脉、海沟、海岛和地震分布带相吻合，这些地带与岩石圈板块的边界有着密切的关系，是现代构造运动最活动的地带。

（二）中国火山分布情况

中国的火山，约660座，其中绝大部分是死火山。活火山和休眠火山主要分布在台湾地区、昆仑山区、黑龙江省、长白山和云南腾冲等地。黑龙江和吉林共有230多座，其中著名的有五大连池和长白山。内蒙古是我国火山数量最多的地区，共有270多座，我国最大的，包含有100多座火山的火山群，就分布在这里，其中达里火山群有多达56座火山。台湾地区正好位于环太平洋火山带中，是我国火山活动最为剧烈的地方。澎湖列岛、火烧岛、钓鱼岛等都是海底火山喷发而成的火山岛。台湾最著名的大屯火山群，在岛的北部，由10多座海拔千米左右的火山组成。

我国的火山分布多在沿东海岸线一带，因为这里是环太平洋地震带，是亚洲板块和太平洋板块的衔接处，也是地壳活动较频繁的地区。在我国主要有长白山天池、腾冲、镜泊湖、琼北等火山区。我国活火山不多，除新疆、台湾、西藏等地尚有现代火山活动外，其余地方尚未发现火山活动，而火山地形保存完好的死火山则有广泛分布。

我国火山灾害较少发生，较近一次火山活动发生在1719～1721年，是位于黑龙江省德都县的五大连池火山喷发，五大连池就是火山溶岩阻塞白河河道，积水形成5个相互联系的堰塞湖。现代活火山尚有台北的七星山和新疆的卡西火山。

我国的火山喷发历史记载有多处，如五大连池、长白山等，在过去300年内都有过喷发。我国还有一些火山已被证实在全新世有过喷发，其中较为确切的有8处。这些都是活火山，只是处于休眠状态。在中国历史上这些活火山的喷发基本上没有造成大的人员伤亡和财产损失，主要是因为这些火山喷发大都发生在人迹罕见的地区。然而，在今天其中很多地区已成为人口稠密的都市或旅游胜地，如长白山天池、五大连池、腾冲和海南等。中国最近一次火山活动是西昆仑阿什火山，在1951年5月27日发生了喷发。

目前，中国已发现的火山锥约660座，其中绝大部分是第四纪死火山，近代还活动的火山很少。中国的火山分布也具有较明显的地带性，主要分布在三个区域，见图7-8。

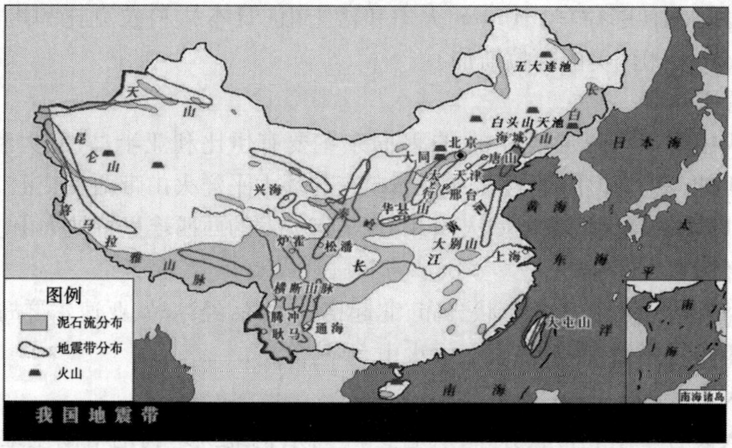

图7-8　中国火山分布图

(1)东北环蒙古高原区域。包括黑龙江、吉林、内蒙古和晋北等地，已发现的死火山锥数目较多，仅大同地区就有20余座。著名的火山有五大连池火山群等。

(2)西南青藏高原区域。主要包括新疆南部昆仑山、西藏、云南等。著名的火山有云南腾冲火山群。

(3)东部环太平洋西岸区域。北起长白山，经山东、河南、江苏、台湾、雷州半岛等地向南一直到海南岛，成为环太平洋火山链的一部分。

二、火山的时间分布

近年来，全世界每年平均有50多座火山爆发。经科学家分析发现，一年中，6月火山爆发的总量最大，喷发出的火山灰和岩浆的总体积也最大。另外，地球上每隔1.9亿～2亿年，火山活动就会出现一次高峰。上述季节性爆发是由于太阳引力场作用。因为6月太阳和地球的旋转轴正好一致，引力相互作用的结果就容易诱发火山爆发。1.9亿～2亿年的时间间隔正好和银河年相一致，即和太阳连同地球围绕银河系中心旋转的周期相一致。

三、火山灾害

火山喷发对人类赖以生存的地球环境的影响可产生两种效应，即灾害效应和资源效应。

从灾害角度讲，火山喷发可引起地震、海啸、火山碎屑流、气候异常变化等灾害。大规模的火山喷发不仅造成巨大的经济损失，还可能使数以万计的人员伤亡。

在过去2 000年中，由火山喷发而造成的死亡人数已有100多万人。几百年来，每个世纪都有约10万人丧生于火山喷发，经济损失约10亿美元（1991年价格）（Robert W. D.等，1991）。按目前的价值计算，在20世纪的前80年里，火山喷发造成的损失估计达100亿美元（徐光宇等，1998）。大规模的火山喷发还对人类赖以生存的自然环境造成不可估量的破坏和影响。目前，全球近1/10的人口生活在有潜在火山喷发危险的阴影之下，而世界上大部分最危险的火山多处于人口稠密的发展中国家。

火山喷发灾害可分为原生灾害和次生灾害两种类型。但任何一次火山喷发都可能产生多重灾害。如1980年美国圣海伦斯火山（Mount St. Helens）喷发时，产生了碎屑流、涌浪、气爆和尘粒等灾害。火山喷发的原生灾害与喷发物质的性质密切相关，如喷发酸性熔岩的火山主要以火山碎屑流、地震、喷发物降落、有毒气体逸散等灾害为主。次生灾害中，火山泥流、大气影响（振动波和放电）、酸雨、洪水、气候变化和地面变形等虽然比较普遍，但其破坏程度较低。就人员伤亡而言，海啸和因喷发引起的饥荒与疾病对人类造成的灾难非常巨大。

（一）火山熔岩流灾害

大多数火山都产生一些熔岩，但大规模的熔岩流是静火山的特征，如夏威夷的火山。熔岩流对人类的危害程度主要取决于熔岩流的规模、流速、火山口外壁斜坡坡度和熔岩流的黏滞性。熔岩流的规模越大、流速越快、火山斜坡坡度越陡、熔岩流流体的黏滞性越小，所造成的灾害就越严重。当它们是由裂缝中急剧喷发而不是从火山口中心喷发时，熔岩的流动性则取决于其化学组成，尤其是SiO_2的含量。液态的熔岩具有很高的流动性，在陡峭的斜坡上低黏滞性的熔岩流能够以大约15 m/s的速率沿山坡向下流动。

（二）火山碎屑流灾害

大规模火山喷发期间沿火山侧面斜坡快速向下运动的炽热高速的火山碎屑物质流称为火山碎屑流，这是火山喷发最具毁灭性和最致命的形式。与缓慢运动的熔岩流不同，炽热而快速运动的火山碎屑流可能使尚未来得及跑开的人群惨遭灭顶之灾。

火山碎屑流能量大、流速快，可从火山口流到100 km外或更远的地方，流动速度可达700 km/h以上。在相当短的时间内，火山碎屑流可摧毁火山口附近方圆几千米甚至上百千米范围内的森林、村庄、桥梁及建筑物等，使火山口附近居民的生命财产安全受到严重威胁。

（三）火山喷发物降落造成的灾害

大规模的火山喷发会使大量的火山碎屑（火山集块、火山角砾、火山弹）及火山灰抛向空中，当这些物质降落时就会掩埋、破坏地面建筑、森林及动植物，甚至危害人的生命。

（四）火山地震灾害

火山喷发往往伴随着地震。喷发之前常常出现局部地震，它们可能是由岩浆房膨胀造成岩体开裂和滑动而引起的。另外一种伴随火山喷发的地震活动是火山震动或称谐震动。它由近乎连续、低频、有节奏的地面运动组成。谐震动可能伴随岩浆的实际运动（如沸腾、对流和岩浆对岩浆房四壁的拖曳）。

强烈的火山地震可导致房屋倒塌，危及人们的生命安全。1991 年菲律宾皮纳图博火山喷发，曾引起四次较强烈的地震，导致火山周围地壳变形，建筑物遭到破坏。

（五）有毒气体逸散

许多火山通过喷气孔或间歇喷泉在不同程度上连续喷发气体。虽然水蒸气是火山喷发的主要气体，但火山气体中也含有其他气体，其中大多数可能对人类、动物或植物有害。有些气体有毒，如一氧化碳（CO）；有些气体是酸性的，如盐酸（HCl）、氢氟酸（HF）；有些情况下喷出的某些气体与水蒸气混合形成酸溶液，如硫酸（H_2SO_4）。

（六）火山喷发对气候的影响

由火山喷发引发的长期灾害类型是大气圈效应（或称气候效应）。火山喷发对全球气候变化起着重要的作用。气候效应主要是由于火山喷发期间火山灰和非常细的颗粒悬浮物质进入平流层而产生的。有些喷发柱的高度很大以至于高空气流把火山碎屑物和富硫气体传送到全球各地。通过阻挡太阳光的入射能量，使太阳直接辐射显著减少，或使太阳光在空中的辐射增加，或者吸收太阳光以及热辐射，从总体上造成太阳总辐射减少，使大气透明度显著降低，致使地表温度在火山喷发后的相当一段时间（一般 1～3 年）内明显降低。这就是人们通常所说的“阳伞效应”或“火山冬天”效应。

（七）火山滑坡与火山泥流

火山喷发时熔岩流的逸出和火山碎屑物质在边坡上积聚使火山斜坡荷载加重、坡度变陡而造成不稳，最终可能导致火山斜坡物质发生块体运动而成为灾害性事件。

火山喷发停息后的很长时间内火山碎屑都可能是危险的。雨水或山顶冰雪融水能够饱和软化堆积在陡峭火山斜坡上的火山碎屑，从而引发可怕的泥流。大量的崩塌堆积物进入河道，也可能导致泥流的发生。火山泥流和碎屑堆积物的崩塌是火山喷发后的常见特征，它们都可能造成毁灭性的后果。

滑坡及岩屑崩落是火山活动造成山坡失稳的普遍特征。这种现象尤其与英安岩浆的喷发有关。这种硅质岩浆相对来讲黏稠度高并溶解有较多的气体成分。英安岩浆沿火山通道向上侵入时产生的侧压力可使山体发生破裂而形成许多裂缝，结果导致斜坡失稳而发生崩塌或滑坡。

火山泥流主要指火山碎屑流及熔岩流在高速流动过程中，与水或积雪融合形成的高密度流体，其流速快，能量大，成分复杂，以紊流流动为主，是一种破坏力极大的流体，可毁坏其所流经地区的农作物、森林、桥梁及建筑物等，给人类社会造成极大的破坏。

任何类型的火山爆发都可能产生火山泥流，不管是爆炸性的还是流动性的火山熔岩流，都伴有大量的水体顺火山陡坡向下流动。这些水体来源于暴雨，有时是火山口湖的坍塌造成的。某些破坏性的事件还与冰雪的迅速融化密切相关。当火山碎屑流所产生的熔岩碎片降落到火山顶部冰雪覆盖区时，融化的冰（雪）水混杂着火山灰、火山弹等以 15～

22 m/s 的速率向山下倾泻。

(八)洪水

在山谷外的低洼地区,火山灰的堆积通常可导致河流洪水泛滥,尤其是在那些易遭受热带飓风和季雨的国家。火山碎屑物阻碍了降水的入渗,从而使地表水径流量剧增,同时火山碎屑物填充河谷又使河流降低了泄洪能力。洪水伴随火山喷发或先于火山喷发进而引发泥流的现象很常见。山顶火山口湖的破裂也可能引起洪水。在冰岛,埋在永久冰盖下面的火山使融化的水在地下积聚,最终以被称作冰爆的形式喷出大量的水而形成洪水。河流被熔岩流或火山泥流堵塞也可导致洪水发生。由此产生的侵蚀和沉积作用可能引起下游水道的长期破坏。在受火山影响的河流系统中清除大规模火山碎屑喷发所形成的火山灰堆积往往需要几年的时间。

(九)海啸

强烈的水下喷发可能产生巨大的海浪,形成海啸。

(十)饥荒和疾病

火山喷发物降落常常掩盖农田、摧毁庄稼并进而引发饥荒。

四、火山喷发的资源效应

火山可以给人类创造一些土地资源,形成了很多矿产资源、重要的旅游资源等,火山是地球的窗口。

同大多数自然灾害不同的是,火山喷发还为人类提供了一定的可以开发利用的资源。虽然我们更重视与火山活动有关的灾害,但实际上它对人类的好处要比危害大得多。撇开火山灰的肥沃成分不谈,它可以提供能源、建筑材料,促进旅游业的发展。如意大利、新西兰能源需求的1/3、10%分别是由地热资源提供的。冰岛雷克雅未克居民的热水供应,几乎都是由地下热水提供的。玄武质熔岩是用途广泛的石材,火山地貌常常可以形成重要的风景资源。许多国家公园都是以火山为中心的,如埃特纳、富士山等。此外,大气圈中的火山喷发物还可引起壮观的日落景象,如同太阳光线被空中颗粒和气溶胶折射时的美景。

火山活动还可形成对人类有用的矿床。金矿、银矿、铜矿等内生矿产均与火山活动有关,许多重要的宝玉石资源基本上都与火山作用有着直接或间接的联系,如与火山期后热液作用有关的欧泊、紫晶、玛瑙、鸡血石、寿山石等。天然硫矿床、石棉、硅藻土等非金属矿床也是火山活动的产物,火山灰、浮岩等是很好的建筑材料。坍塌的破火山口、富含 SiO_2 的地下裂隙系统等对某些矿床的形成起着决定性的作用。火山下部岩浆房对循环的地下水加热是许多主要矿床建造的基本特征。火山活动强烈地区通常也是温泉和矿泉密集分布的地区,中国的长白山、五大连池、内蒙古阿尔山、云南腾冲及台湾等地都是温泉集中地,五大连池药泉山一带矿泉水储量大、饮用和医疗价值很高。火山喷发后最常见的是硫黄矿的形成。陆地喷发的玄武岩,常结晶出自然铜和方解石,海底火山喷发的玄武岩,常可形成规模巨大的铁矿和铜矿。另外,我们熟知的钻石,其形成也和火山有关。由火山作用形成的矿产资源是挺多的,包括非金属资源和金属资源。非金属资源就是火山喷发物,随便哪种火山岩石几乎都可以用,有些玄武岩就用作铸石来开发,像长白山产的浮石、火山灰和火山渣装到编织口袋里就能卖,它是很好的填充建筑材料。

它可以给人类创造一些土地资源,这个土地资源的,像夏威夷岛全是火山喷发出来的,那现在就是土地了,就是美国国土了,而且大夏威夷岛那块几乎年年都有火山喷发,岩浆流到海边去以后在那儿凝固了就成了陆地,扩展了领土;若是火山喷发地强烈,一年能扩展几平方千米,或者再多点。这些岛屿基本都是火山喷发形成的。

火山能创造很多的自然景观,可以不过分地说,世界上很有名的一些风景区大部分是火山区,像美国的黄石公园、夏威夷,日本的富士山,我们国家的长白山、五大连池,其他一些自然景观。

火山和地热是一对孪生兄弟,有火山的地方一般就有地热资源。地热能是一种廉价的新能源,同时无污染,因而得到了广泛的应用。现在,医疗、旅游、农用温室、水产养殖、民用采暖、工业加工、发电方面都可见到地热能的应用。雷克雅未克周围的 3 座地热电站为 15 万冰岛人提供热水和电力,而整个冰岛有 85% 的居民都通过地热取暖。地热资源干净卫生,大大减少了石油等能源进口。现在,全世界有十几个国家都在利用地热发电,我国西藏羊八井建立了全国最大的地热试验基地,取得了很好的成绩。

火山爆发对自然景观的影响十分深远。土地是世界最宝贵的资源,因为它能孕育出各种植物来供养万物。如果火山爆发能给农田盖上不到 20 cm 厚的火山灰,对农民来说可真是喜从天降,因为这些火山灰富含养分能使土地更肥沃。熔岩崩解后,杂草苔类开始冒出来;绳状熔岩流过的山坡长出蕨类植物;火山灰让周围的土地肥沃,当地的葡萄年年丰收;火山喷发后可能出现花岗岩地形。

第四节 火山灾害的防治措施

一、火山活动的前兆现象

火山活动常伴随着地下热异常过程、区域应力场变化和火山物质的迁移等,火山喷发之前必然在火山地区出现各种环境异常变化。在很大程度上,火山喷发预报,尤其是短期预报是根据物理异常的观测和指示大事件发生的先兆或警告信号来进行的。但是,并非所有这些现象在每一次火山喷发前都表现出来,见图 7-9。

(一)地震活动

火山附近常常发生地震活动。然而,是地震触发火山喷发还是火山喷发引起地震,其机制还不十分清楚。

地震活动性的监测是预报火山喷发最可靠的方法之一。对于预测火山喷发而言,确定在当地背景值之上活动性的增强是至关重要的。这就要求有一份良好的地震记录仪的记录,尤其是多年连续的地震活动记录来监测火山活动。有证据表明,存在一种前兆地震特征,人们称之为“简谐振动”,这种振动可持续 20 min 左右,反映了地面以频率 0.5 ~ 10 Hz 的颤动。这种振动与某种地球物理过程相关,局部小的地震和有节奏的震动常常在大喷发之前达到其极点。

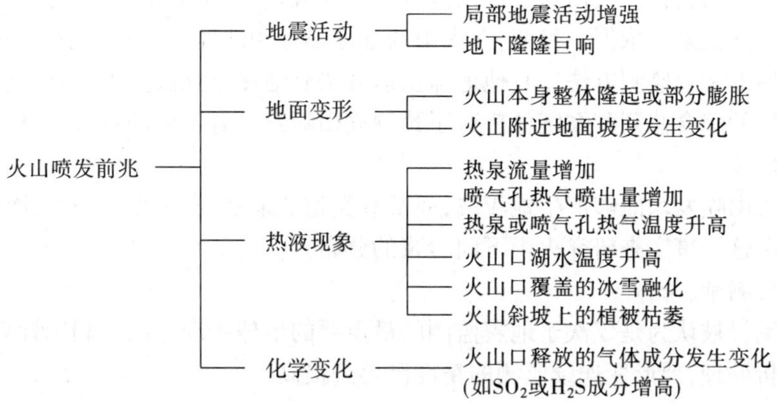

图 7-9　火山喷发前兆

（二）地面变形

地下深处的岩浆涌向地表时可能导致地面发生变形，特别是大的火山喷发之前常出现地面形态和标高的改变，如鼓胀、突起和穹窿等。因此，地面变形有时是预测爆炸式火山喷发的可靠依据。1980 年美国圣海伦斯火山喷发之前，人们用肉眼就能观察到地面形态的改变，但这是很少见的例子。在大多数情况下，地面变形需要利用精密的仪器进行测量，如倾斜仪、光电测距仪和电子测距仪等。

（三）地面热辐射变化

随着岩浆的不断上涌，地表温度可能逐渐增高。但也有不少火山喷发并没有明显的温度场变化。热泉和蒸气的温度虽然能够很容易地监测到，但它们只是间接地反映了地下的变化，而且与较大原地热流相关的地表温度的微小上升可能会被大气降水的影响所淹没。如果地壳浅部物质的热传导性较低而使岩浆热能的传递发生"滞后"时也会延误喷发。然而，火山口湖水、火山附近井水的热变化具有较好的指示意义。

（四）地球化学场变化

火山喷发之前从喷气孔中喷射出来的气体有时会发生成分变化。如盐酸（HCl）和二氧化硫（SO_2）的比例相对于水蒸气的比例有上升的趋势。就像水温变化一样，气体成分的改变并不完全可靠，但它们可能对即将发生的事件提供一种辅助性证据。光谱对比分析技术能够测量紫外光吸收强度并用来监测 SO_2 释放量。然而，利用初期喷发出来的气体成分变化来解释并预报火山喷发是一项难度很大的工作。气体样本在短时间、近距离内就可能有明显的变化。

二、火山喷发的防治措施

（一）火山监测

系统的火山监测工作始于 20 世纪初，1912 年夏威夷火山观测台（VHO）在基拉韦厄破火山口北缘建立。目前，美国、日本、意大利、法国、英国等火山活动多的国家都建立了较为系统的火山监测站。

完好的火山监测记录表明，绝大部分火山喷发之前或喷发期间都可测量到地球物理场或地球化学场的变化。火山监控可以提供预报喷发的基本资料,而长期预测则主要以火山喷发的长期记录为依据。目前,在火山的地球物理和地球化学监测中,地震和地形变是最广泛使用的常规监测方法。其他地球物理方法有地磁、地电、重力、遥感和热辐射等。通过多种手段的综合监测和系统分析对于预测火山喷发具有重要的意义。

1. 地震定位

地震和火山喷发均能够产生地震波,而某些类型的地震波(S 波)不能在液体中传播。科学家们利用这一事实来研究火山下面岩浆的分布。

2. 地形变测量

地形变测量被认为是仅次于地震监测的最重要的地球物理方法。利用计算机进行数据收集和分析处理,地形变连续监测的精度已得到提高。

3. 地电测量

地球具有天然的弱电场,下部岩浆体的变化可能引起岩石电阻率的改变。

4. 地磁观测

岩石中的矿物有的具有天然磁性,磁铁矿是最常见的一种。如果磁铁矿被加热到它的居里点(575 ℃)以上,其磁场强度将会突然降低。而岩石的熔融温度为 800 ~ 1 200 ℃。如果岩浆体运移到岩石附近,岩石很可能被加热到它的居里点以上,岩石磁场强度也会降低。利用这种热磁效应以及压磁效应而导致的地磁异常变化可进行火山活动的监测。

5. 地球化学方法

利用地球化学方法来测量火山的气体释放和温度变化也被广泛用于火山活动监测。地球化学方法测量和研究的对象有火山挥发物、地下水和土壤中各种气体成分和含量、气溶胶、地下水和喷气孔中的放射性氡气等。

(二) 火山喷发预报

火山喷发预报的许多判别因素在火山监测过程中就已经被确定下来了。监测对预报有两方面的好处:①使科学家们能够得知岩浆在火山"管道"系统中的分布和运动;②能够及时探测前兆并确认异常现象,这些异常前兆现象表征了火山内部活动的事件与过程。在绝大多数情况下,没有一种单一的异常前兆足以精确预报喷发。然而,把多种物理的和化学的异常现象综合到一起就可能形成比较全面而清晰的指示标志来预报即将发生的喷发事件。

确认高风险火山是预报喷发的基础,但这并不能保证完全避免灾害。除辨别活火山、休眠火山和死火山外,还必须研究火山的活动历史:①确定火山历史上的喷发样式,对预报活动类型和喷发可能影响的范围是十分重要的;②确定火山喷发的周期,是准确预报喷发时间的关键。某些火山表现出一定活动周期,另一些火山则没有周期性或周期性很不明显。因此,目前尚没有一套完善的理论和方法来预报火山喷发,对于不能完全确定的火山喷发,有时还会出现预报失误。

(三) 中国火山灾害应急预案

1. 国内应急

当火山喷发或出现多种强烈临喷异常现象时,中国地震局和有关省(区、市)人民政府要及时将有关情况报国务院。中国地震局派出火山现场应急工作队伍赶赴灾区,对火山喷发或临喷异常现象进行实时监测，判定火山灾害类型和影响范围，划定隔离带，视情况向灾区人民政府提出转移居民的建议。必要时，国务院研究、部署火山灾害应急工作，国务院有关部门进行支援。灾区人民政府组织火山灾害预防和救援工作，必要时组织转移居民。

2. 对国外应急

国外发生造成重大影响的地震及火山灾害事件，外交部、商务部、中国地震局等部门及时将了解到的受灾国的灾情等情况报国务院，按照有关规定实施国际救援和援助行动。根据情况，发布信息，引导我国出境游客避免赴相关地区旅游，组织有关部门和地区协助安置或撤离我境外人员。当毗邻国家发生地震及火山灾害事件造成我国境内灾害时，按照我国相关应急预案处置。

（四）火山喷发紧急救护措施

迅速跑出熔岩流的路线范围。如果从靠近火山喷发处逃离，应佩戴头盔，或用其他物品护住头部，防止砸伤。火山灰具有刺激性，会对肺部产生伤害。逃生时应用湿布护住口鼻，或佩戴防毒面具。当火山灰中的硫黄随雨而落时，会灼伤皮肤、眼睛和黏膜，应戴上护目镜、通气管面罩或滑雪镜，但不是太阳镜。到庇护所后，要脱去衣服，彻底洗净暴露在外的皮肤，用干净水冲洗眼睛。

（五）危险性火山的识别与评价

全球大部分活火山位于人口密集的发展中国家，科学家们只对其中的一小部分进行了研究。由于受人力、物力和财力的限制，识别高危险性火山并优先加以研究是十分必要的。确定高危险性火山应考虑的因素包括火山喷发的特征、历史记录、已知的地形变和地震事件、喷发物的特征、火山附近的人口密度、历史上火山灾难的死亡人数等。

火山灾害的评价包括利用识别高危险性火山的资料，同时考虑喷发物类型及特征和分布规律等方面的信息，以重建火山过去的喷发行为来评价未来喷发的潜在危害。

火山灾害评价的可靠性取决于地质资料的质量和丰富程度以及所用资料的完整性，时间序列越长所得评价结果越可靠。作为灾害评价组成部分的灾害分带图以概括的方式描绘出供土地规划者、决策者和科学家容易利用的信息。目前，科学家们在某些高危险性火山地区开展了火山灾害评价和分区制图工作，为预报火山喷发、减轻火山灾害损失提供了翔实、可靠的资料（徐光宇等，1998）。

（六）火山地区土地利用规划

土地利用规划在减灾中扮演着重要的角色。通过对火山活动情况的长期观测及区域地质条件和地形地貌的分析研究，划分出火山灾害危险区并提出限制性开发的措施是避免火山灾害的有效途径。以往的火山喷发事件需要精确的地质测年技术，如14C法、树木年轮法、地衣测年法和热释光法等。火山灾害图能够使人们得知过去的喷发事件所影响到的范围，它是土地利用规划的基础性图件。

（七）与工程有关的减灾对策

火山喷发是不可控制的，但采取工程措施可以减轻、缓和灾害的影响。目前，大部分的工程对策与减轻火山碎屑流流动过程引起的灾害有关。改变熔岩流方向以减轻火山灾害的方法比其他工程措施更受青睐。除此之外，就是增强建筑物的抗灾能力。

1. 阻隔熔岩流和火山泥流

1) 阻隔熔岩流

熔岩流流动速度相对较慢，人们通过实施某种工程措施能够改变其流动方向或阻止其向前流动。阻挡或转移熔岩流流动的方法主要有爆破法、筑堤法和喷水冷却法。

(1) 爆破法。由爆破熔岩流的侧缘使其产生一个"决口"而形成支流，引导方向来减少主流前锋的物质，从而控制熔岩流向某一居民点的流动。部分熔岩流流向另一个圆爆破火山口的火山锥，使液态熔岩向四周扩散而不能汇聚成股状熔岩流，这种方法显然具有很大的冒险性。

(2) 筑堤法。就是人工设置障碍物，促使熔岩流转向来保护那些更具价值的财产。这种方法要求具有适宜的地形地貌条件；障碍物必须由具有较强的抗高温、抗冲击性能的材料建成。该方法适合于黏度低、冲撞力较小的熔岩流。

(3) 喷水冷却法。在 1960 年夏威夷的基拉韦厄(Kilauea)火山喷发时首次采用。1973 年冰岛黑迈(Heimaey)的埃尔德费尔(Eldfell)火山喷发时，当地居民为保护维斯曼城也采用了这种方法。据估计，1 m^3 的水在完全转化为水蒸气时能把 0.7 m^3 的熔岩由 1 100 ℃冷却到 100 ℃。水泵把大量的海水抽送到熔岩流的前锋，有效地冷却了每天涌来的熔岩。喷水过后，前面的熔岩慢慢冷却成 20 m 高的固体墙。这种办法虽然代价昂贵，持续了 150 d，但收效显著。

2) 阻隔火山泥流

对于火山泥流，同样可以采用类似的方法来减轻损失，但这些方法只适用于能够事先确定火山泥流流动途径的地区，对于局限在河谷中破坏性强的干流则不适用。在印度尼西亚的某些村镇筑起了土石堆来暂时阻挡火山泥流以便人们有足够的时间到达高处的安全地带躲避灾难。但是，这种措施仍需要有效的应急预警组织系统与之相配合。

减轻火山泥流灾害的另一措施就是切断火山泥流的水体来源，而火山湖是形成火山泥流最大、最常见的供水水源。

2. 增强建筑物的抗灾能力

从空中落下的火山碎屑物可能导致强度不高的建筑物坍塌，从而造成人员伤亡和财产损失。特别是对平顶房屋而言，密度高达 1 t/m^3 的湿火山灰使爆炸式火山周围危险区内的建筑物绝大多数遭受破坏。1991 年菲律宾皮纳图博火山喷发后，距火山 25 km 的安赫莱斯城降落的火山灰厚度达 8 ~ 10 cm。这座有 28 万人的城市中，近 10% 的房屋屋顶坍塌。增强建筑物抵抗能力的唯一方法就是制定房屋结构设计和屋顶建筑材料的规范，对现有建筑进行加固改造，新建建筑物优先选择强度高、坡度大的屋顶结构。

3. 火山灾害应急管理

火山灾害应急管理在应付火山灾害危机中起着关键的作用。但目前这一减轻火山灾害的重要措施还未引起足够重视。这是由于相对于人类寿命而言，火山喷发的频度比其他地质灾害相对低得多。

某些火山从开始出现异常前兆现象到大爆发要持续几个月甚至更长的时间，另外一些火山则仅有几个小时。因此，为了保障危险区人员的生命安全，让他们事先熟悉撤离路线和可以避难的藏身之处是至关重要的。在某种程度上，撤离方向具有一定的灵活性，它取决于爆发规模、熔岩流动方式、喷发时的主导风向等因素。

用于撤离的道路必须保障畅通，特别是在人口密度大的地区更是如此。然而，一些道路会因地震引起的地面塌陷而被阻断；坡度较大的公路可能因细粒火山灰降落出现车轮打滑现象，在制定撤离路线时必须考虑到这些因素。

对于躲在避难场所的人们，则需要提供食物、饮水、帐篷、医疗和卫生保健等项服务。由于火山灰使空气质量极度恶化，患呼吸道疾病的人数剧增，必须保证足够的药品供应。

（八）灾后援助与重建

对于遭受火山灾害的人们来讲，灾后援助也是非常重要的。火山活动的特征之一是持续时间长，喷发可能在几个月的时间内重复进行。这就意味着火山灾民需要较长时间的援助，重建家园的工作也不可避免地拖延很长时间。如印度尼西亚伽伦甘哥火山在连续6个月的时间内喷发了29次。在最初的3个月，政府对灾民的援助显得混乱而无计划，在印度尼西亚红十字会制订了完善的食品援助计划后，援助工作才进行得比较成功。

对于遭受火山灾难的人们来说，重建家园更是一项艰苦而长期的工作。降落到城市区内的火山碎屑物必须清除；市区内园林和绿地的植物需要重新移植；降落到农田的火山碎屑物因范围广阔而无法清除，只能等若干年后火山物质风化成土壤后再重新耕作。

第八章 滑坡和泥石流灾害

第一节 滑坡和泥石流的概念及分类

一、滑坡的概念及分类

（一）滑坡的概念

顾名思义，滑坡有两重含义，一是“滑”，二是“坡”。无“坡”不“滑”，在平原地区，不会出现滑坡，在陡峭的山区才有可能出现滑坡。另外，有“坡”未必“滑”，滑坡是在重力作用下，高处的物质向低处运动，用力学的语言来说，高处物质的重力势能有可能转化为向低处运动的动能。但是，并不是所有的山坡都自然地会发生滑坡。因此，滑坡是指斜坡上的土体或者岩体，受河流冲刷、地下水活动、雨水浸泡、地震及人工切坡等因素影响，在重力作用下，沿着一定的软弱面或者软弱带，整体地或者分散地顺坡向下滑动的自然现象，俗称“走山”“垮山”“地滑”“土溜”等。

（二）滑坡的分类

为了更好地认识和治理滑坡，需要对滑坡进行分类。但由于自然界的地质条件和作用因素复杂，各种工程分类的目的和要求又不尽相同，因而可从不同角度进行滑坡分类，根据我国的滑坡类型可有如下的滑坡划分：

（1）按照体积划分为：小型滑坡，滑坡体积小于 10 万 m^3；中型滑坡，滑坡体积为 10 万～100 万m^3；大型滑坡，滑坡体积为 100 万～1 000 万 m^3；特大型滑坡（巨型滑坡），滑坡体积大于 1 000 万 m^3。

（2）按照滑动速度划分为：蠕动型滑坡，人们凭肉眼难以看见其运动，只能通过仪器观测才能发现的滑坡；慢速滑坡，每天滑动数厘米至数十厘米，人们凭肉眼可直接观察到滑坡的活动；中速滑坡，每小时滑动数十厘米至数米的滑坡；高速滑坡，每秒滑动数米至数十米的滑坡。

（3）按照滑坡体的物质组成和滑坡与地质构造关系划分为：①覆盖层滑坡，有黏性土滑坡、黄土滑坡、碎石滑坡、风化壳滑坡。②基岩滑坡，按其与地质结构的关系又可分为：均质滑坡、顺层滑坡、切层滑坡。顺层滑坡又可分为沿层面滑动或沿基岩面滑动的滑坡。③特殊滑坡，有融冻滑坡、陷落滑坡等。

（4）按照滑坡体的厚度划分为：浅层滑坡、中层滑坡、深层滑坡、超深层滑坡。

（5）按照滑坡规模大小划分为：小型滑坡、中型滑坡、大型滑坡、巨型滑坡。

（6）按照形成的年代划分为：新滑坡、古滑坡、老滑坡、正在发展中的滑坡。

（7）按照力学条件划分为：牵引式滑坡、推动式滑坡。

（8）按照物质组成划分为：土质滑坡、岩质滑坡。

(9)按照滑动面与岩体结构面之间的关系划分为:同类土滑坡、顺层滑坡、切层滑坡。

(10)按照结构分类划分为:层状结构滑坡、块状结构滑坡、块裂状结构滑坡。

二、泥石流的概念与分类

(一)泥石流的概念

泥石流是指在山区或者其他沟谷深壑、地形险峻的地区,因为暴雨、暴雪或其他自然灾害引发的山体滑坡并携带有大量泥沙以及石块的特殊洪流。泥石流具有突然性以及流速快、流量大、物质容量大和破坏力强等特点。发生泥石流常常会冲毁公路、铁路等交通设施,甚至村镇等,造成巨大损失。泥石流是沙石、泥土、岩屑、石块等松散固体物质和水的混合体在重力作用下沿着沟床或坡面向下运动的特殊流体。

在降雨过程中,山区堆积的松散的固体物质和雨水混合,形成泥石流,沿着沟壑或坡面流动,在流体和沟床或坡面之间存在着泥浆滑动面,但不存在山体中的破裂面,这是泥石流和滑坡的明显区别。两者运动的能量来源都是重力,这是泥石流和滑坡的相同之处。

泥石流是介于流水和滑坡之间的一种地质作用,典型的泥石流由悬浮着粗大固体碎屑物并含沙石及黏土的黏稠泥浆组成。在适当的地形条件下,大量的水体浸透山坡的固体堆积物质,使其稳定性下降,饱含水分的固体堆积物质在自身重力下发生运动,就形成了泥石流。泥石流是一种灾害性的地表过程。泥石流经常突然暴发,它来势凶猛,可携带巨大的石块,并以高速前进,具有强大的能量,破坏性极大。

(二)泥石流的分类

1. 按物质成分分类

(1)由大量黏性土和粒径不等的砂粒、石块组成的叫泥石流。

(2)以黏性土为主,含少量砂粒、石块,黏度大、呈稠泥状的叫泥流。

(3)由水和大小不等的砂粒、石块组成的称之水石流。

2. 按流域形态分类

(1)标准型泥石流。为典型的泥石流,流域呈扇形,面积较大,能明显地划分出形成区、流通区和堆积区。

(2)河谷型泥石流。流域呈狭长条形,其形成区多为河流上游的沟谷,固体物质来源较分散,沟谷中有时常年有水,故水源较丰富,流通区与堆积区往往不能明显分出。

(3)山坡型泥石流。流域呈斗状,其面积一般小于1 000 m^2,无明显的流通区,形成区与堆积区直接相连。

3. 按物质状态分类

(1)黏性泥石流,含大量黏性土的泥石流或泥流。其特征是:黏性大,固体物质占40% ~60%,最高达80%。其中的水不是搬运介质,而是组成物质,稠度大,石块呈悬浮状态,暴发突然,持续时间亦短,破坏力大。

(2)稀性泥石流,以水为主要成分,黏性土含量少,固体物质占10% ~40%,有很大分散性。水为搬运介质,石块以滚动或跃移方式前进,具有强烈的下切作用。其堆积物在堆积区呈扇状散流,停积后似“石海”。

(3)过渡性泥石流,泥和石大体相当,由大量黏性土和粒径不等的砂粒、石块组成。

4. 其他分类

泥石流的密度从总体上表征了泥沙石块和水的组合特征,因此也可以根据密度对泥石流进行分类。除此之外还有多种分类方法,如按泥石流的成因分类有:水川型泥石流、降雨型泥石流;按泥石流的流域大小分类有:大型泥石流、中型泥石流和小型泥石流;按泥石流的发展阶段分类有:发展期泥石流、旺盛期泥石流和衰退期泥石流等。

第二节 滑坡和泥石流的成因及特征

一、滑坡的成因及特征

(一)滑坡的成因

1. 基本条件

产生滑坡的基本条件是斜坡体前有滑动空间,两侧有切割面。例如中国西南地区,特别是西南丘陵山区,最基本的地形地貌特征就是山体众多,山势陡峻,土壤结构疏松,易积水,沟谷河流遍布于山体之中,与之相互切割,因而形成众多的具有足够滑动空间的斜坡体和切割面。广泛存在滑坡发生的基本条件,滑坡灾害相当频繁。从斜坡的物质组成来看,具有松散土层、碎石土、风化壳和半成岩土层的斜坡抗剪强度低,容易产生变形面下滑;坚硬岩石中由于岩石的抗剪强度较大,能够经受较大的剪切力而不变形滑动。但是,如果岩体中存在着滑动面,特别是在暴雨之后,由于滑动面在水中的浸泡,使其抗剪强度大幅度下降而易滑动。

降雨对滑坡的影响很大。降雨对滑坡的作用主要表现在,雨水的大量下渗,导致斜坡上的土石层饱和,甚至在斜坡下部的隔水层上积水,从而增加了滑体的重量,降低土石层的抗剪强度,导致滑坡产生。不少滑坡具有"大雨大滑、小雨小滑、无雨不滑"的特点。

地震对滑坡的影响很大。究其原因,首先是地震的强烈作用使斜坡土石的内部结构发生破坏和变化,原有的结构面张裂、松弛,加上地下水也有较大变化,特别是地下水位的突然升高或降低对斜坡稳定是很不利的。另外,一次强烈地震的发生往往伴随着许多余震,在地震力的反复振动冲击下,斜坡土石体就更容易发生变形,最后就会发展成滑坡。

2. 主要条件

产生滑坡的主要条件有:一是地质条件与地貌条件;二是内外营力(动力)和人为作用的影响。

第一个条件与以下几个方面有关:

(1)岩土类型:岩土体是产生滑坡的物质基础。一般来说,各类岩、土都有可能构成滑坡体,其中结构松散,抗剪强度和抗风化能力较低,在水的作用下其性质能发生变化的岩、土,如松散覆盖层、黄土、红黏土、页岩、泥岩、煤系地层、凝灰岩、片岩、板岩、千枚岩等及软硬相间的岩层所构成的斜坡易发生滑坡。

(2)地质构造条件:组成斜坡的岩、土体只有被各种构造面切割分离成不连续状态时,才有可能向下滑动的条件。同时,构造面又为降雨等水流进入斜坡提供了通道。所以,各种节理、裂隙、层面、断层发育的斜坡,特别是当平行和垂直斜坡的陡倾角构造面及顺坡缓倾的构造面发育时,最易发生滑坡。

(3)地形地貌条件:只有处于一定的地貌部位,具备一定坡度的斜坡,才可能发生滑坡。一般江、河、湖(水库)、海、沟的斜坡,前缘开阔的山坡、铁路、公路和工程建筑物的边坡等都是易发生滑坡的地貌部位。坡度大于10°且小于45°,下陡中缓上陡、上部呈环状的坡形是产生滑坡的有利地形。

(4)水文地质条件:地下水活动,在滑坡形成中起着主要作用。它的作用主要表现在:软化岩、土,降低岩、土体的强度,产生动水压力和孔隙水压力,潜蚀岩、土,增大岩、土容重,对透水岩层产生浮托力等,尤其是对滑面(带)的软化作用和降低强度的作用最突出。

就第二个条件而言,在现今地壳运动的地区和人类工程活动的频繁地区是滑坡多发区,外界因素和作用,可以使产生滑坡的基本条件发生变化,从而诱发滑坡。主要的诱发因素有:地震、降雨和融雪、地表水的冲刷、浸泡、河流等地表水体对斜坡坡脚的不断冲刷;不合理的人类工程活动,如开挖坡脚、坡体上部堆载、爆破、水库蓄(泄)水、矿山开采等都可诱发滑坡,还有如海啸、风暴潮、冻融等作用也可诱发滑坡。

(二)滑坡的特征

1.强度因素

滑坡的活动强度,主要与滑坡的规模、滑移速度、滑移距离及其蓄积的位能和产生的功能有关。一般来讲,滑坡体的位置越高、体积越大、移动速度越快、移动距离越远,则滑坡的活动强度也就越高,危害程度也就越大。具体讲来,影响滑坡活动强度的因素如下。

1)地形

坡度、高差越大,滑坡位能越大,所形成滑坡的滑速越高。斜坡前方地形的开阔程度,对滑移距离的大小有很大影响。地形越开阔,则滑移距离越大。开阔程度对滑移距离的大小有很大影响。地形越开阔,则滑移距离越大。

2)岩性

组成滑坡体的岩、土的力学强度越高、越完整,则滑坡往往就越少。构成滑坡滑面的岩、土性质,直接影响着滑速的高低,一般来讲,滑坡面的力学强度越低,滑坡体的滑速也就越高。

3)地质构造

切割、分离滑坡体的地质构造越发育,形成滑坡的规模往往也就越大、越多。

2.诱发因素

诱发滑坡活动的外界因素越强,滑坡的活动强度则越大。如强烈地震、特大暴雨所诱发的滑坡多为大的高速滑坡。

3.人为因素

违反自然规律、破坏斜坡稳定条件的人类活动都会诱发滑坡。

1)开挖坡脚

修建铁路、公路、依山建房、建厂等工程,常常因使坡体下部失去支撑而发生下滑。例如我国西南、西北的一些铁路、公路,因修建时大力爆破、强行开挖,事后陆陆续续地在边坡上发生了滑坡,给道路施工、运营带来危害。

2)蓄水、排水

水渠和水池的漫溢和渗漏,工业生产用水和废水的排放、农业灌溉等,均易使水流渗入坡体,加大孔隙水压力,软化岩、土体,增大坡体容重,从而促使或诱发滑坡的发生。水库的水位上下急剧变动,加大了坡体的动水压力,也可使斜坡和岸坡诱发滑坡发生。支撑不了过大的重量,失去平衡而沿软弱面下滑。尤其是厂矿废渣的不合理堆弃,常常触发滑坡的发生。此外,劈山开矿的爆破作用,可使斜坡的岩、土体受振动而破碎产生滑坡;在山坡上乱砍滥伐,使坡体失去保护,便有利于雨水等水体的入渗从而诱发滑坡等。如果上述的人类作用与不利的自然作用互相结合,则就更容易促进滑坡的发生。

随着经济的发展,人类越来越多的工程活动破坏了自然坡体,因而滑坡的发生越来越频繁,并有愈演愈烈的趋势,应加以重视。

4. 时间规律

滑坡的活动时间主要与诱发滑坡的各种外界因素有关,如地震、降温、冻融、海啸、风暴潮及人类活动等。大致有如下规律:

1)同时性

有些滑坡受诱发因素的作用后,立即活动。如强烈地震、暴雨、海啸、风暴潮等发生时和不合理的人类活动如开挖、爆破等,都会有大量的滑坡出现。

2)滞后性

有些滑坡发生时间稍晚于诱发作用因素的时间。如降雨、融雪、海啸、风暴潮及人类活动之后。这种滞后性规律在降雨诱发型滑坡中表现最为明显,该类滑坡多发生在暴雨、大雨和长时间的连续降雨之后,滞后时间的长短与滑坡体的岩性、结构及降雨量的大小有关。一般来讲,滑坡体越松散、裂隙越发育、降雨量越大,则滞后时间越短。此外,人工开挖坡脚之后,堆载及水库蓄、泄水之后发生的滑坡也属于这类。由人为活动因素诱发的滑坡的滞后时间的长短与人类活动的强度大小及滑坡的原先稳定程度有关。人类活动强度越大、滑坡体的稳定程度越低,则滞后时间越短。

二、泥石流的形成及特征

(一)泥石流的形成条件

泥石流的形成条件是:地形陡峭,松散堆积物丰富,特大暴雨或大量冰融水的流出。

1. 地形地貌条件

在地形上具备山高沟深,地形陡峻,沟床纵度降大,流域形状便于水流汇集。在地貌上,泥石流的地貌一般可分为形成区、流通区和堆积区三部分。上游形成区的地形多为三面环山,一面出口为瓢状或漏斗状,地形比较开阔、周围山高坡陡、山体破碎、植被生长不良,这样的地形有利于水和碎屑物质的集中;中游流通区的地形多为狭窄陡深的峡谷,谷床纵坡降大,使泥石流能迅猛直泻;下游堆积区的地形为开阔平坦的山前平原或河谷阶地,使堆积物有堆积场所。

2. 松散物质来源条件

泥石流常发生于地质构造复杂、断裂褶皱发育,新构造活动强烈,地震烈度较高的地区。地表岩石破碎,崩塌、错落、滑坡等不良地质现象发育,为泥石流的形成提供了丰富的固体物质来源;另外,岩层结构松散、软弱、易于风化、节理发育或软硬相间成层的地区,因易受破坏,也能为泥石流提供丰富的碎屑物来源;一些人类工程活动,如滥伐森林造成水土流失,开山采矿、采石弃渣等,往往也为泥石流提供大量的物质来源。

3. 水源条件

水既是泥石流的重要组成部分,又是泥石流的激发条件和搬运介质(动力来源),泥石流的水源,有暴雨、冰雪融水和水库溃决水体等形式。我国泥石流的水源主要是暴雨、长时间的连续降雨等。

(二)泥石流的特征

泥石流是暴雨、洪水将含有砂石且松软的土质山体经饱和稀释后形成的洪流。它的面积、体积和流量都较大,而滑坡是经稀释土质山体小面积的区域。典型的泥石流由悬浮着粗大固体碎屑物并富含粉砂及黏土的黏稠泥浆组成。在适当的地形条件下,大量的水体浸透流水山坡或沟床中的固体堆积物质,使其稳定性降低,饱含水分的固体堆积物质在自身重力作用下发生运动,就形成了泥石流。泥石流是一种灾害性的地质现象。泥石流经常突然暴发,来势凶猛,可携带巨大的石块,并以高速前进,具有强大的能量,因而破坏性极大。

泥石流流动的全过程一般只有几个小时,短的只有几分钟。泥石流是一种广泛分布于世界各国一些具有特殊地形、地貌状况地区的自然灾害,是山区沟谷或山地坡面上,由暴雨、冰雪融化等水源激发的、含有大量泥沙石块的介于挟沙水流和滑坡之间的土、水、气混合流。泥石流大多伴随山区洪水而发生。它与一般洪水的区别是洪流中含有足够数量的泥沙石等固体碎屑物,其体积含量最少为15%,2010年8月8日甘肃舟曲县发生泥石流灾害高达80%左右,因此比洪水更具有破坏力。泥石流的发生具有以下规律:

(1)季节性。我国泥石流的暴发主要是受连续降雨、暴雨,尤其是特大暴雨集中降雨的激发。因此,泥石流发生的时间规律是与集中降雨时间规律相一致的,具有明显的季节性。一般发生在多雨的夏秋季节。因集中降雨的时间的差异而有所不同。四川、云南等西南地区的降雨多集中在6~9月,因此西南地区的泥石流多发生在6~9月;而西北地区降雨多集中在6~8三个月,尤其是7月、8月两个月降雨集中,暴雨强度大,因此西北地区的泥石流多发生在7月、8月两个月。据不完全统计,发生在这两个月的泥石流灾害占该地区全部泥石流灾害的90%以上。

(2)周期性。泥石流的发生受暴雨、洪水的影响,而暴雨、洪水总是周期性地出现。因此,泥石流的发生和发展也具有一定的周期性,且其活动周期与暴雨、洪水的活动周期大体相一致。当暴雨、洪水两者的活动周期与季节性相叠加,常常形成泥石流活动的一个高潮。

泥石流的诱发因素是由于工农业生产的发展,人类对自然资源的开发程度和规模也在不断发展。当人类经济活动违反自然规律时,必然引起大自然的报复,有些泥石流的发生,就是由于人类不合理的开发而造成的。工业化以来,因为人为因素诱发的泥石流数量正在不断增加。可能诱发泥石流的人类工程经济活动主要有以下三个方面:

(1)自然原因。岩石的风化是自然状态下既有的,在这个风化过程中,既有氧气、二氧化碳等物质对岩石的分解,又有因为降水中吸收了空气中的酸性物质而产生的对岩石的分解,也有地表植被分泌的物质对土壤下的岩石层的分解,还有就是霜冻对土壤形成的冻结和溶解造成的土壤的松动。这些原因都能造成土壤层的增厚和土壤层的松动。

(2)不合理开挖。修建铁路、公路、水渠以及其他工程建筑的不合理开挖。有些泥石流就是在修建公路、水渠、铁路以及其他建筑活动,破坏了山坡表面而形成的。如云南省东川至昆明公路的老干沟,因修公路及水渠,使山体破坏,加之1966年犀牛山地震又形成崩塌、滑坡,致使泥石流更加严重。又如香港多年来修建了许多大型工程和地面建筑,几乎每个工程都要劈山填海或填方,才能获得合适的建筑场地。1972年一次暴雨,使正在施工的挖掘工程现场120人死于滑坡造成的泥石流。

(3)弃土、弃渣、采石。这种行为形成的泥石流的事例很多。如四川省冕宁县泸沽铁矿汉罗沟,因不合理堆放弃土、矿渣,1972年一场大雨暴发了矿山泥石流,冲出松散固体物质约10万 m^3,淤埋成昆铁路300 m和喜(德)—西(昌)公路250 m,中断行车,给交通运输带来严重损失。又如甘川公路西水附近,1973年冬在沿公路的沟内开采石料,1974年7月18日发生泥石流,使15座桥涵淤塞。

(4)滥伐乱垦。会使植被消失,山坡失去保护、土体疏松、冲沟发育,大大加重水土流失,进而山坡的稳定性被破坏,崩塌、滑坡等不良地质现象发育,结果就很容易产生泥石流。例如,甘肃省白龙江中游是我国著名的泥石流多发区。而在1 000多年前,那里竹树茂密、山清水秀,后因伐木烧炭,烧山开荒,森林被破坏,才造成泥石流泛滥。又如,甘川公路石坳子沟山上大耳头,原是森林区,因毁林开荒,1976年发生泥石流毁坏了下游村庄、公路,造成人民生命财产的严重损失。当地群众说:“山上开亩荒,山下冲个光。”

(5)次生灾害。由于地震灾害过后经过暴雨或是山洪稀释大面积的山体后发生的洪流。如云南省东川地区在1966年是近十几年的强震期,使东川泥石流的发展加剧。仅东川铁路在1970~1981年的11年中就发生泥石流灾害250余次。又如1981年,东川达德线泥石流,成昆铁路利子伊达泥石流、宝成铁路、宝天铁路的泥石流,都是在大周期暴雨的情况下发生的。

第三节 滑坡和泥石流的分布及危害

一、滑坡的分布及危害

(一)滑坡的分布

滑坡主要与地质因素和气候等因素有关。通常下列地带是滑坡的易发和多发地区:

(1)江、河、湖(水库)、海、沟的岸坡地带,地形高差大的峡谷地区,山区、铁路、公路、工程建筑物的边坡地段等。这些地带为滑坡形成提供了有利的地形地貌条件。

(2)地质构造带中,如断裂带、地震带等。通常地震烈度大于7度的地区,坡度大于25°的坡体,在地震中极易发生滑坡;断裂带中的岩体破碎、裂隙发育,则非常有利于滑坡的形成。

(3)易滑(坡)的岩、土分布区。如松散覆盖层、黄土、泥岩、页岩、煤系地层、凝灰岩、片岩、板岩、千枚岩等岩、土的存在,为滑坡的形成提供了良好的物质基础。

(4)暴雨多发区或异常的强降雨地区。在这些地区,异常的降雨为滑坡的发生提供了有利的诱发因素。

上述地带的叠加区域,就形成了滑坡的密集发育区。如中国从太行山到秦岭,经鄂西、四川、云南到藏东一带就是这种典型地区,滑坡发生密度极大,危害非常严重。

(二)滑坡的危害

(1)滑坡常常给工农业生产以及人民的生命财产造成巨大损失,有的甚至是毁灭性的灾难。

(2)滑坡对乡村最主要的危害是摧毁农田、房舍,伤害人畜,毁坏森林、道路以及农业机械设施和水利水电设施等,有时甚至给乡村造成毁灭性灾害。

(3)位于城镇的滑坡常常砸埋房屋,伤亡人畜,毁坏田地,摧毁工厂、学校、机关单位等,并毁坏各种设施,造成停电、停水、停工,有时甚至毁灭整个城镇。

(4)发生在工矿区的滑坡,可摧毁矿山设施,伤亡职工,毁坏厂房,使矿山停工停产,常常造成重大损失。

二、泥石流的分布及危害

(一)泥石流的分布

泥石流多发地带有环太平洋褶皱带(山系)、阿尔卑斯—喜马拉雅褶皱带、欧亚大陆内部的一些褶皱山区。世界上有近50多个国家存在泥石流的潜在威胁,其中比较严重的有哥伦比亚、秘鲁、瑞士、中国、日本。

我国有泥石流沟1万多条,其中的大多数分布在西藏、四川、云南。

甘肃多是雨水泥石流,青藏高原则多是冰雪泥石流。中国有70多座县城受到泥石流的潜在威胁。

(二)泥石流的危害

泥石流的主要危害是冲毁城镇、企事业单位、工厂、矿山、乡村,造成人畜伤亡,破坏房屋及其他工程设施,破坏农作物、林木及耕地。此外,泥石流有时也会淤塞河道,不仅阻断了航运,还可能引起水灾。

泥石流常常具有暴发突然、来势凶猛、迅速的特点,并兼有崩塌、滑坡和洪水破坏的双重作用,其危害程度比单一的崩塌、滑坡和洪水的危害更为广泛和严重。它对人类的危害具体表现在四个方面。据统计,我国有29个省(区)、771个县(市)正遭受泥石流的危害,平均每年泥石流灾害发生的频率为18次/县,近40年来,每年因泥石流直接造成的死亡人数达3 700余人。据不完全统计,新中国成立后的50多年中,我国县级以上城镇因泥石流而致死的人数已约4 400人,并威胁上万亿元财产,由此可见泥石流对山区城镇的危害之重。目前,我国已查明受泥石流危害或威胁的县级以上城镇有138个,主要分布在甘肃(45个)、四川(34个)、云南(23个)和西藏(13个)等西部省区,受泥石流危害或威胁的乡镇级城镇数量更大。

(1)对居民点的危害:泥石流最常见的危害之一,是冲进乡村、城镇,摧毁房屋、工厂、企事业单位及其他场所设施,淹没人畜、毁坏土地,甚至造成村毁人亡的灾难。如1969年8月云南省大盈江流城弄璋区南拱泥石流,使新章金、老章金两村被毁,97人丧生,经济损失近百万元。还有2010年8月7日至8日，甘肃省舟曲暴发特大泥石流，造成1 270人遇难，474人失踪，舟曲5 000 m长、500 m宽的区域被夷为平地。

(2)对交通的危害：泥石流可直接埋没车站、铁路、公路，摧毁路基、桥涵等设施，致使交通中断，还可引起正在运行的火车、汽车颠覆，造成重大的人身伤亡事故。有时泥石流汇入河道，引起河道大幅度变迁，间接毁坏公路、铁路及其他构筑物，甚至迫使道路改线，造成巨大的经济损失。如甘川公路394 km处对岸的石门沟，1978年7月暴发泥石流，堵塞白龙江，公路因此被淹1 km，白龙江改道使长约2 km的路基变成了主河道，公路、护岸及渡槽全部被毁。该段线路自1962年以来，由于受对岸泥石流的影响已3次被迫改线。新中国成立以来，泥石流给我国铁路和公路造成了无法估计的巨大损失。

(3)对水利工程的危害：主要是冲毁水电站、引水渠道及过水建筑物，淤埋水电站尾水渠，并淤积水库、磨蚀坝面等。

(4)对矿山的危害：主要是摧毁矿山及其设施，淤埋矿山坑道，伤害矿山人员，造成停工停产，甚至使矿山报废。

第四节　滑坡和泥石流的防治措施

一、滑坡的防治措施

(一)预防与治理相结合，灾害前要做好预防措施

滑坡的防治要贯彻“及早发现，预防为主；查明情况，综合治理；力求根治，不留后患”的原则，结合边坡失稳的因素和滑坡形成的内外部条件，治理滑坡可以从以下两个大的方面着手。

1. 消除和减轻水的危害

滑坡的发生常和水的作用有密切的关系，水的作用，往往是引起滑坡的主要因素，因此消除和减轻水对边坡的危害尤其重要，其目的是：降低孔隙水压力和动水压力，防止岩土体的软化及溶蚀分解，消除或减小水的冲刷和浪击作用。具体做法有：防止外围地表水进入滑坡区，可在滑坡边界修截水沟；在滑坡区内，可在坡面修筑排水沟。在覆盖层上可用浆砌片石或人造植被铺盖，防止地表水下渗。对于岩质边坡还可用喷混凝土护面或挂钢筋网喷混凝土。排除地下水的措施很多，应根据边坡的地质结构特征和水文地质条件加以选择，常用的方法有：①水平钻孔疏干；②垂直孔排水；③竖井抽水；④隧洞疏干；⑤支撑盲沟。

2. 改善边坡岩土体的力学强度

通过一定的工程技术措施，改善边坡岩土体的力学强度，提高其抗滑力，减小滑动力。常用的措施有：

(1)削坡减载：用降低坡高或放缓坡角来改善边坡的稳定性。削坡设计应尽量削减不稳定岩土体的高度，而阻滑部分岩土体不应削减。此法并不总是最经济、最有效的措施，要在施工前作经济技术比较。

(2)边坡人工加固，常用的方法有：①修筑挡土墙、护墙等支挡不稳定岩体；②钢筋混

凝土抗滑桩或钢筋桩作为阻滑支撑工程；③预应力锚杆或锚索，适用于加固有裂隙或软弱结构面的岩质边坡；④固结灌浆或电化学加固法加强边坡岩体或土体的强度；⑤SNS 边坡柔性防护技术等；⑥镶补勾缝。对坡体中的裂隙、缝、空洞，可用片石填补空洞，水泥砂浆勾缝等以防止裂隙、缝、洞的进一步发展。

（二）灾害发生时做好应对措施

当滑坡发生时，至少应当做到如下几点：

（1）当处在滑坡体上时，首先应保持冷静，不能慌乱。要迅速环顾四周，向较安全的地段撤离。一般除高速滑坡外，只要行动迅速，都有可能逃离危险区段。跑离时，向两侧跑为最佳方向。在向下滑动的山坡中，向上或向下跑都是很危险的。当遇无法跑离的高速滑坡时，更不能慌乱，在一定条件下，当滑坡呈整体滑动时，原地不动，或抱住大树等物，不失为一种有效的自救措施。如 1983 年 3 月 7 日发生在甘肃省东乡县的著名的高速黄土滑坡——洒勒山滑坡中的幸存者就是在滑坡发生时，紧抱住滑坡体上的一棵大树而得生。

（2）当处于非滑坡区，而发现可疑的滑坡活动时，应立即报告邻近的村、乡、县等有关政府或单位。如群测群防站或县、市、地区及省政府，均设有“国土资源局”。该机构应责无旁贷地担当此项责任，并立即组织有关政府、单位、部队、专家及当地群众参加抢险救灾活动。

（3）政府部门应立即实施应急措施（或计划），迅速组织群众撤离危险区及可能的影响区，并通知邻近的河谷、山沟中的人们做好撤离准备，密切注视灾情的蔓延和转化。如滑坡常在暴雨、洪水中转化为泥石流灾害（即次生灾害）。注意因滑坡可能危害到的某些生命线工程（如水库、干线铁路、干线公路、发电厂、通信设备、干线渠道等）所引发的次生灾害或第三次灾害的发生，如火灾、洪水等。注意调查滑坡是否有间歇性活动特点，尽可能确定其再次活动的可能性和时间。如果必要的话（需经有关专家或科技人员论证），应迅速设立观测点（站）或观测网，密切注视其变化动态，“亡羊补牢，犹未为晚”。

（三）发生后的自救互救

（1）人工呼吸。在施行人工呼吸前，应首先清除患者口中污物，取去口中的活动义齿，然后使其头部后仰，下颌抬起，并为其松衣解带，以免影响胸廓运动。人工呼吸救护者位于患者头部一侧，一手托起患者下颌，使其尽量后仰，另一手掐紧患者的鼻孔，防止漏气，然后深吸一口气，迅速口对口将气吹入患者肺内。吹气后应立即离开患者的口，并松开掐鼻的手，以便使吹入的气体自然排出，同时还要注意观察患者胸廓是否有起伏。成人每分钟可反复吸入 16 次左右，儿童每分钟 20 次，直至患者能自行呼吸为止。

（2）心脏按摩。如果患者心跳停止应在进行人工呼吸的同时，立即施行心脏按摩。若有 2 人抢救，则一人心脏按压 5 次，另一人吸气 1 次，交替进行。若单人抢救，应按压心脏 15 次，吹气 2 次，交替进行。按压时，应让患者仰卧在坚实床板或地上，头部后仰，救护者位于患卧一侧，双手重叠，指尖朝上，用掌根部压在胸骨下 1/3 处（即剑突上两横指），垂直、均匀用力，并注意加上自己的体重，双臂垂直压下，将胸骨下压 3 ~ 5 cm，然后放松，使血液流进心脏，但掌根不离胸壁。成年患者，每分钟可按压 80 次左右，动作要短促有力，持续进行。一般要在吹气按压 1 min 后，检查患者的呼吸、脉搏一次，以后每 3 min 复查一次,直到见效为止。

(四)工程措施

我国防治滑坡的工程措施很多,归纳起来可分为三类:一是消除或减轻水的危害;二是改变滑坡体的外形,设置抗滑建筑物;三是改善滑动带的土石性质。其主要工程措施简要分述如下。

1. 消除或减轻水的危害

(1)排除地表水:是整治滑坡不可缺少的辅助措施,而且应是首先采取并长期运用的措施。其目的在于拦截、旁引滑坡区外的地表水,避免地表水流入滑坡区内;或将滑坡区内的雨水及泉水尽快排除,阻止雨水、泉水进入滑坡体内。主要工程措施有:设置滑坡体外截水沟,滑坡体上地表水排水沟,引泉工程,做好滑坡区的绿化工作等。

(2)排除地下水:对于地下水,可疏而不可堵。其主要工程措施有:

截水盲沟——用于拦截和旁引滑坡区外围的地下水;

支撑盲沟——兼具排水和支撑作用;

仰斜孔群——用近于水平的钻孔把地下水引出。

此外,还有盲洞、渗管、垂直钻孔等排除滑坡体内地下水的工程措施。

(3)防止河水、库水对滑坡体坡脚的冲刷,主要工程措施有:在滑坡体上游严重冲刷地段修筑促使主流偏向对岸的"丁坝";在滑坡体前缘抛石、铺设石笼、修筑钢筋混凝土块排管,以使坡脚的土体免受河水冲刷。

2. 改变滑坡体外形

(1)削坡减重:常用于治理处于"头重脚轻"状态而在前方又没有可靠的抗滑地段的滑体,使滑体外形改善、重心降低,从而提高滑体稳定性。

(2)修筑支挡工程:因失去支撑而滑动的滑坡或滑坡床陡,滑动可能较快的滑坡,采用修筑支挡工程的办法,可增加滑坡的重力平衡条件,使滑体迅速恢复稳定。支挡建筑物种类有抗滑片石垛、抗滑桩、抗滑挡墙等。

3. 改善滑动带的土石性质

一般采用焙烧法、爆破灌浆法等物理化学方法对滑坡进行整治。

由于滑坡成因复杂,影响因素多,因此需要上述几种方法同时使用综合治理,方能达到目的。

二、泥石流的防治措施

(一)预防工程

减轻或避防泥石流的工程措施主要有:

(1)跨越工程。是指修建桥梁、涵洞,从泥石流沟的上方跨越通过,让泥石流在其下方排泄,用以避防泥石流。这是铁道和公路交通部门为了保障交通安全常用的措施。

(2)穿过工程。指修隧道、明硐或渡槽,从泥石流的下方通过,而让泥石流从其上方排泄。这也是铁路和公路通过泥石流地区的又一主要工程形式。

(3)防护工程。指对泥石流地区的桥梁、隧道、路基及泥石流集中的山区变迁型河流的沿河线路或其他主要工程措施,作一定的防护建筑物,用以抵御或消除泥石流对主体建筑物的冲刷、冲击、侧蚀和淤埋等的危害。防护工程主要有护坡、挡墙、顺坝和丁坝等。

(4)排导工程。其作用是改善泥石流流势,增大桥梁等建筑物的排泄能力,使泥石流按设计意图顺利排泄。排导工程,包括导流堤、急流槽、束流堤等。

(5)拦挡工程。用以控制泥石流的固体物质和暴雨、洪水径流,削弱泥石流的流量、下泄量和能量,以减少泥石流对下游建筑工程的冲刷、撞击和淤埋等危害的工程措施。拦挡措施有:拦渣坝、储淤场、支挡工程、截洪工程等。

对于防治泥石流,常采用多种措施相结合,比用单一措施更为有效。

泥石流沟口通常是发生灾害的重要地段。在应急调查时,应该加强对沟口的调查。仔细了解沟口堆积区和两侧建筑物的分布位置,特别是新建在沟边的建筑物。

调查了解沟上游物源区和行洪区的变化情况。应注意采矿排渣、修路弃土、生活垃圾等的分布,在暴雨期间可能会形成新的泥石流物源。民居建于泥石流沟边,特别是上游滑坡堵沟溃决时,非常危险。地质灾害高发区房屋的调查要按照"以人为本"的原则,针对地质灾害高发区点多面广的难题,集中力量对有灾害隐患的居民点或村庄的房屋和房前屋后开展调查。

(二)险情预报

1.预测方法

泥石流的预测预报工作很重要,这是防灾和减灾的重要步骤和措施。目前,我国对泥石流的预测预报研究常采取以下方法:

(1)在典型的泥石流沟进行定点观测研究,力求解决泥石流的形成与运动参数问题。如对云南省东川市小江流域蒋家沟、大桥沟等泥石流的观测试验研究,对四川省汉源县沙河泥石流的观测研究等。

(2)调查潜在泥石流沟的有关参数和特征。

(3)加强水文、气象的预报工作,特别是对小范围的局部暴雨的预报。因为暴雨是形成泥石流的激发因素。比如,当月降雨量超过350 mm、日降雨量超过150 mm时,就应发出泥石流警报。

(4)建立泥石流技术档案,特别是大型泥石流沟的流域要素、形成条件、灾害情况及整治措施等资料应逐个详细记录,并解决信息接收和传递等问题。

(5)划分泥石流的危险区、潜在危险区或进行泥石流灾害敏感度分区。

(6)开展泥石流防灾警报器的研究及室内泥石流模型试验研究。

2.预防措施

1)房屋不要建在沟口和沟道上

受自然条件限制,很多村庄建在山麓扇形地上。山麓扇形地是历史泥石流活动的见证,从长远的观点看,绝大多数沟谷都有发生泥石流的可能。因此,在村庄选址和规划建设过程中,房屋不能占据泄水沟道,也不宜离沟岸过近;已经占据沟道的房屋应迁移到安全地带。在沟道两侧修筑防护堤和营造防护林,可以避免或减轻因泥石流溢出沟槽而对两岸居民造成的伤害。

2)不能把冲沟当作垃圾排放场

在冲沟中随意弃土、弃渣、堆放垃圾,将给泥石流的发生提供固体物源,促进泥石流的活动;当弃土、弃渣量很大时,可能在沟谷中形成堆积坝,堆积坝溃决时必然发生泥石流。因此,在雨季到来之前,最好能主动清除沟道中的障碍物,保证沟道有良好的泄洪能力。

3)保护和改善山区生态环境

泥石流的产生和活动程度与生态环境质量有密切关系。一般来说,生态环境好的区域,泥石流发生的频度低、影响范围小;生态环境差的区域,泥石流发生频度高、危害范围大。提高小流域植被覆盖率,在村庄附近营造一定规模的防护林,不仅可以抑制泥石流的形成,降低泥石流发生频率,而且即使发生泥石流,也多了一道保护生命财产安全的屏障。

4)雨季不要在沟谷中长时间停留

雨天不要在沟谷中长时间停留;一旦听到上游传来异常声响,应迅速向两岸上坡方向逃离。雨季穿越沟谷时,先要仔细观察,确认安全后再快速通过。山区降雨普遍具有局部性特点,沟谷下游是晴天,沟谷上游不一定也是晴天,“一山分四季,十里不同天”就是群众对山区气候变化无常的生动描述,即使在雨季的晴天,同样也要提防泥石流灾害。

5)泥石流监测预警

监测流域的降雨过程和降雨量(或接收当地天气预报信息),根据经验判断降雨激发泥石流的可能性;监测沟岸滑坡活动情况和沟谷中松散土石堆积情况,分析滑坡堵河及引发溃决型泥石流的危险性,下游河水突然断流,可能是上游有滑坡堵河、溃决型泥石流即将发生的前兆;在泥石流形成区设置观测点,发现上游形成泥石流后,及时向下游发出预警信号。对城镇、村庄、厂矿上游的水库和尾矿库经常进行巡查,发现坝体不稳时,要及时采取避灾措施,防止坝体溃决引发泥石流灾害。

3. 逃生自救

泥石流以极快的速度,发出巨大的声响穿过狭窄的山谷,倾泻而下。遇到泥石流或山体滑坡灾害,采取脱险逃生的办法如下:

(1)沿山谷徒步行走时,一旦遭遇大雨,发现山谷有异常的声音或听到警报时,要立即向坚固的高地或泥石流的旁侧山坡跑去,不要在谷地停留。

(2)一定要设法从房屋里跑出来,到开阔地带,尽可能防止被埋压。发现泥石流后,要马上向与泥石流成垂直方向一边的山坡上面爬,爬得越高越好,跑得越快越好,绝对不能向泥石流的流动方向走。发生山体滑坡时,同样要向垂直于滑坡的方向逃生。

(3)要选择平整的高地作为营地,尽可能避开有滚石和大量堆积物的山坡下面,不要在山谷和河沟底部扎营。

总之,对于滑坡和泥石流灾害的防治,我们要坚持以下原则:以预防为主,防治结合的原则;因地制宜、因害设防的原则;统筹兼顾、突出重点、分期分批进行防治的原则;生物措施为主、紧密结合其他防治措施的原则;先治山、再治沟、后治河的原则;土建工程防治中,以拦、排为主,与稳、调、蓄相结合的原则;综合防治原则。

第九章　空间灾害

一、空间环境

空间是指地球到太阳直至整个太阳系的广阔范围。空间环境就是指能影响地球和人类生存发展的整个空间，主要指从地球到太阳的空间区域，也叫日地空间，主要包括三个层次：太阳大气和行星际空间、磁层、电离层和大气层。

(1)太阳大气和行星际空间。在所有的天体中，太阳对地球的影响是最大的，组成太阳大气的物质是处于完全电离状态的，这些等离子体不停地向外运动，形成太阳风。耀斑亦称色球爆发，是太阳大气极小区域内发生的爆发性能量释放现象，表现为日面上局部区域的突然增亮，是对地球影响最大的太阳活动。它可以破坏地球大气电离层的结构，使电离层的电离度增高，电波吸收加强，从而影响地面的无线电通信，甚至导致全部中断，严重威胁军事和通信部门；高能粒子流到达地球附近时，可以扰乱地球磁场，引起磁针剧烈颤动，罗盘会失去作用，甚至连飞行中的信鸽也会失去辨别方向的能力；高能粒子流与高层大气作用会产生极光现象，干扰地球磁场；太阳活动还会对气象、水文和地震等现象产生复杂的影响，甚至会影响某些疾病的流行。

(2)磁层。在地球外部形成的一个被太阳风包围的彗星状的地磁场区域，就是磁层。磁层对地面的影响很小，但可以有效地阻隔太阳风的长驱直入。太阳风每秒钟向磁层输入大量的能量，引起地球磁层的剧烈扰动，产生磁暴、磁层亚暴、磁层高能粒子暴。磁层直接和太阳风与行星际磁场连接，它是研究日地关系，探索宇宙环境的重要区域。

(3)电离层和大气层。电离层是因高空的气体分子与原子被太阳光的紫外线和粒子辐射所分解，使大气层中的氧原子和氮原子失去了电子，形成离子。高层大气电离对无线电波传播有显著影响。

电离层以下，10 km 以上的地球大气是中、高层大气，主要是稀薄的中性大气，体积巨大，存在复杂的光化和动力学过程，与人类生存和法则以及航天、军事密切相关。

二、空间灾害

空间灾害主要指空间环境中的灾害性天气造成的对空间、地面技术系统的破坏以及对人类健康和生命的威胁。小行星和陨石等近地天体对地球的破坏和威胁也属于空间灾害的范围。

(1)对飞行器的影响。空间碎片或微流星局部击穿飞行器的外壁或击穿太阳能电池板，降低电能供应。

日冕暴发产生的高能粒子以巨大的辐射剂量损伤各种材料，造成结构材料的性能恶化，特别是暴露在飞行器表面的太阳能电池，威胁在空间活动的宇航员的生命安全。它还能穿入卫星内部，导致单粒子效应，引起程序混乱，产生虚假、错误指令或锁定存储器。

高能等离子体使飞行器充电到几千伏以上,干扰以致彻底破坏飞行器的工作,造成电介质放电击穿,并使飞行器表面吸附推进剂而遭污染。

低能等离子体在表面沉积,污染光学镜头并改变其光学性能,空间环境的中性原子氧会对飞行器材料造成表面腐蚀。

地球高层大气密度的改变能改变卫星的轨道、缩短卫星的寿命、影响导弹的命中精度。

磁场能改变飞行器的姿态。

我国的地球同步轨道通信卫星的故障中,空间环境诱发的故障占总故障的40%左右。

(2)对导航和定位系统的影响。当太阳活动剧烈时,地球磁场会发生变形,严重时会在向阳一侧将磁场压缩到5~7个地球半径之内,使得地球表面磁场产生强烈扰动,出现磁暴现象。在磁暴期间,磁针无法正确指示方向。

无线电导航定位技术的原理都是通过计算发射点和接收点的传播相位岩石来计算空间距离的,电离层扰动使相位变化、传播路径变化、折射率变化等,影响授时和时间同步系统而致使测距不准。

(3)对短波通信的影响。全球3/4的通信联系是通过卫星进行的,所有波段通信都会受到空间大气的影响。当太阳活动剧烈、高能带电粒子流到达地球附近会与大气分子急剧碰撞,扰动距地80~500 km高空的若干电离层,使之失去反射无限电波的功能,影响到地球上的短波通信、卫星通信、短波广播,并且使电视台和广播电台的信号传播受到干扰甚至中断。

(4)对天气和气候的影响。太阳活动与地球上的天气和气候的变化具有一定的关联性。太阳活动急剧时紫外线变强,上层大气中化学反应更加活性化,进而使微粒子增多,而微粒子是成云致雨的凝结核。因此,太阳活动对降水量有一点的影响,表现为太阳黑子数变化的周期与年降水量多少的变化周期基本吻合,大约为11年。地球上洪水灾害发生率、平均气温变化等也有11年的类似太阳活动周期的变化。高纬地区的雷雨活动也和太阳磁扇形边界扫过地球有关。

另外,太阳活动造成太阳辐射量的变化。从20世纪70年代以来,发现太阳常数是波动变化的,变化的幅度为0.2%~0.5%。从理论上分析,如果太阳常数增加2%,地球表面气温平均上升3 ℃;若减少2%,地表气温平均会下降4.2 ℃。当太阳活动强时会出现低温、极地盛行气旋活动等天气,使整个北半球气温下降。

(5)对国家经济和安全的影响。空间灾害性天气给人类造成巨大的经济损失。除破坏空间飞行器外,更通过对地面系统的扰动直接地影响人类的生活,电离层暴导致无线电通信中断;地磁活动可以在输油管、通信电缆和输电线路中引起相当大的感应电流,加速油管的腐蚀,干扰监测系统,并可能在输电系统中造成严重的事故。磁法勘探寻找地矿等科研活动也会受磁暴等天气灾害严重干扰,甚至使工作无法进行。1989年的大磁暴破坏了加拿大和美国的电力系统,损失分别达5亿美元和2 500万美元。

从现代国防的角度说,空间是一种无国界的第四疆域,外层空间是维护国家安全的必争的新的制高点。航天武器、高精密打击武器、军事系统等都处在平流层以上的空间,空间环境是空间对抗和信息对抗的主战场,空间环境信息的获取和应用能力直接影响未来战争的进程和结局。

(6)对人心理和生理健康度影响。当太阳活动强烈暴发时,首先受到危害的是在宇宙飞船舱外活动的宇航员,太阳的高能粒子和射线会危及他们的生命。当太阳风暴吹过地球期间,意外事故如火灾、交通事故、恶性犯罪事件等相应增多,心脏病、脑血管疾病的发病率会增加 15% 左右,科学家推测可能是由于地磁场变化使人脑的神经活动紊乱所致。

空间天气对人类活动的影响主要有:在电离层高度(80 ~ 300 km)以上有卫星姿态、材料、太阳能电池、卫星轨道和宇航员安全受危害;电离层高度是无线电通信、卫星通信受影响;电离层高度以下是飞机乘客、GPS 信号电网和海底通信以及输油管道等受影响。

【阅读材料】

陨石撞击地球

在宇宙空间中,天体的相互碰撞是经常发生的。

地球也会经常遭受太空碎块的撞击。据美国史密森尼博物馆的估计,在过去的 10 亿年间,撞击地球并造成直径超过 1 km 的陨石坑的陨石,就多达 13 万个。到目前为止,全世界已辨认出 160 个陨石撞击点,而且每年仍不断有新的陨石坑被发现。

约 6 500 万年前的白垩纪末期,一颗直径为 10 km 的小行星以 20 km/s 的速度闯进地球的大气层,最后坠落在墨西哥尤卡坦半岛(撞击形成直径达 198 km 的陨石坑)。它的撞击为地球带来了巨大的灾难,陆地上大火燎原,海洋涌起大海啸,整个地球发生了强烈地震。这是迄今为止知道的在地球上发生的最大的能量事件,它的能量是唐山地震释放能量的 1 000 万倍以上。它掀起的尘云在空中经久不散,它的撞击导致恐龙和地球上约 2/3 的动物灭绝。

位于美国亚利桑那州沙漠的大陨石坑是一个醒目的杯状大碗,它是地球上第一个被辨识出的陨石撞击点。科学家估计,约 5 万年前,坠落于此处的陨石直径约 50 m,重 30 万 t,以 6.5×10^4 km/h 的高速冲向地面,撞击力相当于约 2 000 万 t 标准炸药的威力,形成的陨石坑直径为 1.2 km。

1908 年 6 月 30 日清晨,一颗陨石化成一个巨大的火球进入地球大气层,在大气层快速减缓时的应力和热作用下,在西伯利亚一个偏僻的地区发生爆炸。它扫平了大约 2 000 km^2 的森林,烧毁了大量树木,引起的大气冲击波绕地球好几圈。这一事件被称为通古斯爆炸。当时俄国和欧洲的许多地震台,有的远在 5 000 km 以外,都记录到了这次大爆炸产生的地震波。这是一颗由冰和尘埃组成的彗星撞击了地球,它长约 100 m,重 100 万 t,飞行速度 30 km/s,撞击产生的能量是广岛原子弹的 1 000 倍。幸而它落在了荒无人烟的地区,如果晚到 8 h,它就可能把伦敦城变成一片瓦砾场。

吉林陨石是一颗有近 47 亿年年龄、直径约 440 km 的小行星的一部分。大约 800 万年前,在一次剧烈的天体撞击事件中,吉林陨石从距母体表面约 20 km 深处被撞击出来,改变了其原来的运行轨道,形成了一个新的椭圆形轨道,与地球轨道有了交叉,在 1976 年 3 月 8 日,吉林陨石追上地球,在高速穿过大气层时与空气摩擦燃烧,形成了一个耀眼的火球,强烈的冲击波传到地面,产生了巨大的轰鸣声。受到高温高压气流的冲击,吉林陨石不断发生破裂,旱距地面 19 km 的高空发生了一次主爆烈,大大小小的陨石碎块散落下来,形成了吉林陨石雨。其中,最大的"吉林一号"陨石重达 1.77 t,是目前世界上已知的最大的单块石陨石。它落地时,附近翻滚着升起一股黄色的蘑菇状烟云,其高度约 50 m。浓烟散尽,地面出现一个直径 2 m、深 6.5 m 的陨石坑。陨石撞击地面,溅起的碎土块最远达 150 m,造成的震动相当于 1.7 级地震。

三、空间灾害的减轻

(1)明确主要问题。科学认识是减轻灾害的基础,要不断地探索认识地球的空间环境及空间系统响应机制,从而采取有效途径减轻空间灾害的危害。

(2)发展空间探测。空间灾害是一种新的自然灾害,随着科技的进步和社会的发展,空间灾害对人类活动的影响越来越大。我国在 2001 年以探测地球空间暴为目标的"双星计划"正式启动,2003 年 12 月 30 日,近地赤道卫星"探测一号"成功升入太空,2004 年 7 月 25 日,近地极区卫星"探测二号"发射。"双星计划"与欧空局的 CLUSTER 计划密切配合,实现了人类历史上第一次对地球空间的六点立体观测,形成了高层大气监测、磁层监测、行星际监测、太阳监测的空间天气"无缝隙"监测链。

(3)启动合作计划。中国的"东半球空间环境地面综合监测子午链"即"子午工程"正在起步。这个工程的目标是建立和完善我国 120°E 子午线上从漠河经北京、武汉、海南岛南极中山站这条空间环境综合监测站链。这个工程将与国际社会共建东半球 120°E 和西半球 60°W 构成绕地球一周的空间环境子午圈监测链,制订共同的空间天气监测、研究与工作计划。

地球是我们人类共同的住所,我们应该通过国际合作,减轻或防止空间灾害,为人类谋求和平与进步。

美国宇航局(NASA)制订了一个叫与星同在(Living With A Star, LWS)的计划,LWS 是一个聚焦于空间天气,由应用驱动的研究计划,其目的是为了发展科学,把日地联结为一个系统,阐明对人类生存与发展有直接影响的问题,并且把由 LWS 研究获得的知识应用到将来地基、空基技术系统的设计和防护。该计划通过国际合作,已发展成为国际与星同在计划(International Living With A Star, ILWS),这是目前最大规模的国际合作日地空间探测计划,包括中国在内,已有美、俄、日以及欧盟等 20 多个国家参加,旨在研究太阳和日地空间系统,更好地为全人类服务。

在这种大背景下,防灾减灾的国际交流与合作处于更为突出的地位。这不仅是因为某一项灾害发生时,受害国或受害地区需要国际人道主义的援助,也更因为人类为了保护自己的生存空间,防止地球环境的全面恶化,更加需要长久的、全面的、深层次的合作与共同应对。因此,减轻自然灾害,提高生存环境质量,是各国人民共同的意志和利益,需要全球性的协同动作。可以说,减轻自然灾害是一种具有超越意识形态、文化差异和国家政体的全人类共同一致的愿望和行为,人类在这方面的合作,必将会产生更为深远的意义。对此,目前许多国家都已达成了共同认知。

第十章　突发公共事件灾害

进入21世纪以来,国际范围内出现了一系列重大的突发事件,如美国"9·11"事件、"非典"暴发、禽流感流行、印度洋地震海啸、中国南方冰雪灾害、汶川大地震、"H1N1"流感的暴发等,越来越多的人意识到,加强突发公共事件的应对工作势在必行。

一、突发公共事件的含义

突发公共事件是指突然发生,造成或者可能造成重大人员伤亡、财产损失、生态环境破坏和严重社会危害,危及公共安全的紧急事件。

突发事件的构成要素:突然暴发、难以预料、必然原因、严重后果、需紧急处理。

二、突发公共事件的类型

突发公共事件根据其发生过程、性质和机制,主要分为以下五类:

(1)自然灾害。主要包括气象灾害、水旱灾害、地震灾害、地质灾害、海洋灾害、生物灾害、森林草原火灾等,如2008年初的中国南方19个省冰雪灾害,2008年"5·12"四川汶川大地震等。

(2)事故灾害。主要包括工矿商贸等企业的各类安全事故、交通运输事故、危险化学品事故、公共设施和设备事故、核辐射事故、环境污染和生态破坏事件等,如2006年2月吉林化工厂有毒物质泄漏致使松花江沿岸城市的饮水安全一度带来极大威胁。

(3)公共卫生事件。主要包括传染病疫情、群体性不明原因疾病、食品安全和职业危害、动物疫情以及其他严重影响公共健康和生命安全的事件。毒米、毒酒、毒奶粉、苏丹红以及受污染的海产品等恶性食品安全事件层出不穷,"SARS""H1N1"流感等蔓延全世界,造成社会恐慌和安全威胁。

(4)社会安全事件。主要包括恐怖袭击事件、民族宗教事件、群体性事件和涉外突发事件等,如2001年美国的"9·11"事件,2008年西藏的"3·14"事件,2009年新疆的"7·15"严重暴力犯罪事件等。

(5)经济安全事件。主要包括金融安全、物价异常波动、因突发事件造成的能源(煤电油)以及生活必需品供应严重短缺事件等,如2008年美国纳斯达克股票市场公司董事会主席伯纳德·麦道夫的金融诈骗案,使投资者的损失达到约500亿美元。

上述各类突发公共事件往往是相互交叉和关联的,某类突发公共事件可能和其他类别的事件同时发生,或引发次生、衍生事件,应对其具体分析,统筹应对。

根据突发公共事件的可控性、严重程度和影响范围,一般分为四级:Ⅰ级(特别重大)、Ⅱ级(重大)、Ⅲ级(较大)、Ⅳ级(一般),目的是落实应急管理的责任和提高应急处置的效能。

(1)Ⅰ级(特别重大突发公共事件),是指突然发生,事态非常复杂,对公共安全、政治稳定和社会经济秩序带来严重危害或威胁,已经或可能造成特别重大人员伤亡、特别重大财产损失或重大生态环境破坏,需要国家或省、市统一组织进行应急处置的紧急事件。

(2)Ⅱ级(重大突发公共事件),是指突然发生,事态复杂,对一定区域内的公共安全、政治稳定和社会经济秩序造成严重危害或威胁,已经或可能造成重大人员伤亡、特别重大财产损失或严重生态环境破坏,需要省、市统一组织协调进行应急处置的紧急事件。

(3)Ⅲ级(较大突发公共事件),是指突然发生,事态较为复杂,对一定区域内的公共安全、政治稳定和社会经济秩序造成一定危害或威胁,已经或可能造成较大人员伤亡、较大财产损失或生态环境破坏,需要调度市多个部门及县、镇的力量和资源进行处置的事件。

(4)Ⅳ级(一般突发公共事件),是指突然发生,事态比较简单,仅对较小范围内的公共安全、政治稳定和社会经济秩序造成一定危害或威胁,已经或可能造成人员伤亡和财产损失,依靠县、镇的力量和资源能够处置的事件。

根据突发公共事件的区域性,可分为以下三类:

(1)地方性突发事件。有限范围发生,影响范围小。一般只需地方政府应急处理机构应对,无须外来协助。但地方政府有责任义务及时向上级报告,以备扩大延伸和恶化时提供援助。

(2)区域性或国家性突发公共事件。如切尔诺贝利核泄漏、库尔斯克海难、哥伦比亚解体,需中央政府出面调度资源救援处理,也需各省或地方政府积极协调配合,民间资源援助也必不可少。

(3)世界性或国际性突发公共事件,如卢沟桥事件、珍珠港事件、“9·11”事件。

三、突发公共事件的特征

(1)突发性。对能否发生,发生的时间、地点、暴发方式、发生程度等都始料不及,难以准确把握。主要来源于三方面因素:一是难以控制的客观因素,二是人们的知觉盲区,三是熟视无睹的细微之处。

(2)复杂性。事件的发生总是各种矛盾激化的结果,往往呈现出一果多因、相互关联、牵一发而动全身的复杂状态。其中隐含着事件发展的多变性,处置不当可加大损失、扩大范围、改变事件的性质。突发事件防治的组织系统也较复杂,至少包括中央、省市及有关职能部门、社区三个层次。

(3)破坏性。以人员伤亡、财产损失为标志,包括直接损失和间接损失,还体现在对社会心理和个人心理造成的破坏性冲击,进而渗透到社会生活的各个层面。

(4)持续性。在人类文明进程中,突发事件从未停止过。无数次突发事件使人类反思人与自然的关系,从而变得更加成熟,行为更加理性。突发事件一旦暴发,总会持续一个过程,表现为潜伏期、暴发期、高潮期、缓解期、消退期。持续性表现为蔓延性和传导性,一个突发事件经常导致另一个突发事件的发生。

(5)可控性。从系统论看控制是对系统进行调节以克服系统的不确定性,使之达到所需要状态的活动过程。人类改造自然、利用自然的重要内容是社会进步的重要标志。英国－香港研究小组使用模型评估不同公共卫生手段对“SARS”的控制情况。模型A没有采取任何控制措施的发病情况；模型 B 暴发后 30 d 开始，把出现症状到入院治疗间隔平均缩短 2 d，可减少 19% 发病人数；模型 C 在模型 B 基础上于第 45 d 停止各区域间人员往来，减少 76% 发病人数；模型 D 在模型 B 基础上于第 45 d 减少 50% 人员相互接触和医院感染率，能够阻止疫情增长；模型 E 在模型 D 基础上于第 55 d 减少 70% 医院感染率，疫情能得到非常迅速的控制。

(6)机遇性。突发事件存在机遇或机会，机遇的出现有客观原因，偶然性之后有必然性和规律性。只有充分发挥人的主观能动性，通过人自身的努力或变革，才能捕捉住机遇。但突发事件毕竟是人们不愿看到的，不应过分强调其机遇性。

四、突发公共事件的危害

我国每年因突发公共事件造成的损失惊人：

2003 年中国因生产事故损失 2 500 亿元，各种自然灾害损失 1 500 亿元，交通事故损失 2 000 亿元，卫生和传染病突发事件的损失 500 亿元，共计 6 500 亿元，相当于损失我国 GDP 的 6%。

2004 年中国发生各类突发事件 561 万起，造成 21 万人死亡，175 万人受伤。全年自然灾害、事故灾难和社会安全事件造成的直接经济损失超过 4 550 亿元。

2005 年发生灾害突发公共事件 540 万起，比上年减少 21 万多起；造成大约 20 万人死亡，比上年减少了 1 万多人；直接经济损失约 3 253 亿元，比上年有较大幅度降低。

2006 年民政部国家减灾中心的数据显示，我国受灾 3.16 亿人，死亡 2 006 人，直接经济损失近 1 600 亿元。

中国是世界上受自然灾害影响最为严重的国家之一，种类多、频度高、损失严重。受灾害影响人口大体在 2 亿左右，占全国总人口的 1/7 以上，在中国有着较强的社会性。随着经济建设的发展灾害损失逐步增加。我国有 70% 以上的大城市、半数以上人口、75% 以上工农业生产值分布在气象、海洋、洪水、地震等灾害严重的沿海及东部地区。我国每年因自然灾害造成的损失一般都要超过上千亿元。

我国既是社会经济的关键发展期，同时又是矛盾凸显期。人民内部矛盾出现一些值得重视的新问题，如果处置失当有可能出现社会危机。此外，国际政治经济格局的最新变化也使得国际间的冲突和危机出现新的特点。如“9 · 11”事件就显示了国际恐怖主义的巨大威胁。

另外，我国很多地区自然环境破坏严重，潜在的危机有可能随时暴发。而新中国成立以来建设的大量基础设施，年代久远、老化严重，又缺少及时的维护和更换，安全隐患非常多，也是一个个定时炸弹。

五、常见失误

(1)麻痹大意，疏于防范。美国挑战者号 1986 年 1 月 28 日发生爆炸的原因之一是国家宇航局认为升空失败的概率只有 1% ~0.01%，压缩了训练计划，改用其他航天设备零件来装配航天飞机，延缓了 5 亿美元安全费的下拨。2000 年 11 月 7 日四川宜宾市的南门大桥垮塌，导致 2 死 2 伤，根源在于严重的官僚主义。该桥建成 10 多年从未检修，垮塌前4个月已发现裂缝却仍不检修,记者连续报道了四川其他地区发生多起桥梁垮塌事故,仍未引起地方领导的重视。2001年7月17日广西南丹县的矿井事故在处理过程中当地政府存在“捂盖子”的行为,当此类事件尘埃落定,真相大白之后,政府的公信力会遭受严重损伤。总而言之,这类损失虽然是软性的、不可量化的,但其伤害和长远的影响甚至可能超过直接损失。

(2)没有建立科学的应对机制。应对机制指预防和处理突发事件的一整套科学的制度、规范、措施、方法、技术体系的总称。发展中国家首先缺乏完善的法律法规,同时还缺乏预警机制。公共危机管理系统也不健全。

(3)素质低下,无能应对。有些管理者心态不良,无所谓,不采取预防措施,没有忧患意识。有的在突发事件面前惊慌失措。有的缺乏快速感知与反应能力,应对失当,使事件复杂化、扩大化。有些得过且过,不注意学习,遇事不思考,一味动用强制措施,使小失误变成大错误,小事件酿成大事件。深层原因是思想不重视,缺乏经验,班子结构不合理。

(4)就事论事,不能利用突发事件潜藏的机遇。目光短浅,只注意眼前、局部利益,集中在比较明显和敏感热点问题,很少思考隐性潜在问题。

突发公共事件造成的间接损失同样不可忽视。比如,事故灾害发生之后,公众的生活节奏被打乱,公众心理也会受到巨大冲击。

第十一章　生物灾害

第一节　生物灾害的概念

生物灾害是指由动物、植物的活动变化造成的灾害，又有狭义和广义之分。

狭义的生物灾害是指由生物体本身活动带来的灾害现象，是纯自然现象，灾源是生物，如蝗灾、鼠灾、兽灾等。

广义的生物灾害包括人类不合理活动导致的生物界异常而产生的灾害，即生态危机问题，包括植被减少、生物退化、物种减少、盲目引种等。

在自然界，人类与各种动植物相互依存，可一旦失去平衡，生物灾难就会接踵而至。如捕杀鸟、蛙，会招致老鼠泛滥成灾；用高新技术药物捕杀害虫，反而增强了害虫的抗药性；盲目引进外来植物会排挤本国植物，均会造成不同程度的生物灾害，危及生态环境。

生物的特征在于有生命，地球由于充满生命而气象万千。生物包括动物、植物和微生物，世界上目前已知的动物有120万种，植物25万种。生物圈的几百万种动植物，互相依存，和谐共处，从而使地球显得生机勃勃，生态一旦受到破坏失去平衡，灾难随之而来，人类常常扮演破坏者的角色，例如大量捕杀鸟、蛙、蛇，使老鼠等害虫横行；用化学药剂杀死田间天敌，使害虫更加猖狂。

生物直接使人致命的案例比较少见，但生物灾难间接危害人类生命，造成成千上万人的死亡，后果不亚于洪水、地震、战争。一场大的蝗灾、病虫害或者农作物瘟病，可使几百万公顷庄稼减产绝收，导致几十万人饥饿死亡。全世界农林作物被瘟病、害虫、老鼠、杂草等毁掉的产量约占1/3动物、微生物传播的瘟疫，每年造成成千上万的人死亡，给畜牧业带来惨重的损失。电影《惊变28天》中讲述了英国剑桥调研队发现了一种可以令传染者处于永久杀人状态的病毒，被传染的人会杀死他们见到的一切生物。这种病毒传染速度极快，并且没有可以抑止的方法。

用地理学的理论、观点、方法研究全球生物灾害的区域规律称为生物灾害地理学。由于生物界分布具有地理性规律，生物灾害也具有地理规律，这正是生物灾害地理学要研究的内容。

第二节　生物灾害的主要类型

根据成灾主体的性质可分为植物灾害与动物灾害两大类。

一、植物灾害

(1)有害植物自身致灾。包括毒植物、植物致火等。

(2)有害植物的蔓延。特别是粗、劣牧草的增加。

(3)天然火灾。包括森林火灾、灌木火灾、牧场火灾。

(4)人为致灾。包括乱伐森林、开垦草原、人为火灾等。

(5)生态危机。是植物灾害的综合表现,其灾害是间接的。中国当前的环境污染和生态平衡遭到破坏的情况也已相当严重。从东北的第二松花江到南方的珠江,许多河流、湖泊都不同程度地受到污染。因为不合理地围湖造田,使湖泊的面积缩小。由于森林或草原破坏,中国历史上形成的沙漠化土地达12万 km^2,近数十年来又有所增加;全国水土流失面积已达9亿亩。这些都说明生态平衡已遭到严重破坏,如不及时采取对策,将会导致不堪设想的后果。

二、动物灾害

(1)食肉动物造成的人身伤害,如虎、狼、狗、鳄鱼等。狗是大家熟悉而喜爱的家养动物,但它对人类有很大威胁,其中狂犬病最为常见。例如,1988年年底,陕西省安康市吉河区有40多个村庄发现了狂犬病疫,对人畜安全造成威胁。狗对家畜有害,世界上最长的人工建筑物不是中国的万里长城,而是澳大利亚始建于1888年的防狗网,比长城几乎长了一倍。因为澳大利亚牧草肥美,饲养着不计其数的绵羊,而1万只野狗对羊群有极大威胁,故使用防狗网保护羊群。最初防狗网是铁丝网,现在改成了电网。再例如,1976年,西班牙从美国引进5万只蟹苗,放养在一条河的三角洲。几年后繁殖到几亿只,而当地每年最多只能捕400万只,供人食用。稻田里的水顺着密密麻麻的蟹洞漏干;螃蟹吃掉水中的鱼虾、水草、浮游生物,稻苗、鱼绝了,鸟没有吃的,也不在这里停留了。

(2)食草动物与家畜争食造成的灾害,如澳大利亚的野兔泛滥、袋鼠等。

(3)与人类争食造成的灾害,如鼠害、蝗虫、麻雀等。

(4)传染疾病的灾害,如老鼠、苍蝇、蚊子等。2012年美国出现西尼罗病毒疫情以来,已发现1 118人感染这种病毒,其中至8月21日已有41人死亡,这种病就是由蚊子造成的。

(5)有毒动物。经英国、澳大利亚、苏联、美国、法国、意大利、日本等19个国家的科学家评选出10种动物属“世界毒王”:①澳洲方水母:生活在澳大利亚沿海,人若触及其触手,30 s后便会死亡;②澳洲艾基特林海蛇:它长着一张大嘴,和澳洲方水母栖身于同一水域;③澳洲蓝环章鱼:这种软体动物的身长仅15 cm,蜿足上有蓝色环节,常在澳大利亚沿海水域出没;④毒鲉:栖身于澳大利亚沿海水域;⑤巴勒斯坦毒蝎:生活在以色列和远东的其他一些地方;⑥澳大利亚漏斗形蜘蛛:生活在澳大利亚悉尼市近郊;⑦澳洲泰斑蛇;⑧澳洲褐色网状蛇;⑨眼镜王蛇;⑩非洲黑色莽巴蛇。人一旦被这些动物所伤定是致命的。据说,被海蛇咬伤是特别危险的,因为直到出现死亡迹象之前,人们难以发现是被海蛇咬伤。幸运的是海蛇并不十分具有攻击性。毒液保留时间最长的是石鱼的毒液,它很少立即致人死亡,而是在好几个月后才致人死亡。同人们所想象的相反,亚洲的眼镜王蛇和非洲毒蛇都不是世界上致人死亡最多的蛇,它们都是在受到人们攻击的时候才咬人。

(6)人为活动使动物种类减少的灾害。从地球上出现了人类,生物界就深深地打上了人类活动影响的烙印。纵观人类活动对生物的影响,无不使人感到危机四伏、触目惊心！据研究，地球上截至目前，已诞生的生物为 2 500 万～3 000 万种。然而，当今世界仅存生物约 2 000 万种。造成生物种类灭绝的原因固然很多，但可以说，这与人类活动有密切关系。有人统计，进入人口迅速增长时期以来，生物灭绝的速度比以前大大加快了：过去平均每年仅有一种生物从地球上绝迹，而现在已发展到每天就有一种，有人认为如果不采取措施下一步将会发展到每小时减少一种。这决非危言耸听，据记载，1600 年以来记录在书的 4 226 种哺乳动物到 20 世纪初已灭绝 36 种，还有 120 种处于危机状态，在案可查的 8 684 种鸟类中已灭绝的有 94 种，另有 187 种处于危机；还有人统计，19 世纪的 100 年中有 70 种动物绝迹，之后仅 20 世纪上半叶就已灭绝 40 种之多。在我国，50 年代以来已有 10 多种大型珍稀鸟兽绝迹。上述是动物界的情况，植物界的情况也并不乐观，研究调查结果表明，仅高等植物每年就有 200 种以上灭绝，还有 10%～20% 的种类正濒于灭绝。据报道，我国稀有动物即濒危动物越来越多，它们是一项珍贵的、不可替代的、不可再生的自然资源，在维护生态平衡，促进经济发展，满足人民日益增长的物质和文化需求，发展对外关系，提高社会主义精神文明等方面发挥着重要作用。

第三节　生物灾害的基本特点

生物灾害属于自然灾害，除具有一般自然灾害的共同点外，还具有周期性、突发性、扩散性、可控制性等特点。狭义的生物灾害可直接造成人身伤亡，但规模不大；广义的生物灾害则产生间接危害，而间接危害特别是人类对生态平衡的破坏，对人类的生存产生极大的影响，有人把此形容为人类在“自掘坟墓”。生物灾害造成的损失不是一次性的，不同于地震、干旱等，它的严重后果将持续影响人类，因为植被破坏后，要恢复需要数十年之久。

一、突发性

许多有害生物生命周期短，繁殖率高，可以在很短的时间内形成数量巨大的群体造成危害，呈暴发态势。

二、隐蔽性

许多有害生物形态多变，监测治理难度大。害虫虫态一般要经过卵、幼虫、蛹和成虫等不同虫态；病原微生物个体小，隐蔽发生，还有许多有害生物隐藏于受害体内、水中、大气里或地下，不易发现，治理非常困难。

三、扩散性

绝大多数有害生物可以随气流、水流、动物迁徙、人为活动和本身的迁飞等迁移到另外一个地方，在新的地域定居下来后，对生态系统造成危害。有些危险性有害生物侵入到新的地域后，迅速繁殖，排挤本土生物，造成生态灾难。

四、区域性

有害生物的种类分布具有明显的区域性，再加上有害生物生活和危害行为与自然因子密切相关，有害生物的生命周期与灾害发生的周期、危害程度就具有强烈的区域性。

五、社会性

从灾害源来看，生物灾害是相对的，是生态系统失衡造成的。由于人类对资源过度开发利用，打破了生态系统原有有序状态，造成生态系统抗逆能力下降，当有利于某种生物滋生的生态因子存在时（如气候变暖、营造纯林、广谱农药的使用等），该生物就可能泛滥危及生态安全而形成灾害；由于环境污染、火灾、水灾、冰冻等自然灾害，造成生态系统内主体生物衰弱，使少数抗性较强的生物抢占生态位，造成生物灾害发生；由于人类频繁远距离活动，打破了地理区域限制，使一些外来生物入侵，危害生态健康。生物灾害不仅造成巨大的经济损失，对生态造成极大的危害，还危及人类健康。如禽流感、艾滋病、肾综合征出血热、SARS、埃博拉等恶性传染病，严重威胁人类健康，危及社会公共卫生安全。

六、受自然因素的影响，具有时间性

有害生物也是生态系统中的一分子，生态系统的演变依赖于自然条件，生物灾害的发生在很大程度上与自然条件密切相关，在其发生发展上，表现出很强的时间性。

七、次生灾害多

毁林后可以发生气候异常、泥石流、沙漠化、水土流失、地下水减少等。

八、可监测预测、可控制性

有害生物具有一定的生物学和生态学特性，都有一定的发生发展规律，通过长期监测和研究其生物学和生态学特性，可以建立预测模型，进行灾害预测。根据有害生物的生态学和生物学特性，可以对产生危害的有害生物进行人为干扰，将生物灾害损失降到经济阈值范围内。有害生物一般都有天敌，可以利用天敌实行生物防治，或者通过生态措施，改善生态环境，创造有利于天敌而不利于有害生物的生存环境，实现可持续治理。

九、治理的艰巨性

生物灾害源种类繁多，包括细菌、真菌、病毒等病原微生物和害虫、害草、害鼠等。生物灾害受灾体种类多，面积广大，涉及整个全球生态系统，再加上有害生物形态多变，隐蔽发生，治理范围广，难度大。

由于其灾害源、受灾体大不相同，不同的生物灾害，又有其各自不同的独特特点。

第四节　主要生物灾害的防治措施

生态灾害是制约实现第三步战略目标、危及国家安全、企业生存和人们身心健康的瓶

颈。所以,保护生态环境及生态减灾就是保护及发展生产力。

生物灾害综合治理科学对策的基本含义:从大生态系统的整体出发,根据有害生物与环境之间的相应联系和人类对社会经济生产及发展的具体要求,充分发挥自然控制因素的抑害减灾作用,因地制宜协调运用必要的防治措施,将有害生物控制在经济受害允许水平之下,避免或减轻灾变,以获得综合的生态效益,即开展以生态工程、生态经济、生态设计、产业生态学及环境未来学研究为中心的生物减灾工程实践。

第五节　森林火灾

一、森林火灾的概述

广义上讲,凡是失去人为控制,在林地内自由蔓延和扩展,对森林、森林生态系统和人类带来一定危害和损失的林火行为都称为森林火灾。狭义上讲,森林火灾是一种突发性强、破坏性大、处置救助较为困难的自然灾害。

二、森林火灾产生的原因

人为原因是最大的一个因素;其次长期的天气干燥也可能导致地面温度持续升高,森林物质易引起自燃;而且雷击也可以导致火灾的发生。

三、森林火灾的危害

失去控制的森林燃烧。自地球出现森林以来,森林火灾就伴随发生。全世界每年平均发生森林火灾20多万次,烧毁森林面积约占全世界森林总面积的1‰以上。中国现在每年平均发生森林火灾1万多次,烧毁森林几十万至上百万公顷,占全国森林面积的5‰~8‰。1987年5月黑龙江大兴安岭还发生了特大森林火灾,过火面积101万 hm^2,其中有林面积占70%。

森林火灾不仅烧死、烧伤林木,直接减小森林面积,而且严重破坏森林结构和森林环境,导致森林生态系统失去平衡,森林生物量下降,生产力减弱,益兽益鸟减少,甚至造成人畜伤亡。高强度的大火,能破坏土壤的化学、物理性质,降低土壤的保水性和渗透性,使某些林地和低洼地的地下水位上升,引起沼泽化;另外,由于土壤表面炭化增温,还会加速火烧迹地干燥,导致阳性杂草丛生,不利于森林更新或造成耐极端生态条件的低价值森林更替。

四、林火分类

林火发生后,按照对林木是否造成损失及过火面积的大小,可把森林火灾分为一般森林火灾、较大森林火灾、重大森林火灾和特别重大森林火灾。

(1)一般森林火灾:受害森林面积在1 hm^2 以下或者其他林地起火的,或者死亡1人以上3人以下的,或者重伤1人以上10人以下的。

(2)较大森林火灾:受害森林面积在1 hm^2 以上100 hm^2 以下的,或者死亡3人以上

10 人以下的,或者重伤 10 人以上 50 人以下的。

(3)重大森林火灾:受害森林面积在 100 hm^2 以上 1 000 hm^2 以下的,或者死亡 10 人以上 30 人以下的,或者重伤 50 人以上 100 人以下的。

(4)特别重大森林火灾:受害森林面积在 1 000 hm^2 以上的,或者死亡 30 人以上的,或者重伤 100 人以上的。

控制森林火灾的能力常用以下数字表示:①10 万 hm^2 森林中火灾发生的次数,即发生森林火灾的频率;②10 万 hm^2 森林中火烧的面积,即森林的燃烧率;③平均每次火灾的面积;④火烧面积占森林面积的百分比。

五、森林防火

森林防火工作是中国防灾减灾工作的重要组成部分,是国家公共应急体系建设的重要内容,是社会稳定和人民安居乐业的重要保障,是加快林业发展,加强生态建设的基础和前提,事关森林资源和生态安全,事关人民群众生命财产安全,事关改革发展稳定的大局。简单的说,森林防火就是防止森林火灾的发生和蔓延,即对森林火灾进行预防和扑救。预防森林火灾的发生,就要了解森林火灾发生的规律,采取行政、法律、经济相结合的办法,运用科学技术手段,最大限度地减少火灾发生次数。扑救森林火灾,就是要了解森林火灾燃烧的规律,建立严密的应急机制和强有力的指挥系统,组织训练有素的扑火队伍,运用有效、科学的方法和先进的扑火设备及时进行扑救,最大限度地减少火灾损失。

森林扑火要坚持"打早、打小、打了"的基本原则。1988 年 1 月 16 日国务院发布的《森林防火条例》规定:森林防火工作实行"预防为主,积极消灭"的方针。森林防火工作实行各级人民政府行政领导负责制。林区各单位都要在当地人民政府领导下,实行部门和单位领导负责制。预防和扑救森林火灾,保护森林资源,是每个公民应尽的义务。《森林防火条例》已于 2008 年 11 月 19 日国务院第 36 次常务会议修订通过,自 2009 年 1 月 1 日起执行。

第十二章 灾害区域分异

第一节 世界灾害区域分异

灾害在时间和空间上的分布是不均的。在空间上的分布不均主要体现在灾害的群发和不同区域灾害的组合不同,从而表现出区域分异特征;在时间上的分布不均主要体现在灾害发生的韵律性,在一定时期的灾害丛发。灾害的形成机制是在一定的环境中孕育,由致灾因子作用于承灾体从而形成灾情。例如洪水灾害,孕灾环境包括大气环境、水文环境和下垫面环境;致灾因子包括降雨洪水、融水性洪水和工程失事性洪水等。对于一个特定地区来说,致灾因子往往只是其中的一种或几种组合。承灾体包括人类本身及生命线系统、各种建筑物及生产线系统,以及各种自然资源。灾情包括人员伤亡、直接与间接经济损失、建筑物破坏、资源与环境破坏以及心理影响等。孕灾环境是影响致灾因子和承灾体的背景条件,致灾因子是灾害产生的充分条件;承灾体是放大或缩小灾害的必要条件;任何一个特定地区的灾害都是孕灾环境、致灾因子、承灾体综合作用的结果。由此可知,孕灾环境的区域分异是灾害空间分布不均的决定因素。孕灾环境是由地质、地貌、气候、水文、土壤、植被、动物等各种自然要素相互联系、相互作用而形成的自然综合体,还包括过去和现代人类活动的影响在内。在各种自然要素中又以地质、地形、气候等要素对自然灾害的分异起决定作用(毛德华等,2008)。由于地壳运动,使地表产生隆起、凹陷、断裂等活动,这些称为构造形迹。这些构造形迹,特别是规模较大者,控制了地层、地形、水文、土壤、植被,且通过地表面状况影响到天气和气候,这样就使其所在地的自然环境成为一个统一体。正是因为这种统一性,导致了灾害空间上的群发性。例如构造隆起带控制了山系,沿山区往往会出现崩塌、滑坡、泥石流、地震、水土流失、森林灾害等灾害群;凹陷带控制了盆地和平原,常出现干旱、地面沉降、洪涝、土地沙漠化、土地盐碱化、农业灾害为主的灾害群。世界气候类型复杂多样,各种气候要素的超常变化本身就是致灾因子,多样的气象灾害均在一定的气候环境中孕育,厄尔尼诺与拉尼娜现象、全球气候变暖则会带来全球性的灾害。

一、20 世纪世界灾害概况

1990~1998 年,几乎整个 20 世纪的灾害统计数据与自然灾害事件记录,涉及 207 个国家和地区灾害种类包括干旱、洪水、地震、飓风、滑坡、瘟疫、森林火灾、饥荒、火山喷发、海啸、寒冻和焚风等。灾害统计数据明显反映出各种自然灾害的损失正显著增大,自然灾害在发展中国家发生频繁,并且相对工业国家具有对国民经济影响更大的特点。

(一)重大自然灾害概述

20 世纪全球自然灾害因灾死亡和经济损失统计见表 12-1。在 20 世纪各类自然灾害中,瘟疫造成的死亡人数最多,占死亡人数的55%;其次是干旱、洪水和饥荒。洪水和地震造成的经济损失最大,分别占总损失的32%和31%;其次为飓风和风暴。

表12-1 20世纪全球自然灾害因灾死亡和经济损失统计

灾害种类	死亡人数	死亡比例(%)	灾害损失(亿美元)	灾害损失比例(%)
雪崩	3 684	0.006	0.3	0.003
寒冻	6 326	0.010	161.0	1.768
热带气旋、台风	1 131 037	1.797	1 368.0	15.022
干旱	10 235 762	16.259	369.9	4.062
地震	1 850 635	2.940	2 791.0	30.649
瘟疫	34 461 814	54.739	0.1	0.001
饥饿	7 534 675	11.968	0.9	0.010
洪水	7 451 484	11.836	2 964.0	32.549
热浪	17 906	0.028	66.6	0.731
滑坡	64 082	0.102	29.4	0.323
风暴	68 160	0.108	1 072.5	11.777
飓风	18 961	0.030	0.8	0.009
火山喷发	109 436	0.174	32.4	0.356
森林大火	2 313	0.004	249.5	2.740
合计	62 956 275	100	9 106.4	100

注:资料来源于OFOA CERD。

1. 洪水灾害

洪水灾害是造成经济损失最主要的自然灾害。19世纪到20世纪中,全球共记录到特大型的洪水事件5次,死亡人数为118.3万人,经济损失超过3 000亿美元。主要有:

1852年中国中部河南省发生大洪水,造成10万人死亡;

1887年中国中部河南、陕西等省发生大洪水,造成90万人死亡;

1931年中国长江发生大洪水,死亡14万人;

1954年8月,中国长江流域发生全流域性特大洪水,4万人死亡;

1998年6~9月,中国长江流域和松花江流域发生特大洪水,造成3 650人死亡,经济损失和保险损失分别为300亿美元和10亿美元。

2. 风暴灾害

风暴灾害发生极为频繁,强度大,影响范围广。风暴灾害往往引发一些次生或伴生灾害,如山体滑坡和洪水等灾害。

3. 地震灾害

地震是造成死亡的主要灾害事件。在记录到的重大自然灾害事件中,地震灾害占有很大比例。

4. 其他灾害

除地震、风暴及洪水灾害等主要灾种外,全球还记录到多起火山喷发、滑坡、雪崩和寒冻等其他类型重大灾害。

(二)灾害变化趋势

1950 ~ 1999 年全球重大自然灾害事件统计和比较见表 12-2。由表可知,灾害事件、经济损失和保险损失均呈现上升趋势。与 20 世纪 60 年代相比,90 年代的灾害经济和保险损失为 7.8 倍和 15 倍,而与 80 年代相比,则为 2.8 倍和 4.1 倍。很明显,全球重大自然灾害频率和损失费用将持续增长,其中经济损失值增长更为显著。

表 12-2 1950 ~ 1999 年全球重大自然灾害事件统计和比较

时段	1950 ~ 1959 年	1960 ~ 1969 年	1970 ~ 1979 年	1980 ~ 1989 年	1990 ~ 1999 年	90 年代/80 年代	90 年代/70 年代	90 年代/60 年代	90 年代/50 年代
灾害事件(次)	20	27	47	63	82	1.3	1.7	3.0	4.1
经济损失*(亿美元)	385	690	1 242	1 929	5 358	2.8	4.3	7.8	13.9
保险损失*(亿美元)	—	66	113	239	988	4.1	8.7	15	—

注:1. * 均换算到 1998 年价格水平。

2. 资料取自德国慕尼黑再保险公司。

(三)灾害区域分布

从 20 世纪全球主要自然灾害的分布、损失和灾害中死亡人数看,洪水、干旱、地震、飓风、风暴和瘟疫发生范围广,而且频繁,给人们的生命造成了重大损失和巨大威胁。从发生频率看,洪水灾害在印度、中国、美国、新西兰、巴西和印度尼西亚发生最为频繁,分别记录到 153 次、117 次、91 次、82 次、71 次和 70 次。干旱发生最多的国家分别为尼泊尔、乍得、布基纳法索、毛里塔尼亚和塞内加尔,全部在非洲,发生次数为 24 ~ 29 次;中国和印度为亚洲干旱最频繁的国家。地震发生的区域广且均匀,超过 50 次的有伊朗(63 次)、中国(59 次)、印尼(59 次)、厄瓜尼尔(57 次)、日本(52 次)和土耳其(50 次),其他地震频繁的国家有苏联、希腊、墨西哥和美国。飓风主要在亚洲和美国,按发生事件次序排列分别为菲律宾、日本、印度、美国、中国、孟加拉国、越南。风暴以美国发生得最为频繁,共计 296 次,澳大利亚、中国和孟加拉国发生次数为 52 ~ 79 次,其他如印度、法国、菲律宾、英国、加拿大也时有发生,次数为 30 ~ 39 次。

在 20 世纪全球 100 个损失最大的自然灾害中,发生在美洲的有 40 个,亚洲 37 个,欧洲 20 个,非洲和大洋洲分别为 2 个和 1 个;自然灾害种类以洪水和飓风最为严重,分别占 33 次和 23 次;其次分别为地震(15 次)、风暴(15 次)、干旱(5 次)、寒冻(4 次)、森林火灾(3 次)和焚风(2 次)。总损失额高达 6 312.5 亿美元。在 100 个最大损失的灾害中,洪水有 33 个,总损失额 2 066 亿美元。特别是在 20 世纪全球 100 个损失最大的自然灾害中,中国就有 17 个。而在中国的 17 个灾害事件中,仅洪水就占了 12 个,损失额 678.7 亿美元，占全部 33 次洪水总损失的 32.9%。

表 12-3 是德国慕尼黑再保险公司的 MR Natcat 数据库提供的 1985～1999 年全球自然灾害次数、死亡人数、经济损失和保险损失的统计资料。从表 12-3 可以看出，亚洲是遭受自然灾害最频繁、人口伤亡最多、经济损失最大的地区，造成损失和人员伤亡的自然灾害为洪水和风暴。北美洲是灾害频繁、人口伤亡和经济损失较大的地区，同时是保险损失最为严重的地区，风暴是造成该地区损失的主要灾害。欧洲灾害数量不少，人员伤亡较少，经济和保险损失较大。大洋洲和非洲灾害发生次数不多，非洲因灾死亡人数远远高于大洋洲，主要是突发性洪水造成的。

表 12-3　1985～1999 年全球自然灾害灾情区域统计

地区	灾害次数（地震/风暴/洪水/其他）	死亡人数（人）（地震/风暴/洪水/其他）	经济损失（亿美元）（地震/风暴/洪水/其他）	保险损失（亿美元）（地震/风暴/洪水/其他）
非洲	760 （60/230/330/140）	22 390 （2 670/1 250/15 810/2 660）	68.2 （13.1/12.9/19.5/22.7）	6.1 （0/2.6/3.5/0）
北美洲	2 060 （270/1 030/420/340）	36 930 （11 510/18 140/3 670/3 610）	3 394.3 （568.0/1 826.8/375.4/624.1）	1 169.5 （169.4/831.4/46.5/122.2）
南美洲	570 （120/90/210/150））	35 540 （27 900/550/4 480/2 610）	109.1 （44.9/6.4/41.3/16.5）	4.3 （2.4/0.3/0.6/1.0）
亚洲	2 650 （550/730/900/470）	429 090 （127 020/59 810/222 780/19 480）	4 097.9 （1 419.4/555.2/1 926.9/196.4）	176.5 （44.7/99.7/26.3/5.8）
大洋洲	580 （70/290/130/90）	4 400 （180/440/3 290/490）	164.8 （50.6/22.8/66.0/25.4）	43.4 （12.0/25.0/5.2/1.2）
欧洲	1 740 （170/650/430/490）	7 900 （320/1 460/1 800/4 320）	1 123.8 （114.2/354.1/412.3/243.2）	299.9 （9.7/206.6/58.4/25.2）
全球	8 360	536 250	8 958.1	1 699.7

注：资料取自德国慕尼黑再保险公司。

由于发达国家与发展中国家在防灾、抗灾、救灾及其管理体系上的差异，使得他们在遭受重大自然灾害时的相对影响程度大不一样，从一些遭受自然灾害严重的国家灾害损失占国内生产总值（GDP）的比例来看（见表 12-4），发达国家比发展中国家要小得多，如中国 20 世纪 90 年代灾害损失是 1995 年 GDP 的 12%，而美国仅为 1.6%。

二、近年世界灾害概况

2003 年是全球自然灾害重灾年（秦年秀等，2005），其中席卷欧洲夏季的热浪、伊朗巴姆大地震以及美国中西部的龙卷风和雹暴，造成的巨大经济财产和保险损失，人员大量伤亡最为突出。全球大约有 77 886 人死于各种自然灾害，死亡人数超过了长期平均水平，相当于 2002 年（10 576 人）的 7 倍多，而 2002 年的死亡人数已经是 1980 年的 4 倍，这也是自 1980 年以来死于自然灾害的人数第四次达到如此高记录，伊朗巴姆大地震及欧洲夏季高温酷热是造成当年死亡人数骤增的主要原因，仅伊朗巴姆大地震造成的死亡人数就超过 4 万人，死于欧洲夏季高温酷热的人数也高达 1.9 万人。

表 12-4　遭受自然灾害严重的国家灾害损失占国内生产总值(GDP)的比较

国家	20 世纪 90 年代损失(亿美元)	20 世纪 80 年代损失(亿美元)	20 世纪 90 年代损失与 1995 年 GDP 相比	20 世纪 80 年代损失与 1995 年 GDP 相比
日本	1 594.5		3.41	
美国	1 192.9	336.98	1.64	0.46
中国	876.8	138.65	12.52	1.98
印度	212.3	56.57	6.80	1.81
印度尼西亚	176.7		9.02	
意大利	132.9		1.28	
澳大利亚	75.4	94.53	2.15	2.69
墨西哥		56.83		2.82
巴西		42.98		1.17
法国		49.36		0.31

2003 是有气象记录的 161 年以来,仅次于 1998 年和 2002 年的第三个温暖年,同时也是连续第 26 年全球平均气温高于多年平均气温(1961 ~ 1990 年)的一年。与其他年份相比,该年因自然灾害造成的经济损失和保险损失比较中等,全球因自然灾害所造成的损失为 804.14 亿美元,居 1950 年以来的第 14 位,主要是由龙卷风、热浪、森林火灾和洪水等灾害造成的。

2003 年全球记录到的主要自然灾害事件有 699 起,与 2002 年的 698 起相当,其中居第一位的是风暴灾害,发生 300 起,占 43%;全球总死亡人数为 77 886,其中居第一位的是地震灾害,死亡 48 299 人,占总死亡人数的 62%;全球因自然灾害造成的经济损失为 646.04 亿美元,其中居第一位的是风暴灾害,经济损失 251.96 亿美元,占 39%。在全球记录到的 50 起重大灾害事件中,洪水灾害有 14 起,亚洲占 7 起,主要分布在中国、菲律宾、孟加拉国、斯里兰卡、阿曼、阿塞拜疆等国;欧洲有 3 起,主要分布在意大利、俄罗斯、法国等地;美洲 2 起;非洲 2 起。风暴灾害有 18 起,主要分布在北太平洋东部、大西洋西部、中国东部的沿海地区及岛屿,就地区来说,美洲和亚洲出现的次数最多,约占 72%;欧洲其次;大洋洲、非洲最少。风暴灾害往往引发一些次生和伴生灾害,如山体滑坡和洪水等灾害。地震灾害有 7 起,其中亚洲 4 起、美洲 2 起、非洲 1 起,主要分布在中国西北、日本北海道、土耳其、墨西哥、美国中部以及伊朗巴姆地区。其他灾害(包括干旱、森林大火、火山喷发、滑坡、雪崩、冰雹和寒冻等)有 11 起,各大洲都有分布,其中亚洲、美洲和欧洲各 3 起,大洋洲、非洲各 1 起。

在 2003 年全球 50 起主要灾害事件中,各大洲均有分布,其中亚洲有 20 起,主要分布在中国东部、中部经济较发达地区与台湾,以及日本北海道、菲律宾、韩国等地;美洲 15 起,集中分布在美国、加拿大、墨西哥;欧洲 10 起,主要分布在德国、法国、瑞士、意大利、希腊等地;非洲 3 起;大洋洲 2 起。从 2003 年全球自然灾害发生次数、死亡人数、经济损失的统计资料看,亚洲仍然是灾害最为频繁、人口伤亡和经济损失较大的地区,有 35.05%

的自然灾害事件发生在亚洲，死亡人数则占到了69.23%。从死亡人数来看，欧洲居第二位，由各种自然灾害造成的人员死亡比重为25.93%；从经济损失来看，欧洲也排名第二，占28.82%，这主要是夏季酷暑引起的，有关研究指出，2003年夏季是欧洲450年以来最炎热的夏季。

2004年全球共发生332起重大灾害事件。其中，116起为重大自然巨灾事件，216起为重大人为或技术性灾害事件。这些巨灾造成的死亡和失踪人数高达30万之多，是近年来巨灾死亡和失踪人数最多的一年。这其中，仅在12月26日的印度洋海啸中就死亡和失踪了28万余人；其他导致众多人员死亡和失踪的自然巨灾主要有：9月9～13日袭击海地、美国等地的珍妮飓风和随后而来的洪水使3 000多人丧生；5月袭击海地、多米尼加和波多黎各的洪水使3 300多人死亡和失踪；其他是暴风和洪水灾害事件也分别夺走了6 700人和7 300人的生命。

除重大自然灾害造成的人员死亡和失踪外，还有7 200多人死于人为或技术性灾难事件。其中，2 100人丧生于水运事故，1 350人丧生于大火和爆炸事件，800人死于恐怖袭击事件。

2004年重大灾害造成的经济损失共约1 230亿美元。其中，1 200亿美元损失于自然巨灾事件，约30亿美元损失于人为重大灾难事件。自然巨灾中，袭击美国和其他地区的飓风损失约590亿美元，袭击日本等国的台风损失为140亿美元；使12个国家受害的印度洋海底地震及其引发的海啸损失为140亿美元。

三、世界灾害的分布规律

全球环境复杂多样，海陆分布，山岳河川、丘岗平原、高原湖泊，类型多样、组合复杂，人类活动的影响愈来愈大，导致其中孕育的灾害也是多种多样，同时区域差异明显，不同的地区具有各自的主导灾害及灾害组合，由此形成了灾害的区域分异特征。探讨灾害的区域分异特征，明确其分布规律，不仅具有理论研究意义，而且对预防、治理灾害的实践也有指导作用（延军平，1990）。

（一）大陆比海洋多灾

（1）大陆表面起伏大，环境复杂，而海洋表面环境单一。例如，陆地冰雹多于海洋是由于陆地上有平原、高山、沙漠、森林、河流、湖泊，各种下垫面因其性质不同而受热不均匀，比热差显著，因此容易造成旺盛的空气对流，产生空气的热力抬升。在海面上，下垫面性质单一，水面受热较均匀，不存在比热差，不容易造成旺盛的空气对流，形成空气的热力抬升条件较差。陆地上空气的抬升条件明显好于海洋，加之海洋上空零度等温线距海面较远，雹块在降落途中容易被融化掉，所以陆地上明显地比海洋上多雹。

（2）大陆有固、气、液三种物质形成的交界面，灾害物理学研究证明，固、气交界面容易产生骤变，引发各种灾害。海洋表面为气、液交界面，海洋底部是液、固交界面，故灾害少。

（3）大陆有人类居住，海洋中无常住居民，海洋灾害一般只影响过往船只安全或波及大陆沿海地区。就地震而言，虽然大陆地震仅占全球地震释放总能量的15%，但所造成的损失却占到85%。

（二）北半球比南半球多灾

（1）北半球陆地面积大，约占全球陆地面积的2/3。其中，北纬40°～50°地区陆地面积1 650万km^2，南纬50°～60°地区陆地面积仅有20万km^2。

（2）大陆板块向北半球汇集，应力集中，由地球内力导致的地质灾害多。据研究，印度半岛、非洲大陆、澳大利亚大陆都在向北运动。

（3）北半球山地、高原广布，其中亚洲海拔在1 000 m以上的地区占到33%，山地灾害多。

（4）北半球气候复杂多样，季风突出，各种气候要素的季节变化大，年际变率大，极易产生气象灾害。

（5）北半球人口众多，10个人口上亿的国家，有8个在北半球（中国、印度、俄罗斯、美国、日本、尼日利亚、孟加拉国、巴基斯坦），南半球只有印度尼西亚、巴西两国人口过亿。

（6）北半球以自然灾害和工业化后型灾害为主（工业污染等），南半球以工业化前型灾害突出（滥伐、滥垦等）。北半球以亚洲灾害最多，而南半球的澳大利亚灾害较少，南极洲则无灾（因无居民）。

（三）温带多灾

（1）这里大陆集中，其中南北纬25°～65°陆地占到48.45%，赤道至南北纬25°占42.22%，南北纬65°～90°占9.43%。

（2）这里应力集中，据李四光研究，南北纬35°15′57″处地应力最大，构成运动活跃，因此多地震、地貌灾害。

（3）温带大陆性气候区广并多灾，而热带、海洋性气候区少灾，而且温带气候的径向变化多，类型复杂，也提供了成灾的可能性。

（4）温带自然植被破坏严重、垦殖指数高，特别是中、南温带，缺乏大片森林保护，灾害多。

（5）温带人口集中。根据20世纪50年代资料，温带人口密度为60人/km^2，热带为18人/km^2，干旱区8人/km^2，寒带16人/km^2。

（四）环太平洋带、欧亚带（大陆边缘）多灾

（1）这里是地震火山带，其中环太平洋带，浅源地震释放的能量占全球浅源地震释放能量总量的75%，中、深源地震占90%。欧亚带浅源地震释放能量占全球总量的20%。

（2）这里是山地带，山灾突出，泥石流、滑坡、雪崩等频繁发生。

（3）大陆边缘是气候类型的海陆转换区，有些地方是季风区，还受台风影响，故多灾。

（4）多为不发达地区，人为灾害多。

（五）岛屿多灾

（1）岛屿多位居大陆边缘，气象灾害多，频度高。

（2）岛屿多位于地壳活跃地带，多地震、火山，特别是太平洋、大西洋的岛屿。

（3）岛屿面积小，一旦发生灾害可殃及全岛，损失巨大。

（六）富饶地区及城市多灾

富饶与贫困，并不取决于灾害的多少，而是取决于自然环境的优劣。同一强度的灾害，在富饶区损失大，贫困地区损失小。城市高度依赖于公共设施，一旦出现灾害，生命线

工程破坏,自救能力极差,故危险性大。城市多灾的原因如下:

(1)地形条件。富饶区的城市多位于平原、盆地及沿河、沿海地区,多为构造下降地区,地震多,如华北平原、关中平原、银川平原等。有些平原由于地基松软,当地震长周期波通过软地基时能量放大,对高层建筑威胁大,给城市带来巨大灾难。加之,有些地区大量抽取地下水,地面沉降严重,地裂缝多。

(2)气象条件。平原、盆地小,气候环境稳定,极易受干热风、干旱等大面积气象灾害的影响。沿海平原易受台风、海浪、海啸袭击。一旦成灾,影响面积大。

(3)水文条件。平原多由大江大河冲积而成,又是众多江河相汇之处,如遇暴雨,各支流洪峰齐头并进,水位大涨,易形成洪灾。大城市多位于河流沿岸,易受洪水冲刷、淹没。居河流下游的城市,河道平缓,排泄速度慢,易积水成灾,海平面上升,对沿海城市威胁最大。

(4)人为因素。平原、盆地大都人口集中,人工建筑多,人为污染多,易造成人为灾害,实际上目前讨论的环境问题主要发生在大城市。城市还是战争袭击的目标和犯罪猖獗的地方,有一系列特有疾病,而高寿老人几乎都居住在山区、少数民族地区。

(七)生态环境脆弱带多灾

据研究,地球上重要的生态环境脆弱带主要有:城乡交接带、干湿交替带、农牧交错带、水陆交界带、森林边缘带、梯度联结带等。这些带由于抵抗外部干扰的能力差,因此极易产生灾害。

四、世界灾害的区域差异

(一)亚洲主要灾害

亚洲是世界上灾害最多的一个洲,自然灾害、人为灾害此起彼伏,带来了巨大灾难。

(1)地震。亚洲位于两大地震带相交会的地方,地震灾害最为突出,特别是日本、中国十分频繁。日本有“地震国”之称,日本附近地区平均每年释放的地震能估计占全球的1/10左右,每年平均发生地震7 500次,其中有感地震1 500次,破坏性地震420次。我国是世界上蒙受地震灾害最深重的国家,仅1976年7月唐山地震死亡40.7万人,经济损失300亿元。2008年5月12日四川汶川发生8级地震,造成7万人遇难,37万余人受伤。

(2)火山。日本有火山270多座,活火山约80座,约占世界活火山总数的10%,分布在八条火山带上,与此相联系的是多温泉,共计有18 678处。

(3)沙漠化。在中国、印度最为突出。我国沙漠化面积已达110万km^2,其中16万km^2是人为造成的。印度塔尔沙漠65万km^2,其边缘每年向前推进0.8 km。

(4)水土流失。中国、印度最为突出。我国黄土高原区水土流失严重,每年流失土壤16亿t,印度有140万km^2的土地受到侵蚀。

(5)植被减少。这是一个普遍现象,以东南亚最为严重,马来西亚热带雨林的植物群落是世界上物种最丰富的,但菲律宾、马来西亚的热带雨林植物群落减少严重。

(6)环境污染。酸雨已影响日本和中国,三秦大地也面临酸雨威胁。

(7)人口、粮食问题。全世界约有7亿人口在忍受饥饿,其中亚洲就占60%,特别是越南、柬埔寨、阿富汗等国家更为突出。

(8)森林火灾。主要在俄罗斯亚洲部分、中国等国家的温带地区。在1987年4~5月,苏联赤塔洲发生森林火灾600起,阿穆尔洲在同年4月底,国家森林发生火灾125起,集体农庄和国营农场的森林发生火灾19起。1987年5月,中国东北发生了特大森林火灾,过火面积达100万 km^2,其中森林面积约65万 km^2,直接经济损失5亿元。

(二)欧洲主要灾害

欧洲自然灾害比较少,但工业化程度高,环境污染严重,主要有以下几种:

(1)酸雨。由于酸雨的影响,瑞典有2 500个湖泊酸化,大量鱼类死亡;挪威南部有1 750个湖泊里的鱼类绝迹。由酸雨直接造成的破坏现象更普遍,1983年,仅在联邦德国、中欧和北欧就毁坏了509万 km^2 森林。

(2)污染。由于欧洲气候污染严重,欧洲共同体执委会决定将1987年定为欧洲环境年。欧洲水污染也很严重,特别是莱茵河、地中海污染更严重。其中,每年有1 000亿t垃圾倾入地中海,2/3的海滩不符合卫生标准。

(3)森林火灾。以法国最为普遍,1986年,法国共有4.67万 km^2 森林被林火烧毁,占法国森林面积的0.32%,主要发生在7月、8月的夏干季节,为此法国政府起草了法案,来防止森林火灾。

(三)非洲主要灾害

非洲大陆是一块古老稳定的大陆,地质灾害较少,其他自然灾害也不多。但人为灾害较严重,这种人为灾害不同于欧洲工业化后产生的人为灾害,而是处于较低利用阶段的人为灾害,主要有以下几类:

(1)沙漠化。在沙漠的边缘,即在稀树草原区,由于人为滥垦、滥樵、滥牧,导致沙漠向湿润区扩散。如在撒哈拉沙漠南部,沙漠每年向毛里塔尼亚推进10 km。

(2)人口问题。人口增长过快,生活水平下降。1960~1985年,人口几乎增加一倍。

(3)粮食问题。由于人口增长过快,粮食供给不能保证,大部分国家不能自给。世界有33个最不发达的国家,其中27个在非洲。

(4)旱灾。周期性的旱灾给非洲带来巨大影响。在1984~1985年的旱灾期间,约有100多万人死亡,1 000万人流离失所。

(5)动物灭绝。非洲是世界上大型哺乳动物种类、数量最多的一个洲,由于人为狩猎,许多动物濒临灭绝,如犀牛总数由1980年的14 000头下降到1985年的8 000头,马达加斯加一个小岛上的指猴现仅存9只。

(四)北美洲主要灾害

北美洲自然灾害、人为灾害并重,自然灾害有陆龙卷、飓风、地震等,人为灾害有酸雨、森林火灾等。

(1)陆龙卷。即黑风暴,1934年5月在美国西部大草原区刮起黑风暴,每立方千米空气中的尘土达40 t,毁掉耕地300万 km^2。

(2)飓风。形成于墨西哥湾,影响美国南部地区。

(3)地震。北美位于环太平洋地震带,火山地震灾害频繁,有不少火山在活动,如美国的圣海伦斯火山等。墨西哥地震、火山均有,特别是1985年9月,墨西哥城发生7.8级地震,死亡 3 100 人,伤 11 000 人,4 000 多人下落不明,30 万人无家可归。

(4)酸雨。北美酸雨是一大公害,在加拿大大西洋沿岸各省,有许多湖泊的酸度近 20 年增加了 10 ~ 30 倍,约有 50% 的酸性沉降物来自美国。美国东北部空气污染,90% 是人为造成的,约有 9 400 个湖泊因受酸雨的影响而变质,农作物、森林也遭殃,每年造成的经济损失达 80 亿美元。

(5)森林火灾。1987 年 5 月加拿大发生森林火灾,波及 5 个省,仅在安大略省就有 78 个火灾源,烧毁 13 000 km^2 森林。1987 年 6 月,美国加利福尼亚洲发生森林火灾,造成 900 万元的经济损失。

(五)南美洲主要灾害

(1)厄尔尼诺现象。在秘鲁西海岸,由于秘鲁寒流势力减弱,会造成冷性鱼类死亡,给秘鲁造成经济损失,其次厄尔尼诺现象还对全球气候有影响,使一些地方暴雨成灾,一些地方异常干旱。1997 年发生了显著的厄尔尼诺现象,是造成我国 1998 年长江流域大范围特大洪涝灾害的重要原因。

(2)森林过度砍伐。在亚马孙热带雨林,每年减少 4 万 km^2 森林。巴拿马运河流域的森林覆盖率从 1952 年的 85% 减至目前的 35%。亚马孙河流域 50% 的雨水是由森林本身产生的,是"世界之肺",保护亚马孙森林,具有全球意义。

(3)火山、地震。1985 年 11 月,哥伦比亚鲁伊斯火山喷发,使 2 万人死亡,2.5 万人受伤,受灾居民达 13 万。1987 年 6 月 13 日,该火山再次活动。

(4)沙漠化。影响面积较小。

(六)大洋洲主要灾害

(1)火山、地震。在新西兰、太平洋岛屿上较多。

(2)家养生物野生化造成的伤害。在澳大利亚大陆上,有牛粪、野兔、仙人掌等造成的伤害。

(3)盐碱化。澳大利亚盐碱化最为严重,其盐碱化面积占世界盐碱化总面积的 37.4%,居世界第一。

(七)南极洲主要灾害

(1)冰雪消融加快。这一灾害一方面使冰厚减小,另一方面使海平面上升,危及全球沿海大城市。

(2)冰体污染。主要是来自其他大洲的污染物造成的。

(3)南极动物的减少。

第二节 中国灾害区域分异

随着联合国"国际减轻自然灾害十年"(1990 ~ 1999 年,IDNDR)活动和随后的"国际减轻自然灾害战略"(ISDR)活动的开展,我国对自然灾害的区域分异研究蓬勃开展起来,我国也开展了自然灾害区划研究。中国自然灾害区划的目的在于揭示我国自然灾害区域分异规律,指导各区域的防灾减灾工作。这里主要介绍国家科学技术委员会全国重大自然灾害综合研究组完成的"中国自然灾害综合区划"(国家科学技术委员会全国重大自然灾害综合研究组,1994年)。该区划方案充分考虑了中国自然灾害发生的环境条件,以灾害源的分布、受灾体的分布、突变界线、自然地理的分带性为主要依据,首先进行以自然条件为基础的自然灾害区划,划分为4个一级区和12个二级区;考虑到我国防灾减灾都是由行政单位去落实,因此在以自然灾害为基础的自然灾害区划的基础上编制以行政区界线为边界的区划图,把全国划分为9个灾害区。

一、以自然条件为主要基础的自然灾害分区

(一)一级灾害区

以南北向的贺兰山—龙门山和秦岭—昆仑山分为四个一级灾害区。Ⅰ为华北、东北灾害区,Ⅱ为东南灾害区,Ⅲ为西北灾害区,Ⅳ为西南灾害区。

Ⅰ区——华北、东北灾害区。年日照时数在2 400 h以上,气温除东北边缘外,一般年平均气温0~14 ℃以上的地区。年降水量大部地区400~800 mm。受极地反气旋影响较大,也受热带气旋的一定影响,地壳活动较强。松花江、辽河、滦河、海河、黄河、淮河为其主要水系,土壤以黑壤、黄壤为主,人口稠密,经济发达。该区主要的自然灾害是旱灾、洪水、寒潮、冷冻害、雪灾、地震、地面沉降、海水入侵、土地盐碱化、温带风暴潮、海冰、赤潮和玉米、小麦、棉花等旱作物病虫害,落叶松毛虫、油松毛虫、赤松毛虫,以及鼠害、防护林病虫害和森林火灾等。华北、东北灾害区是我国自然灾害损失最严重的地区之一,特别是华北。

Ⅱ区——东南灾害区。年日照时数大都在1 400 h以下,年平均气温在14 ℃以上,是我国1月气温在0 ℃以上的地区。受副热带高压与热带气旋影响最大,秋末春初也受寒潮侵袭。除沿海边缘地区外,地壳较稳定。长江和珠江为该区两大水系,土壤以红壤、砖红壤为主,人口稠密,经济发达。该区最主要的灾害为洪涝、旱灾、台风、风暴潮、水稻病虫害、山地地质灾害;其次是棉、麦、玉米等农作物病虫害,赤潮、地面沉陷、地面沉降和沿海边缘地带的地震,以及山区丘陵地区的以马尾松毛虫、云南松毛虫为特征的用材林病虫害。就气候条件而言,该区的西南边界应拓宽至横断山脉,这个地区是我国森林火灾最多的地区,也是我国山地地质灾害最发育的地区。该区东南部、四川、长江中下游也是我国灾害损失最严重的地区。

Ⅲ区——西北灾害区。该区年日照时数大都在2 500 h以上,年平均降水量在100 mm以下,气温变化很大,主要受极地反气旋控制,是我国最干旱的地区,为典型大陆性气候。河流多属内陆水系,土壤以砂土为主。地壳活动性不均衡,某些构造带相当活跃,而一些盆地又较稳定。该区最主要的自然灾害是干旱、地震、寒潮、冷冻害、雪灾、风沙、土地沙化;其次是滑坡、泥石流和山洪、冻融以及农作物病虫害。

Ⅳ区——西南灾害区。该区海拔平均在4 000 m以上,大部地区年平均气温在0 ℃以下,为我国最寒冷的地区。年降水量50~600 mm,比华北、东北区略少。喜马拉雅山南麓年均温度在16 ℃以上,年降水量1 800 mm以上,属亚热带多雨区。该区河流分属太平洋水系和印度洋水系,常年冻土、冰雪为该区特征。山高坡陡、河流湍急,为我国地壳活动最强烈的地区。该区主要的自然灾害是冷冻害、雪灾、冻融、滑坡、泥石流、地震;其次是边缘地区的森林病虫害和农区的农作物病虫害。

以上每个一级灾害区都可分为山地灾害区和平原灾害区两个亚区，如Ⅰ区的长白山、辽东半岛—山东半岛诸山岭和秦岭；Ⅱ区的东南沿海诸山岭和南岭；Ⅲ区的贺兰山、六盘山和西秦岭、昆仑山；Ⅳ区的龙门山、横断山和喜马拉雅山在山地灾害亚区，山地地质灾害、山洪、森林病虫害、雹灾、冷冻害等严重。平原灾害亚区多为平原、盆地、高原，地势相对起伏较小，区内农作物病虫害、旱灾、雨涝、洪灾、干热风、平原地质灾害严重。而在两者相接之处是地震最为严重的地带。

（二）灾害带与二级灾害区

除秦岭—昆仑山这一纬向分界线外，阴山—天山及南岭，也是两条重要的自然环境纬向分界线；除贺兰山—龙门山这一经向分界线外，大兴安岭—太行山—武夷山及东南沿海山脉亦属两条重要的自然环境分界线。因此，从北到南可以分为：①阴山—天山北；②阴山—天山与秦岭—昆仑山之间；③秦岭—昆仑山与南岭之间；④南岭以南等四个纬向灾害区。从东到西可分为：①地形第三阶梯；②地形第二阶梯的东部；③贺兰山—龙门山以西等三个经向灾害带。它们相互交叉，将我国分为以下的二级灾害区，见表12-5。

表12-5

Ⅰ-1-①东北灾害区	以水灾、旱灾、农作物病虫害、低温冷冻害为主，森林病虫害、森林火灾、鼠害、地震（部分为深震）为次
Ⅰ-1-②黄淮海灾害区	以旱灾、洪水、地震、农作物病虫害、干热风、地面沉降为主，土地盐碱化、温带风暴潮、海冰、低温冷害为次，是最主要的蝗源地
Ⅰ-2-①内蒙古东部灾害区	以雪灾、冻害、风灾、沙暴、森林病虫害和森林火灾为主，土地沙化、地震为次
Ⅰ-2-②晋、陕灾害区	以干旱、地震为主，其次为农作物病虫害、涝灾、滑坡、土地沙化、水土流失
Ⅱ-1-③长江中下游—东南沿海灾害区	以洪水、干旱、台风、风暴潮、农作物病虫害为主，其次为滑坡、森林病虫害、地面沉降、赤潮和冷害
Ⅱ-1-④两广、海南灾害区	主要灾害是台风、风暴潮、洪涝、干旱、农作物病虫害，其次为地震、森林病虫害
Ⅱ-2-③川贵灾害区	为洪涝、干旱、地震、滑坡、泥石流、农作物病虫害、森林病虫害和森林火灾、雹灾、冷害均很严重的地区
Ⅲ-3-①北疆—阿拉善灾害区	以干旱、土地沙化、雪灾、地震为主，其次为滑坡、山洪、泥石流、农作物病虫害、森林病虫害
Ⅲ-3-②南疆—柴达木灾害区	为全国最干旱的地区，地震、土地沙化、滑坡、雪灾、冻害也很严重
Ⅳ-3-③青藏高原灾害区	为全国最寒冷的地区，主要灾害为冻融、雪灾、冻害、滑坡、泥石流及地震
Ⅱ-2-④川滇灾害区	为我国滑坡、泥石流和森林火灾最严重的地区，地震、干旱、洪水灾害、农作物及森林病虫害也相当严重
Ⅳ-3-④喜马拉雅山南坡灾害区	主要灾害是暴雨和洪涝、滑坡、泥石流和地震

除此之外，阿尔泰山、小兴安岭、台湾都是单独的二级灾害区，共15个。

二、综合行政区划的自然灾害分区

由于我国各种计划的实施是以行政单位为主，因此有必要在以自然条件为基础编制的自然灾害综合区划的基础上，结合我国的行政区划、经济区划进行适当的调整，编制以行政区界线为主的区划图，以增强该图的实用性。

Ⅰ区——东北灾害区。包括东北三省，东北地区是我国重工业基地之一，是我国最重要的粮豆产区，是重要的天然林区。大兴安岭和长白山地是东北林区的集中分布地，在春秋季节，本区干旱多风，易于发生森林火灾。森林病虫害也是本区重要的自然灾害。北部松嫩平原主要农业灾害是低温冷害，平均4～5年一次。东北地区主要水系有松花江和辽河，历史上水灾不严重。近代以来，由于滥伐森林和毁林开荒，洪涝及旱灾加剧。此外，辽宁南部的地震和山区的滑坡、泥石流也是本区的重要灾害。

Ⅱ区——黄淮海灾害区。包括河北、河南、山东及北京市和天津市。黄淮海平原是我国仅次于东北平原的第二大平原，面积约30万km^2，占全国面积的1/3，有耕地1 800万km^2，占全国耕地面积的1/6。工农业和交通运输业发达，农产品产量在全国占较大比例。工农业总产值在诸灾害区中占第2位。

本区自然灾害在全国占有突出地位。首先，这一地区是我国东部旱灾最严重的地区，水灾危害也很大。黄河是历史上水患最多的河流，过去的2 000年里决口1 500次；海河在历史上也曾多次发生洪水；淮河也经常泛滥成灾。黄淮海平原是我国范围最广、强度最大、灾情最重的干旱中心，旱灾面积占全国旱灾面积的46.5%，因旱而受损的粮食占全国的32.1%。黄淮海地区也是我国严重的地震灾害区。1668年郯城8.5级地震，1679年平谷8级地震，1830年邯郸7.5级地震，1937年菏泽7级地震，1966年邢台7.2级地震，1976年唐山7.8级地震及滦县7.1级地震等都发生在这一地区，给人民生命财产造成了巨大损失。该区也是我国历史上最严重的蝗灾区。此外，干热风、霜冻、雹灾等气象灾害也很严重。海冰、温带风暴潮、赤潮灾害为全国之冠。随着人口的增长和经济建设，长期过量抽取地下水，以引起天津、北京、石家庄、保定、新乡等许多城市地下水漏斗深陷，地面发生沉降，近海地区引起海水入侵和回灌。燕山、太行山等山区崩塌、滑坡、泥石流灾害也很严重。该区是小麦锈病、玉米斑病等最严重的流行区，每年因病虫害损失数十亿斤粮食。

Ⅲ区——内蒙古东部灾害区。包括内蒙古（除西部阿拉善盟外）和宁夏，农牧业历史悠久，是我国重要的畜产品基地，河套平原是北方重要的农业区，是我国少数民族主要聚居区之一。主要自然灾害有干旱、风灾、沙暴、霜冻等。干旱是本区的主要灾害。据近百年资料统计，本区平均两年一小旱、七年一大旱，近30年来几乎年年都有不同程度的干旱发生。本区又是全国有名的大风和沙暴严重灾害区。大风和寒潮天气有关，特别是阴山山脉和大兴安岭北侧，风沙频率和强度都明显增大。本区春秋都有霜冻，秋冻危害面积更大，是影响本区粮豆产量的重要原因。此外，冬季的雪灾对于牧业也有重大威胁。降雪过大掩埋牧草会形成白灾；降雪过少畜牧无雪可饮会形成黑灾。而对于河套平原来说，土壤的次生盐碱化和土地沙化也有较大的威胁。地震也是本区的重要灾害，主要集中于贺兰山和阴山地带。

Ⅳ区——晋陕灾害区。包括山西和陕西，大部位于黄土高原上，面积约36万km^2，现有耕地720万km^2，占全国耕地面积的7.1%，为我国中部地区主要商品粮产区。煤炭储量及金属矿藏均十分丰富，是发展工业，特别是高耗能工业的物质基础。作为发展我国西部经济的前沿，在国土开发中有着重要的地位。本区主要自然灾害有水土流失、干旱、地震等。陕北和晋西黄土高原是强烈水土流失区，年输沙量达14亿t，尤其是陕北高原8.4万km^2，年输沙量达8.4亿t。此外，由于降水量少而且季节分配不均，干旱也是本区农业发展的制约因素，其中陕北高原平均三年两旱，以晚秋干旱为多。本区沙暴和冰雹也时有发生。渭河平原和汾河河谷平原既是本区主要农业区，也是工业集中分布带。威胁最大的自然灾害是干旱和地震。晋陕灾害区是我国滑坡、泥石流最发育的地区，特别是陕南地区。陕北则是我国黄土滑坡严重地区。此外，陕南的洪水和农作物病虫害也很严重。

Ⅴ区——长江中下游—东南沿海灾害区。包括上海、江苏、安徽、浙江、江西、福建、湖北、湖南等省市，位于我国亚热带东部，具有世界其他亚热带地区无可比拟的自然资源。经过长期的开发，本区成为全国经济最发达、水陆交通便利、人口密度最大的地区。本区在季风环流影响下，加上台风的影响，水旱灾害发生频繁，洪涝灾害极为严重。由于地形的影响，一般丘陵地区较易发生干旱，尤其是伏旱。而平原地区，特别是长江中下游平原，由于荆江和汉江河床抬高，湖泊缩小，洪水威胁严重。其中江汉平原和洞庭湖区洪水灾害最严重，太湖和里下河地区由于排水出路不畅，涝灾比较频繁。台风、风暴潮对本区的影响也很大，在全国九大灾害区中仅次于两广、海南、台湾灾害区。每年从6月到8月都可能有台风登陆，对城镇、航运、农业、旅游等有严重影响。此外，长江下游到南岭地区雷雨大风和龙卷风较多。该区是我国重要的稻产区，也是水稻病虫害最严重的地区。太湖地区近年来超量开采地下水，引起地面下沉。崩塌、滑坡、泥石流等地质灾害则以鄂西、湘西、福建、江西等省较重，长江三峡滑坡、崩塌灾害举世闻名。该区是我国地震最少的地区，但福建沿海也是一地震带，曾有8级地震发生，江、浙、沪的东部也有潜在地震的影响。

Ⅵ区——两广、海南、台湾灾害区。包括广东省、广西省、海南省、台湾地区等。在全国九大灾害区中，整体经济实力（不包括台湾）仅次于华东、华北区，目前是我国改革开放的前沿地区，经济发展迅速，对外贸易发达。本区灾害以台风最突出，登陆的台风次数以广东最多（占全国总数的38.6%），台湾次之（占全国总数的20.7%），海南第三（占全国总数的20.5%）。

本区降水变率较大，旱涝时有发生。洪水主要由暴雨和台风引起，珠江三角洲和沿海平原损失最大。本区地震以台湾最重，海南及广东次之。本区热带作物园还曾出现多次低温冷害。

Ⅶ区——云贵川灾害区。包括云南、贵州、四川三省，总面积114万km^2，约占全国总面积的12%，居住着30多个少数民族。有丰富的矿产资源，水能蕴藏量占全国的50%，森林蓄积量占全国的25%。在全国经济发展中有重要地位。本区最严重的灾害是干旱。干旱发生频率高，遍及全区，云贵高原尤为严重，平均每年有50个县次受灾。本区是国内地震、滑坡、泥石流等地质灾害主要发生区。地震发生的频率仅次于西藏和新疆，而密度则是全国第一，是我国地震强度最大的地区。新中国成立以来共发生7级及7级以上地震12次，占大陆区总数的1/2。崩塌、滑坡、泥石流是全国最密集的地区，每年发生滑坡数万次，泥石流数以千计。洪涝也是本区主要灾害之一。本区还是我国森林火灾最严重的地区之一，农作物病虫草害、低温冷冻也经常发生。

Ⅷ区——新疆、甘肃、阿拉善灾害区。包括新疆、甘肃、内蒙古阿拉善盟地区。在诸灾害区中面积最大，人口密度仅高于青藏高原区，为少数民族聚居区。区内高山盆地相间，沙漠面积约占全国沙漠总面积的90%。在全国来说，本区气候最干旱，自然资源丰富，石油储量大，经济相对不发达。

本区大部年降水量在100~200 mm，内蒙古阿拉善地区约在100 mm，塔克拉玛干沙漠不足25 mm。全区95%以上的耕地需要灌溉，形成围绕水源地的绿洲农业，耕地面积仅653万km^2，占全国耕地面积的0.63%，所以农业旱涝灾害面积的比重在全国并不大。旱灾的成灾面积与耕地面积分布规律基本吻合。畜牧业同样遭受旱灾影响。在山麓平原地区也有局部地区暴雨洪水和融雪洪水发生。中蒙边境和新疆西北部是西北气流强盛地带，平均每年大风日数50~80 d，加之沙漠广布，一般风速6~8 m/s即可形成风沙天气，并加速土地沙漠化的速度，这是本区灾害特点之一。此外，雪灾、冻害、地震、滑坡、泥石流和农业病虫害也多有发生。

Ⅸ区——青藏高原灾害区。本区平均海拔4 500 m以上，是世界上海拔最高的高原。全区人口仅655万人，占全国人口的0.58%，人口密度最低。本区地震十分活跃。据统计，1901~1980年共发生4.7级以上地震714次，占全国总数的19%，仅次于台湾地区。由于人口密度低，震害损失小，本区地质灾害严重，以滑坡、泥石流土地冻融为主；气象灾害以雪灾为主；此外干旱、霜冻、冰雹也时有发生。

参考文献

[1] 延军平. 1990. 灾害地理学[M]. 西安:陕西师范大学出版社.

[2] 毛德华. 1999. 危机与出路——人类生态环境问题透析与可持续发展[M]. 长沙:湖南地图出版社.

[3] 国家防汛抗旱总指挥办公室,水利部南京水文水资源研究所. 1997. 中国水旱灾害[M]. 北京:中国水利水电出版社.

[4] 申曙光. 1994. 灾害学[M]. 北京:中国农业出版社.

[5] 毛德华. 2011. 灾害学[M]. 北京:科学出版社.

[6] 刘会平,潘安定. 2007. 自然灾害学导论[M]. 广州:广东科技出版社.

[7] 金磊. 1998. 人为灾害学研究论纲[C]. 106-111.

[8] 张丽萍. 2008. 环境灾害学[M]. 北京:科学出版社.

[9] 于光远. 1990. 灾害经济学提出的依据和它的特点. 灾害与社会[M]. 北京:地震出版社.

[10] 郑功成. 1998. 灾害经济学[M]. 长沙:湖南出版社.

[11] 王子平. 1998. 灾害社会学[M]. 长沙:湖南出版社.

[12] 刘波,姚清林,卢振恒,等. 1998. 灾害管理学[M]. 长沙:湖南人民出版社.

[13] 深源地震. 2013-04-6[2013-04-25]. 百度百科[DB/OL]. http://baike. baidu. com/view/887732. htm.

[14] 马建良,王春寿. 2009. 普通地质学[M]:石油工业出版社.

[15] 魏文恭. 1992. 郑州市区及其周围地震地质特征[C]. 郑州市地震小区划研究文集. 北京:地震出版社.

[16] 苏幼坡,刘瑞兴. 2004. 城市地震避难所的规划原则与要点[J]. 灾害学,19(1):87-91.

[17] 曹国强,李刚,马东辉. 2006. 城市避震疏散场所公园绿地面积指标的研究[J]. 防灾减灾工程学报,2:224-228.

[18] 高文学,马瑾. 1993. 首都圈地震地质环境及其地震灾害[M]. 北京:地震出版社.

[19] 库尔哈奈克. 1992. 地震图解析[M]. 刘启元,译. 北京:地震出版社.

[20] 吴荣辉,邵学钟. 1985. 利用近震转换波探测地壳深部构造的研究[J]. 地震学报,7(4):408-421.

[21] 赵仲和. 1983. 区域地震台网地震定位能力[J]. 地震学报,5(4):457-468.

[22] 朱元清,赵仲和. 1997. 提高地震定位精度新方法的研究[J]. 地震地磁观测与研究,18(5):59-67.

[23] Engdahl E R, Vander Hilst R, BulandR. 1998. Global teleseismic earthquake relocation with improved travel times and procedures for depth determination[J]. BullSeismSocAm, 88(3):722-743.

[24] 冯利华. 2000. 灾害等级研究进展[J]. 灾害学,15(3):72-76.

[25] 顾建华,邹其嘉,毛国敏. 2000. 地震社会学进展综述[J]. 国际地震动态,(2):14-26.

[26] 国家地震局,国家统计局. 1996. 中国大陆地震灾害损失评估汇编(1990—1995)[M]. 北京:地震出版社.

[27] 侯建盛,苗宗刚,李成日,等. 2004. 2003 年中国大陆震害述评[J]. 自然灾害学报,13(3):24-29.

[28] 楼宝棠. 1996. 中国古今地震灾情总汇[M]. 北京:地震出版社.

[29] 马宗晋. 1990. 自然灾害的大小是怎样划定的,什么叫灾度?[M]. 全国重大自然灾害调研组编著. 自然灾害与减灾 600 问答. 北京:地震出版社.

[30] 米宏亮,李洋,侯建盛. 2006. 2005 年中国大陆地震灾害述评[J]. 自然灾害学报,15(3):164-168.

[31] 孙振凯,毛国敏,邹其嘉.1994.自然灾害划分指标研究[J].灾害学,9(2):84-87.
[32] 徐伟,王静爱,史培军,等.2004.中国城市地震灾害危险度评价[J].自然灾害学报,13(1):9-15.
[33] 于庆东,沈荣芳.1997.自然灾害综合灾情分级模型及应用[J].灾害学,12(3):12-17.
[34] 中国地震局监测预报司.2000.中国大陆地震灾害损失评估汇编(1995—2000)[M].北京:地震出版社.
[35] 李树桢.1996.地震灾害评估[M].北京:地震出版社.
[36] 尹之潜.1996.地震灾害及损失预测方法[M].北京:地震出版社.
[37] 中国地震局监测预报司.2001.中国大陆地震灾害损失评估汇编[M].北京:地震出版社.
[38] 蒋锦昌,陈德玉.1993.地震生物学概论[M].北京:地震出版社.
[39] 中国科学院生物物理—动物研究所地震生物组.1977.渤海强震前动物行为异常反应调查报告[J].地震战线,(3):38-40.
[40] 国家地震局震害防御司.1997.地震宏观异常预报方法[M].北京:地震出版社.
[41] 王国治,柴保平.1987.地震前动物行为异常观测研究综述[J].中国地震,3(4):35-37.
[42] 冯士筰,李凤岐,李少菁.1999.海洋科学导论[M].北京:高等教育出版社.
[43] 陆人骥.1984.中国历代灾害性海潮史料[M].北京:海洋出版社.
[44] 于福江,吴玮,赵联大.2005.基于数值预报技术的日本新一代海啸预警系统[J].国际地震动态,(1):19-22.
[45] 顾林生,小林佳子.2005.日本海啸应急管理机制与经验教训[J].城市与减灾,(2):19-22.
[46] 刘瑞丰,朱传镇,陈宏峰,等.2005.葡萄牙破坏性地震和海啸预警系统(DETWS)[J].国际地震动态,(1):23-25.
[47] 杨华庭.1987.海啸及太平洋海啸警报系统[J].海洋预报,风暴潮与海啸增刊:68-76.
[48] 魏柏林,陈玉桃.2005.地震与海啸[J].华南地震,25(1):43-49.
[49] 叶琳,王喜年,包澄澜.1994.中国的地震海啸及其预警服务[J].自然灾害学报,3(1):100-103.
[50] 方玄昌.2005.25分钟预警海啸?[J].中国新闻周刊,(13):56-57.
[51] 陈颙.2005.海啸的物理[J].物理,34(3):171-175.
[52] 包澄澜.2005.海啸及风暴潮灾害简介[J].东北地震研究,21(2):9-15.
[53] 总参气象水文中心.2005.关注海啸[M].北京:军事科学出版社.
[54] Jame F L, Whiteside L S, Lockridge P A. 2003. Two decades of global tsunamis 1982—2002[J]. Science of Tsunami Hazards, 21(1):83-88.
[55] REEDSB. Introduction to hazards[M/OL]. New York: Disaster Management Training Programme, United Nations, 1997[2006-10-11].
[56] CRAIG W. 2006. Surface water waves and tsunamis[J]. Journal of Dynamics and Differential Equations, 18(3):525-549.
[57] 杨马陵,魏柏林.2005.南海海域地震海啸潜在危险的探析[J].灾害学,20(3):41-47.
[58] 祝会兵,于颖,戴世强.2006.海啸数值计算研究进展[J].水动力学研究与进展,21(6):714-723.
[59] 刘嘉麒.1987.中国东北地区新生代火山岩的年代学研究[J].岩石学报,(4):21-31.
[60] 金伯禄,张希友.1994.长白山火山地质研究[M].延边:东北朝鲜民族教育出版社.
[61] 刘若新,樊祺诚,郑祥身,等.1998.长白山天池火山的岩浆演化[J].中国科学(D辑),28(3):226-231.
[62] 樊祺诚,隋建立,刘若新,等.2002.吉林龙岗第四纪火山活动分期[J].岩石学报,18(4):495-500.
[63] 樊祺诚,隋建立,孙谦,等.2005.天池火山千年大喷发的岩浆混合作用与喷发机制初步探讨[J].岩石学报,21(6):1703-1708.

[64] Wang Y, Li C F, Wei H Q, etal. 2003. Late Pliocene-recent tectonic setting for the Tianchi volcanic zone, Changbai Mountains, northeast China[J]. Journal of Asian Earth Science, 21:1159-1170.

[65] 赵大鹏,雷建设,唐荣余. 2004. 中国东北长白山火山的起源:地震层析成像证据[J]. 科学通报,49(14):1439-1446.

[66] 王团华,樊祺诚,孙谦,等. 2006. 长白山图们江流域新生代火山岩的岩石化学研究[J]. 岩石学报,22(6):1481-1490.

[67] 汤吉,赵国泽,王继军,等. 2006. 基于地下电性结构探讨中国东北活动火山形成机制[J]. 岩石学报,22(6):1503-1510.

[68] Campbel l H, Turner J S. 1989. Fountains in magmachambers[J]. J. Petrol., 30:885-923.

[69] Tatsumi Y, Shigenori M, Susumo N. 1990. Mechanism of backarc opening in the Japan Sea: Role of asthenosphereric injection [J]. Tectonophysics, 181(1-4):299-306.

[70] 李霓,吴树青. 2004. 熔融包裹体及其挥发分研究概况及其分析方法简析[J]. 地球与环境,32(3-4):14-20.

[71] Guo Z F, Liu J Q, Han J T, etal. 2006. Effect of gas emissions from Tianchi volcano(NE China) on environment and its potential volcanic hazards[J]. Sciencein China(seriesD), 49(3):304-310.

[72] 郭正府,刘嘉麒,贺怀宇,等. 2003. 火山喷出气体的环境、灾害效应及对火山未来喷发的指示意义[J]. 地震地质,25(增刊):88-98.

[73] Machida H, Moriwaki H, Zhao D C. 1990. The recent major eruption of Changbai volcano and its environmental effects[J]. Geographical Reports of Tokyo Metropolitan University, 25:1-20.

[74] Sigurdsson H. 2000. Encyclopedia of volcanoes[M]. NewYork: Academic Press.

[75] Firth C R, Mc Guire W J. 1999. Volcanoes in the quaternary[M]. London: Geological Society of London.

[76] 汪筱林,王元青,徐星. 1999. 辽西四合屯脊椎动物集群死亡事件:火山爆发的灾变记录[J]. 地质论评,45(增刊):458-467.

[77] 郭正府,刘嘉麒,刘强. 2005. 山东山旺地区中新世火山喷出气体的成分及其对古气候、古环境的影响[C]. 广西北海.

[78] Lo C H, Chung S L, Lee T Y, etal. 2002. Age of the Emeishan flood magmatism and relations to Permian Triassic boundary events[J]. Earth Planet. Sci. Lett., 198:449-458.

[79] 徐义刚. 2002. 地幔柱构造、大火成岩省及其地质效应[J]. 地学前缘,9(4):341-353.

[80] Zhou M F, Malpas J, Song X Y, etal. 2002. A temporal link between the Emeishan large igneous province (SW China) and the end Guadalupian mass extinction[J]. Earth Planet. Sci. Lett., 196:113-122.

[81] 陈颙,史培军. 2007. 自然灾害(修订版)[M]. 北京:北京师范大学出版社.

[82] 许武成. 2015. 灾害地理学[M]. 北京:科学出版社.